高 等 学 校 教 材

高分子材料合成实验

王荣民　宋鹏飞　彭　辉　主编

化学工业出版社

·北京·

本书首先重点介绍聚合反应类型、实施方法与合成技术、高分子结构与性能的评价方法及新进展；其次安排了高分子材料合成基础实验，包括高分子合成中的经典聚合机理、聚合实施方法，以及近年来出现的活性自由基聚合、接枝聚合等新型合成技术。然后在对高分子材料表征技术、成型加工方法等重点介绍的基础上，选择了七大类功能与智能高分子材料，从最基础的合成实验入手，开展高分子材料合成技术、表征技术及性能测试能力的综合实验，从而训练学生实验设计、实验实施、观察、总结及创新的能力。另外，附录部分给出了有关高分子材料合成与性能实验的一些基础数据。

本书可用作化学、高分子材料、材料科学与工程专业本科生的实验教学用书，也可用作高分子、功能材料相关研究领域研究生的基础实验用书，还可供从事高分子材料及相关专业的科研、设计、生产和应用人员参考。

图书在版编目（CIP）数据

高分子材料合成实验/王荣民，宋鹏飞，彭辉
主编．—北京：化学工业出版社，2019.5
高等学校教材
ISBN 978-7-122-34085-6

Ⅰ.①高…　Ⅱ.①王…　②宋…　③彭…　Ⅲ.①高分
子材料-合成材料-实验-高等学校-教材　Ⅳ.①TB324-33

中国版本图书馆 CIP 数据核字（2019）第 049597 号

责任编辑：窦　臻　林　媛　　　　　　　文字编辑：向　东
责任校对：宋　玮　　　　　　　　　　　装帧设计：史利平

出版发行：化学工业出版社（北京市东城区青年湖南街 13 号　邮政编码 100011）
印　　装：大厂聚鑫印刷有限责任公司
787mm×1092mm　1/16　印张 12½　字数 307 千字　2019 年 8 月北京第 1 版第 1 次印刷

购书咨询：010-64518888　　售后服务：010-64518899
网　　址：http://www.cip.com.cn
凡购买本书，如有缺损质量问题，本社销售中心负责调换。

定　　价：35.00 元

《高分子材料合成实验》
编写人员名单

主编：王荣民　宋鹏飞　彭　辉

编写人员（按姓氏拼音为序）：

冯辉霞　关晓琳　何乃普　何玉凤　金淑萍　路德待

马国富　马恒昌　彭　辉　宋鹏飞　王荣民　王　艳

王跃毅　尹奋平　张振琳　周小中

前言
Preface

　　基于合成化学的快速发展，高分子材料已经广泛应用于人们的衣、食、住、行及工农业生产各个领域，深刻地改变了人们的生产与生活模式。近年来，以功能高分子材料为典型代表的新型材料的开发与利用逐渐成为各国竞相发展的科技前沿领域。在国家倡导的大学生创新创业活动中，基于高分子材料的研发有望产生原始创新成果。另外，越来越多的研究生学位论文工作，都会或多或少地涉及功能高分子材料合成原理与技术，这也是学生较为欠缺的知识与技能。然而，目前鲜有以"功能高分子材料合成与性能测试"训练为主要目标的教材。

　　基于本书编写人员多年来在功能高分子领域的科研经历与讲授高分子化学理论与实验课的经验，我们在自编讲义基础上整理修改，编撰成本书。本书特色如下：（1）在简单介绍高分子化学基本原理基础上，重点介绍高分子合成技术、表征技术及性能测试方法，从而使学生从基础理论到前沿发展的角度，对高分子材料及其前沿领域有宏观认识。（2）安排高分子材料合成基础实验，从而训练学生的高分子合成基本技能，并培训其动手能力，树立安全生产意识。（3）通过功能高分子材料合成与性能综合实验，训练综合开发能力与创新意识。

　　本书内容主要包括三篇：第一篇（第 1～第 3 章）重点介绍聚合反应类型、聚合反应实施方法与合成技术、高分子结构与性能的评价方法及新进展，同时在对功能高分子材料进行简介的基础上，对高分子材料的表征技术、成型加工方法进行了重点介绍。第二篇（第 4～第 7 章）通过高分子材料合成基础实验，训练高分子材料合成基本技能，包括高分子合成中的经典聚合机理（如自由基聚合、离子聚合、缩聚等）与聚合实施方法（如本体聚合、溶液聚合、悬浮聚合、乳液聚合、溶液缩聚等），以及近年来新出现的活性自由基聚合、接枝聚合、自组装等，并对如何开展实验做了具体要求。第三篇（第 8～第 16 章）通过功能高分子材料合成与性能综合实验，在对不同类型功能高分子材料基本知识进行认识的基础上，从最简单的合成实验入手，开展高分子材料合成技术、表征技术及性能测试能力的培训，加强学生自主进行实验设计、实验实施、观察、总结及创新的能力。另外，附录部分给出了有关高分子材料合成与性能实验的一些基础数据。

　　本书可用作化学、高分子材料、材料科学与工程专业本科生的实验教学用书，也可用作高分子、功能材料相关研究领域研究生的基础实验用书，还可供从事高分子材料及相关专业的科研、设计、生产和应用人员参考。

编者

2019 年 5 月

目 录
Contents

第三篇　功能高分子材料合成与性能综合实验　96

第一篇
高分子材料合成基础知识

第1章 ▶▶ 高分子化学基础

1.1 高分子化学简介

高分子（polymer）是指分子量很高并由共价键连接的一类化合物，也称为高分子化合物、大分子（macromolecules）、聚合物、高聚物。"高分子"概念的形成和高分子科学的出现始于 20 世纪 20 年代，1930 年已形成"高分子化学"知识体系，它与"高分子物理"和"高分子工程"组成了"高分子科学与工程"学科的三个基础性分支学科。高分子化学（polymer chemistry）主要是研究高分子合成和化学反应的一门科学。高分子合成是指小分子单体聚合成大分子的聚合反应（polymerization），包括聚合单体选择、聚合机理研究、反应动力学和聚合影响因素考察等。高分子化学反应主要是实现聚合物化学改性，包括天然高分子和合成高分子的化学反应。

高分子化学的任务是根据人们对高分子材料的性能要求，确定高分子结构，设计合适的合成路线，制备出结构和性能符合应用要求的高分子材料。高分子化合物具有许多优良性能，高分子材料产业是当今世界发展最迅速的产业之一，目前世界上合成高分子材料的年产量已经超过数亿吨。塑料、橡胶、纤维、涂料、黏合剂等高分子材料已广泛应用于电子信息、生物医药、航空航天、汽车工业、包装、建筑等多个领域。新型高分子材料（包括功能材料、智能材料）正在迅速地开发与应用。

1.2 聚合反应类型

聚合反应的分类方式主要包括如下两种：

1.2.1 按聚合反应机理分类

（1）连锁聚合反应（chain polymerization）　连锁聚合反应也称链式聚合反应，进行连锁聚合反应的单体主要是烯类、二烯类化合物。连锁聚合反应的聚合过程由链引发、链增长和链终止几步基元反应组成（图 1-1），各步反应的速率和活化能差别很大。反应体系中主要存在单体、聚合物和微量引发剂。连锁反应需要活性中心，主要有自由基、阳离子、阴离子和配位离子四大类。根据活性中心不同，连锁聚合反应又分为自由基聚合、阳离子聚合、阴离子聚合和配位聚合。活性中心的产生可以通过向聚合体系中加入引发剂，也可以通过聚合反应条件控制生成。反应中一旦形成单体活性中心，就能和单体加成，很快传递下去，瞬间形成高分子。平均每个大分子的生成时间很短（毫秒到数秒）。若控制适当的条件，在单体完全反应后，高分子链末端的活性基还能保持活性，继续添加单体后，聚合反应继续进行，就可制备分子量均一的化合物或嵌段共聚物，实现活性/可控聚合反应（living/controlled polymerization）。

（2）逐步聚合反应（step polymerization）　逐步聚合反应最基本的特征是在低分子单体转变成高分子的过程中，聚合反应是逐步进行的（图 1-2）。逐步聚合反应早期，单体很快转变成二聚体、三聚体、四聚体等中间产物，以后的反应在这些低聚物之间进行，相应生成聚合物的分子量也是逐步增加的。大多数缩合聚合和聚加成反应基于逐步聚合反应机理。反应单体主要包括带有反应基团［如—COOH、—OH、—NH$_2$、—COOR、—COCl、—(CO)$_2$O、—SO$_3$Cl、—SO$_2$Cl 等］的小分子化合物。逐步聚合反应的可逆程度是有区别的，取决于单体的结构和聚合反应条件。聚合体系主要由聚合度不等的同系缩聚物组成。

连锁聚合反应和逐步聚合反应的区别主要反映在平均每一个分子链增长所需要的时间上。

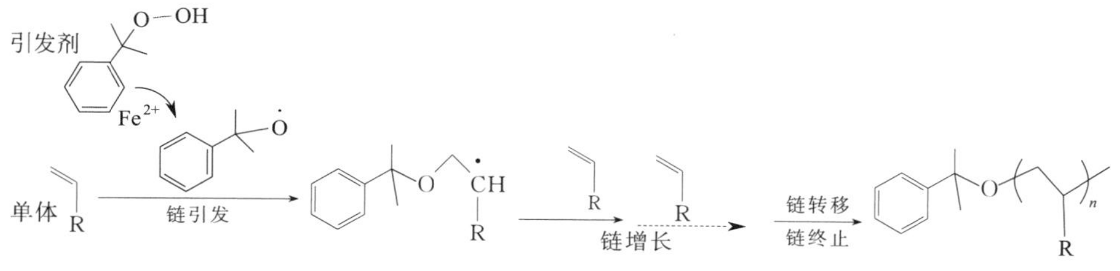

图 1-1　连锁聚合反应

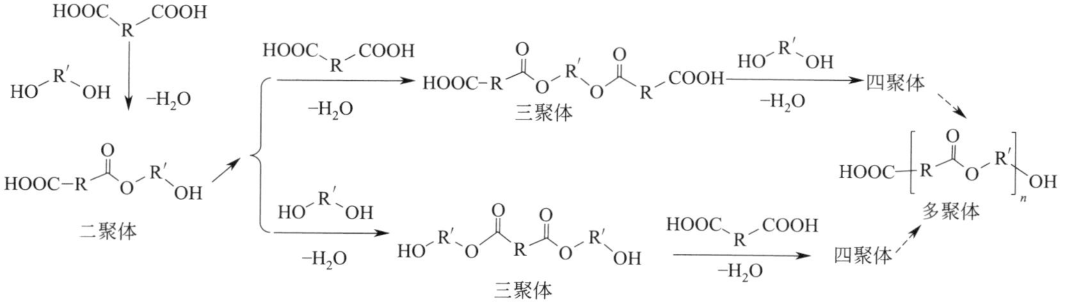

图 1-2　逐步聚合反应

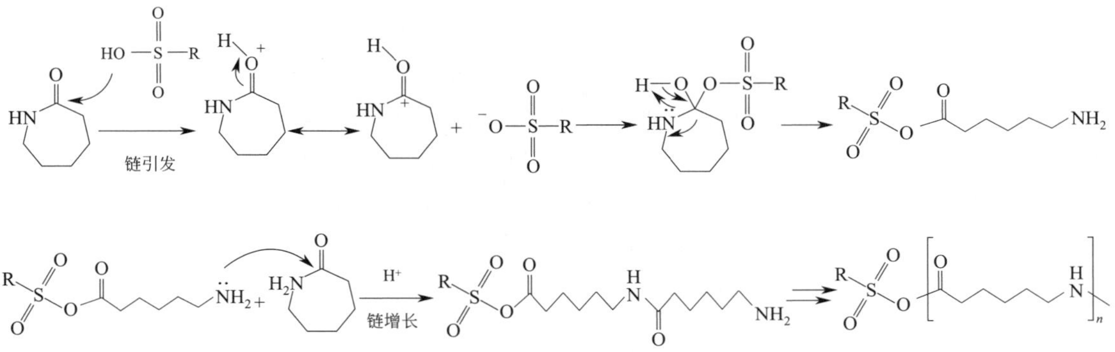

图 1-3 开环聚合

1.2.2 按单体和聚合物在组成和结构上发生的变化分类

（1）加聚反应（addition polymerization）　加聚反应指单体加成而聚合起来的反应，反应产物称为加聚物。加聚反应多属于连锁聚合反应机理（图 1-1），其特征是加聚反应往往是烯类单体 π 键加成的聚合反应，加聚物多为碳链聚合物。加聚物的元素组成与其单体相同，仅电子结构有所改变，加聚物分子量是单体分子量的整数倍。

（2）缩聚反应（condensation polymerization）　缩聚反应是缩合反应多次重复形成聚合物的过程，产物称为缩聚物。缩聚反应多属于逐步聚合反应机理（图 1-2），通常是单体官能团之间的聚合反应，反应中有低分子副产物产生，如水、醇、胺等，所得缩聚物中往往留有官能团的结构特征，如—OCO—、—NHCO—、—COO—等，大部分缩聚物都是杂链聚合物，缩聚物的结构单元比其单体少若干原子，分子量不是单体分子量的整数倍。

（3）开环聚合（ring opening polymerization）　环状单体 δ 键断裂后聚合成线型聚合物的反应（图 1-3），相比较缩聚反应，聚合过程中无低分子副产物产生。开环聚合的单体包括环醚、环缩醛、环酯、环酰胺、环硅氧烷等。其中，环氧乙烷、环氧丙烷、己内酰胺、三聚甲醛等环状单体的聚合反应都是工业上重要的开环聚合反应。开环聚合反应推动力是聚合单体环张力的释放。对于开环聚合反应的机理，大部分属于离子聚合（连锁），小部分属于逐步聚合。

1.3 共聚合反应

共聚合（copolymerization）是指两种或多种单体共同参加的聚合反应（图 1-4），形成的聚合物分子链中含有两种或多种单体单元，该聚合物称为共聚物。共聚合反应多用于连锁聚合，对于两种单体发生的缩聚反应则不采用"共聚合"这一术语。共聚合是高分子材料改性的重要手段之一，利用共聚合反应，可以进一步研究聚合反应机理，测定单体、活性种的活性，实现共聚物的组成与结构的控制，设计合成新的聚合物，增加聚合物材料种类。

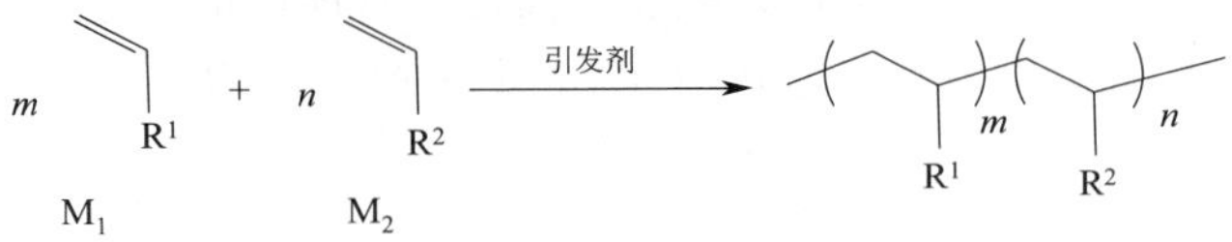

图 1-4 共聚合

共聚物组成与单体的组成和相对活性密切相关，由于共聚合反应中单体的化学结构不同，聚合活性有差异，故共聚物组成与原料单体组成往往不同。为了简便而又清晰地反映出共聚物组成和原料单体组成的关系，常根据摩尔分数微分方程确定共聚物组成（F）和单体组成（f）曲线图，称为共聚物组成曲线。共聚过程中，瞬时共聚物组成摩尔比微分方程（Mayo-Lewis 方程）如式(1-1)所示。式中，$d[M_1]/d[M_2]$为瞬时共聚物摩尔比；$[M_1]/[M_2]$为瞬时单体摩尔比。令f_1代表某一瞬间单体M_1占单体混合物的摩尔分数，f_2代表某一瞬间单体M_2占单体混合物的摩尔分数，则某一瞬间单元M_1占共聚物的摩尔分数（F_1）可按式(1-1)、式(1-2)计算。

$$\frac{d[M_1]}{d[M_2]} = \frac{[M_1]}{[M_2]} \times \frac{r_1[M_1]+[M_2]}{r_2[M_2]+[M_1]} \tag{1-1}$$

$$F_1 = (r_1 f_1^2 + f_1 f_2)/(r_1 f_1^2 + 2f_1 f_2 + r_2 f_2^2) \tag{1-2}$$

另外，共聚合（copolymerization）可通过活性/可控聚合反应实现，也可以制备接枝、嵌段共聚物。

1.4 高分子化学反应

高分子化合物通过化学反应能够有效实现材料改性，扩大高分子的品种和应用范围。研究高分子化合物的化学反应，可进一步验证高分子的结构，特别是研究影响高分子材料降解、老化的因素和性能变化之间的关系，可促进高分子材料的应用和废弃高分子的处理与再生。

1.4.1 高分子化学反应的分类

高分子化学反应种类多、范围广，难以按照反应机理全面总结。目前主要是按照聚合物发生化学反应后的聚合度变化进行分类，基本可以分为聚合度基本不变的反应、聚合度变大的反应和聚合度变小的反应（图1-5）。① 聚合度基本不变的反应，也称聚合度相似的化学转变，主要是聚合物的基团反应，即聚合物主链、侧基、端基基团的化学反应，类似于小分子有机化合物的官能团反应。② 聚合度变大的反应，包括交联、接枝、嵌段和扩链等反应，聚合物反应后分子量明显增加。③ 聚合度变小的反应，主要是在一定条件下聚合物降解，分子量变小的化学反应，方式包括解聚、无规断链和侧基脱除等，根据条件可分为热降解、光降解、氧化降解和生物降解等。

1.4.2 高分子化学反应的特征

从聚合物链段和所带官能团考虑，高分子化合物与相应的小分子化合物类似，可以进行相同的化学反应，包括加成、取代、氧化、还原等反应。但是由于聚合物分子量大，且具有多分散性，聚集态结构和溶液行为与小分子化合物差别很大，使其化学反应具有自身特征，高分子化学反应具有不均匀性和复杂性，表现为高分子官能团的反应活性往往较低，聚合物的化学反应不完全，基团转化率不能达到100%，所得改性产物不均一。

1.4.3 高分子化学反应影响因素

聚合物本身的链结构、聚集态结构等特征，影响官能团化学反应的活性和产物的结构。

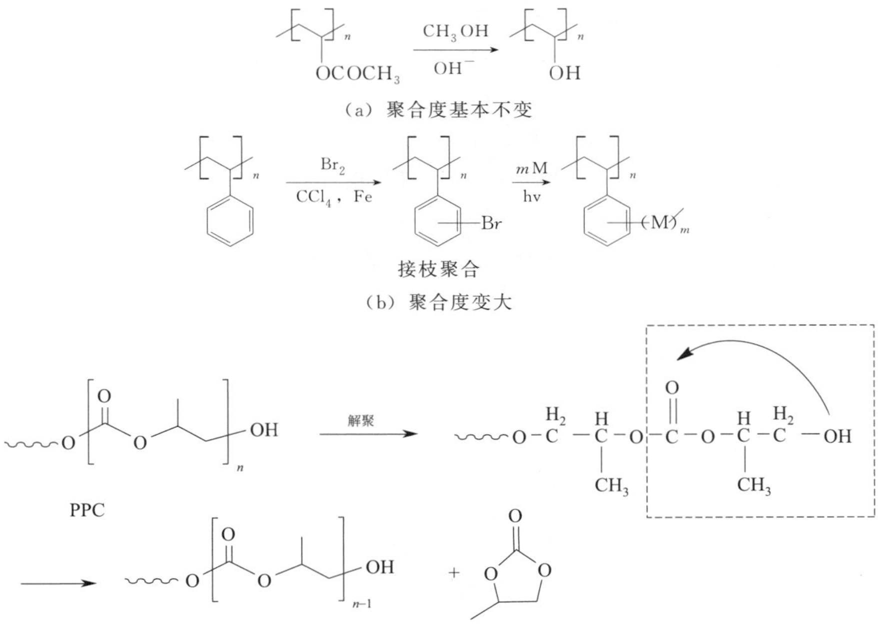

（a）聚合度基本不变

接枝聚合

（b）聚合度变大

PPC

（c）聚合度变小

图 1-5　高分子化学反应

（1）概率效应和邻基效应　当高分子链上相邻基团做无规成对反应时，中间往往留有孤立基团，最高转化率受到概率的限制，称为概率效应；高分子链上的邻近基团，包括反应后的基团都可以改变未反应基团的活性，这种影响称为邻基效应。

（2）聚集态结构　晶态聚合物发生化学反应，低分子很难扩散入晶区，晶区不能反应，官能团反应通常仅限于非晶区；对于非晶态聚合物，其处于玻璃态，链段运动冻结，难以反应，高弹态链段活动增大，反应加快，在黏流态反应可顺利进行。

（3）溶解度情况　高分子链在溶液中可呈螺旋形或无规线团状态，溶剂改变，链构象亦改变，官能团的反应性会发生明显的变化。即使是在均相溶液中反应，还需要注意局部浓度和生成物的溶解性等问题。轻度交联的聚合物，应适当用溶剂溶胀，才易进行反应，例如苯乙烯-二乙烯基苯共聚物，用二氯乙烷溶胀后，才易磺化。

1.5 高分子化学新进展

高分子化学是合成聚合物材料的基础，随着人类生活水平的提高，对于高分子材料的性能要求也日益提高，相应高分子化学学科研究任务也面临挑战，学科发展也表现出与不同学科之间更深入的交叉、渗透和融合。高分子化学的研究不但涉及高分子改性，而且更注重高分子合成、大分子构筑及功能化。

1.5.1　活性聚合技术的发展

活性聚合（living polymerization）是指在适当的合成条件下，无链终止与链转移反应，活性中心浓度保持恒定的时间比完成反应所需时间长数倍的聚合反应。活性聚合反应中，聚合物分子量随转换率呈线性关系，具有预期的聚合度，分子量分布窄，聚合链在单体消耗完后仍保持活性，当加入新的单体后链增长可继续进行。因此，利用活性聚合可以实现计量聚合，通过聚合后期加入特定单体实现聚合物端基控制，通过控制聚合活性中心及单体加入顺序，能够实现不同拓扑结构共聚物合成。目前，活性聚合已从最早的阴离子聚合扩展到其他（如阳离子、自由基、配位等）连锁聚合反应。

（1）活性阴离子聚合　活性阴离子聚合是 1956 年美国科学家 Szwarc 首先发现的，在相对苛刻（无水、无氧、无杂质、低温）条件下，以 THF 为溶剂，萘钠为引发剂，进行苯乙烯阴离子聚合，得到分子量很高的聚苯乙烯。利用活性阴离子聚合可以实现嵌段聚合物［如丁苯橡胶（SBS）］（图 1-6）、星形聚合物（图 1-7）的合成。

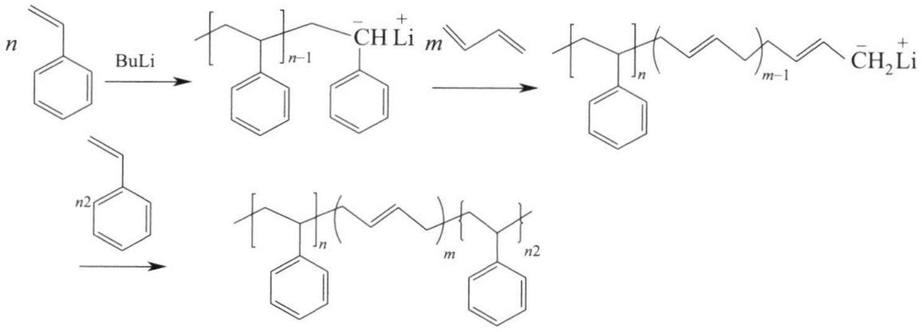

图 1-6　嵌段聚合物 SBS 合成

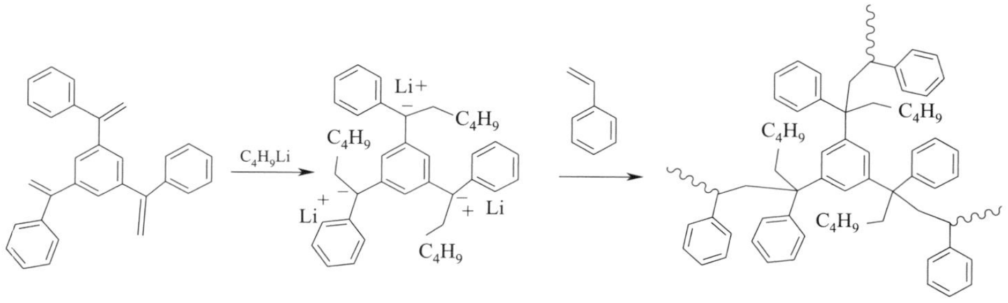

图 1-7　活性阴离子聚合合成星形聚苯乙烯

（2）活性阳离子聚合　1985 年，日本的 Higashimura、Kennedy 等先后报道了乙烯基醚（图 1-8）、异丁烯的活性阳离子聚合，开拓了活性阳离子聚合研究领域。活性阳离子聚合可用于合成大单体、带有特定端基的聚合物、带有不同侧基的单分散聚合物，以及嵌段、接枝、星形共聚物。

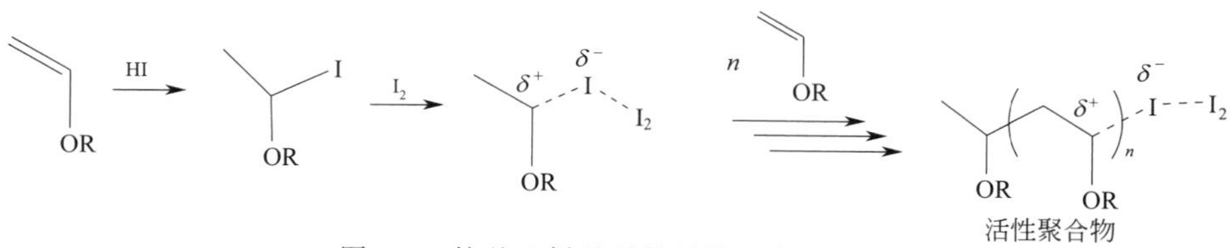

图 1-8　烷基乙烯基醚的活性阳离子聚合

（3）活性自由基聚合　活性/可控自由基聚合（LRP/CRP）是指通过建立自由基活性种与休眠种的快速动态平衡体系的新型聚合方法。其主要有三种聚合体系：原子转移自由基聚合（atom transfer radical polymerization，ATRP）体系、稳定自由基聚合（SFRP）体系或氮氧自由基聚合（NMRP）体系、可逆加成-断裂链转移聚合体系（RAFT），可制备窄分子量分布、多组分、多样化结构以及特殊官能团化的乙烯基高聚物。旅美学者王锦山于 1995 年首先发现的 ATRP 技术具有应用单体广泛、聚合工艺简单、聚合过程容易控制以及聚合实施方法多样等显著优点。原子转移自由基聚合（ATRP）体系中，最先报道的引发体系由有机卤化物 R—X（如 α-氯代乙苯）（引发剂）、CuCl/联二吡啶（bpy）（活化剂/配体）组成，得到活性种与休眠种的平衡体系（图 1-9）。

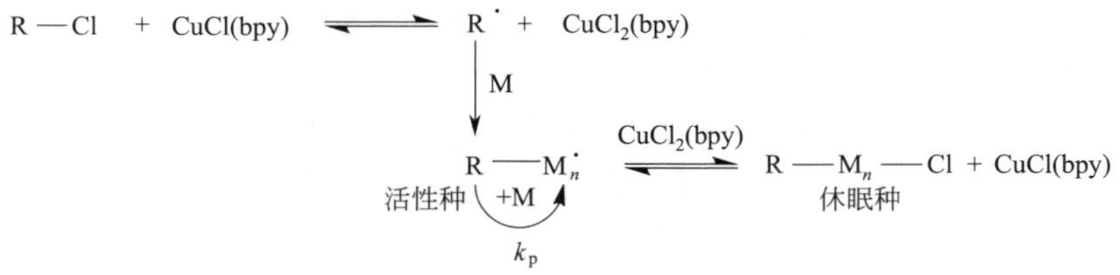

图 1-9　ATRP 聚合

氮氧自由基［如：2,2,6,6-四甲基-1-哌啶氮氧自由基（TEMPO）］是一种稳定的自由基。TEMPO 存在下的自由基聚合，由于其空间位阻，TEMPO 不能引发单体聚合，但可快速地与增长链自由基发生偶合终止生成休眠种（图 1-10），而这种休眠种在高温下（>100℃）又可分解产生自由基，复活成活性种，即通过 TEMPO 的可逆链终止作用，活性种与休眠种之间建立了快速动态平衡，从而实现活性/可控自由基聚合。

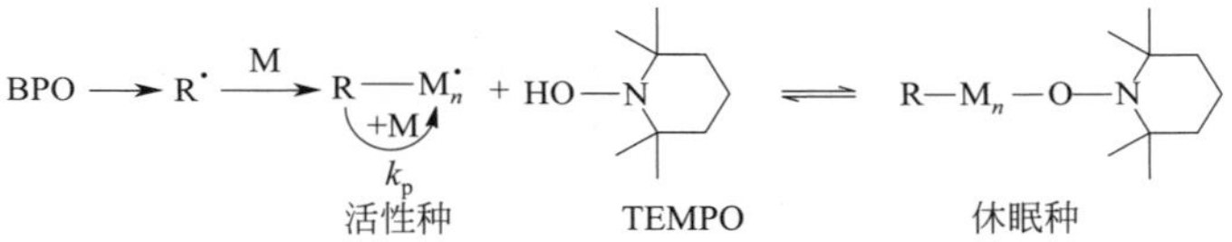

图 1-10　TEMPO 引发聚合

可逆加成-断裂链转移（reversible addition-fragmentation transfer，RAFT）自由基聚合，在传统自由基聚合体系中，加入链转移常数很大的链转移剂后，聚合反应由不可控变为可控，显示活性聚合特征（图 1-11）。

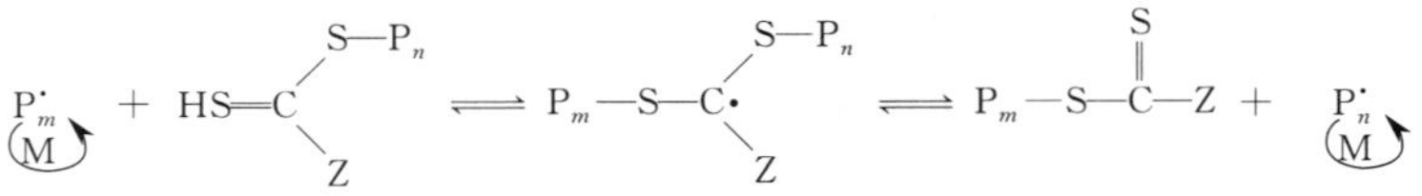

图 1-11　RAFT 聚合

（4）基团转移聚合　1983 年发现的基团转移聚合（GTP）方法中，引发剂为结构较特殊的烯酮硅缩醛及其衍生物，单体主要针对（甲基）丙烯酸酯类，其聚合速率适中，并具有活性聚合的特征。基团转移聚合反应可在较低温度（20～70℃）进行，从而具有实用价值。常用引发剂为二甲基乙烯酮甲基三甲基硅缩醛（MTS），引发剂分子的电子与单体 MMA 上的双键发生亲核加成（Michael 加成），加成产物的末端具有与引发剂 MTS 类似的烯酮硅缩醛结构，能够继续与单体加成实现链增长（图 1-12）。

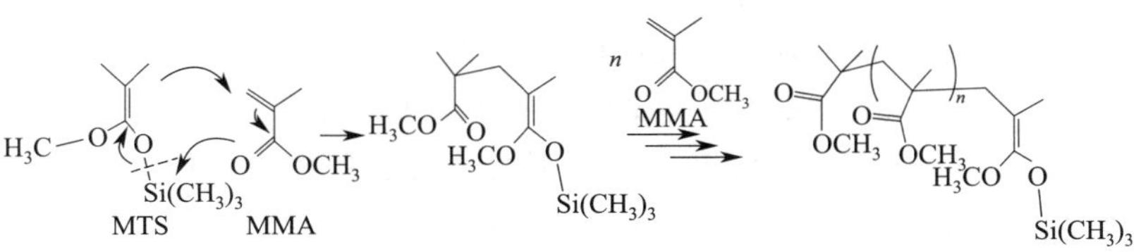

图 1-12　甲基丙烯酸甲酯（MMA）的基团转移聚合

1.5.2 高分子合成的发展

基于合成高分子材料的性能需求，聚合反应从原料单体选择、聚合反应过程控制、聚合催化剂设计、有机小分子反应利用和聚合方法实施等方面已呈现新的发展趋势：

① 从聚合物原料单体来说，目前已开发利用大量可再生资源及其衍生物，降低单体原料对于石油资源的依赖。

② 聚合反应的发展已呈现出典型的"可控"特征，包括活性自由基聚合、活性阴离子聚合等，实现聚合物分子量分布的控制、反应物空间立构、序列结构控制等。从聚合反应引发剂（催化剂）来说，无金属催化的可控聚合反应包括用有机化合物作催化剂或者采用光化学反应引发进行的可控聚合。这类反应最大的优点是聚合产物没有残留的金属杂质，有效利用高效有机小分子化学反应，可实现聚合物序列结构的可控合成。

③ 从聚合方法来说，聚合技术向纵深发展，重点研究聚合反应机理和动力学，突出聚合反应实施方法的改进。例如，乳液聚合方面，研究集中在配方选择、成核机理、粒度控制等，出现了种子乳液聚合、核壳乳液聚合、无皂乳液聚合、微乳液聚合、反相乳液聚合和分散聚合等新方法，可以有效控制聚合物的形貌。

1.5.3 高分子化学反应的发展

聚合物化学反应肩负着合成高分子材料和天然高分子材料的改性任务，促进高分子材料的应用，特别是聚合物降解与老化反应研究，对于目前环境中面临的"白色污染"问题意义明显，有利于高分子材料的回收及再利用。

① 由于聚合物化学反应活性较有机小分子低，因此，在聚合度变化不大的高分子化学反应方面，引入高效有机化学反应用于高分子改性成为研究的重点。如：Sharpless 在 2001年提出的点击化学（click chemistry），能够高效实现高分子材料的修饰和改性。

② 聚合度变大的化学反应包括交联、扩链、嵌段和接枝，近年的研究主要集中在化学反应可控。例如交联和扩链反应，调整反应条件可以实现反应的可逆进行，有利于材料的智能化。嵌段和接枝聚合物的制备，有效利用活性聚合反应体系，确定聚合物的端基及主链活性位点，实现聚合物链段和支链的控制增长。

③ 聚合度变小的化学反应，突出了高分子材料的应用和回收再利用。重点集中在聚合物降解机理研究，特别是光催化聚合物降解机理研究，已取得重要发展。同时，突出多种降解方式的有效结合和构建，包括光催化降解和生物降解结合有利于聚合物的完全降解。降解机理突出应用在聚合物合成和结构设计方面，合成完全可降解的高分子材料。

1.6 高分子组装技术的发展

近年来，随着超分子化学的发展，发现通过组装技术可赋予高分子材料更多功能，其中，研究最多的是自组装（self-assembly）技术。如：嵌段聚合物，不同嵌段之间因结构不同，其亲/疏水性（两亲性嵌段聚合物）、硬/软度（刚柔嵌段聚合物）不同，热力学不相容。在一定条件下（改变溶剂、浓度、温度、嵌段比例以及聚合度时）进行自组装，形成特殊结构的聚集体，如形态多样的胶束、囊泡、纳米微球（线、棒、管、球）与微囊等，这些材料具备特定结构和功能，可应用于光学、电子、光电转换、信息、生物、医学等领域。嵌段聚合物也可自组装成网状结构，网状结构具有很大的比表面积与韧性，使其可用于吸附分离及电池材料领域。近年来，基于聚合反应与组装的聚合物 Janus 微球的合成也受到关注，有望用于制备纳米反应器。

以聚电解质（包括含有寡电荷的低聚物、树状分子）、生物大分子、有机和无机微粒等众多物质均作为构筑基元（尺寸跨越纳米到微米的范围），通过层状组装技术，可制备具有超疏水和抗反射等特殊功能的层状组装膜。聚合物与多酸之间，通过超分子自组装所制备的多酸-聚合物杂化材料，不仅有效融合多酸丰富的功能特性和聚合物良好的加工性，而且其有序的自组装结构还赋予材料更多优异的功能调控性，可应用于催化、光电材料和药物等领域。

未来高分子化学将更注重与其他学科之间的交融，高分子材料将逐渐减少对不可再生资源的依赖，朝着可控化、纳米化、绿色化、智能化的方向发展，在可持续发展道路上显示出举足轻重的地位。

参考文献

［1］　潘祖仁主编. 高分子化学. 增强版. 北京：化学工业出版社，2007.

［2］　董建华. 高分子学科动态与国家自然科学基金 2017 指南. 高分子通报，2017（1）：1-8.

［3］　Sanchez-Sanchez A，Basterretxea A，Mantione D，Etxeberria A，Elizetxea C，Calle A，Garcia-Arrieta S，Sardon H，Mecerreyes D. Organic-acid mediated bulk polymerization of ε-caprolactam and its copolymerization with ε-caprolactone. J Polym Sci A Polym Chem，2017，54：2394- 2402.

［4］　Yang J L，Wu H L，Li Y，Zhang X H，Darensbourg DJ. Perfectly alternating and regioselective copolymerization of carbonyl sulfide and epoxides by metal-free lewis pairs. Angew Chem Int Ed，2017，56（21）：5774-5779.

［5］　Grubbs R B，Grubbs R H. 50th Anniversary perspective：living polymerization- emphasizing the molecule in macro-molecules. Macromolecules，2017，50（18）：6979-6997.

（宋鹏飞）

第2章 ▶▶ 高分子合成技术

在聚合反应的过程中，根据不同的聚合机理和规律，设计适当的合成工艺，可有效控制聚合速率、分子量等重要指标。在此前提下，根据单体性质、聚合物产物特征以及产品加工要求，可选择合适的聚合反应实施方法。

根据聚合反应机理和动力学，实施方法以体系组成为基础可划分为连锁聚合和逐步聚合两大类。连锁聚合主要有本体聚合、悬浮聚合、溶液聚合和乳液聚合；逐步聚合主要有熔融缩聚、溶液缩聚、界面缩聚和固相缩聚。如果以体系的相容性为标准，可分为均相聚合（包括本体聚合、溶液聚合、熔融缩聚、溶液缩聚）、非均相聚合（包括悬浮聚合、乳液聚合、界面缩聚、固相缩聚、沉淀聚合等）。

随着现代高分子合成技术的发展，一些新颖的聚合方法也在不断涌现，如种子乳液聚合、微乳液聚合、反相乳液聚合等。本章介绍一些常见聚合反应实施方法、单体与聚合物纯化方法及基本聚合反应装置。

2.1 连锁聚合反应的实施方法

连锁聚合反应的特征是整个聚合过程由链引发、链增长、链终止等几步基元反应组成，对于部分反应，伴随着链转移。聚合反应需要活性中心，活性中心由引发剂（部分单体在光、热或高能辐射直接作用下可产生活性中心）产生，活性中心可以是自由基、阳离子或阴离子，并因活性中心的不同分为自由基聚合、阳离子聚合和阴离子聚合等。在聚合物生产中，自由基聚合产物占总聚合物的60%以上，约占热塑性树脂的80%，在工业上处于领先地位，理论上也较完善。因此，重点介绍自由基聚合的四种实施方法。

2.1.1 本体聚合

单体在引发剂（或热、光、辐射等）引发下进行的聚合称为本体聚合（bulk polymerization）。体系中不加其他介质，对于热引发、光引发或高能辐射引发的体系，仅由单体组成。

引发剂的选用除了从聚合反应本身需要考虑外，还要求与单体有良好的相溶性。由于多数单体是油溶性的，因此多选用油溶性引发剂。如果生成的聚合物和单体互溶，则为均相聚合；反之，则为非均相聚合。本体聚合可以气相、液相或固相进行，大多数属于液相本体聚合。

本体聚合的最大优点是产物纯度高，特别适用于生产板材和型材。其最大不足是反应热不易排除。随着聚合反应的进行，体系黏度增大，出现自动加速效应，体系容易出现局部过热，严重时会导致聚合反应失控，引起爆聚。在工业生产上，可以采用两段聚合法来控制聚合反应。

2.1.2　溶液聚合

溶液聚合（solution polymerization）指单体和引发剂溶于适当的溶剂中的聚合反应。溶液聚合中溶剂的选择主要考虑以下两方面：①溶解性，包括对引发剂、单体、聚合物的溶解性，使聚合反应在均相体系中进行，避免凝胶效应；②溶剂对引发剂不产生诱导分解。

溶液聚合为均相聚合体系，与本体聚合相比最大的好处是溶剂的加入有利于导出聚合热，同时有利于降低体系黏度，减弱凝胶效应。在涂料、黏合剂等领域应用时，聚合液可直接使用而无须分离。溶液聚合的缺点：①加入溶剂后容易引起诸如诱导分解、链转移之类的副反应，同时溶剂的回收、精制增加了设备及成本，并加大了工艺控制难度；②溶剂的加入降低了单体及引发剂的浓度，致使溶液聚合的反应速率比本体聚合要低；③溶剂分离回收成本高。因此，工业上溶液聚合多用于聚合物以溶液直接应用的场合，如涂料、黏合剂以及纤维纺丝等。

2.1.3　悬浮聚合

悬浮聚合（suspension polymerization）指单体以小液滴状悬浮在分散介质中的聚合反应，也称珠状聚合。体系主要由单体、油溶性引发剂、水和分散剂组成。单体为油溶性单体，要求在水中有尽可能小的溶解度。引发剂为油溶性引发剂，选择原则与本体聚合相同。分散剂的作用是隔离单体液珠与水之间的作用，有利于单体液珠的分散。常用的分散剂有水溶性有机高分子、非水溶性无机粉末两大类。

引发剂溶解于单体中，单体在水中分散成小液珠，聚合反应在小液珠内进行。随着聚合反应的进行，单体小液珠逐渐形成聚合物固体小颗粒。如果聚合物不溶于单体，则为沉淀聚合，产物为粉状固体。在搅拌和悬浮剂的作用下，单体和引发剂得以形成小液珠分散于水中。所以，搅拌速度、分散剂性质和用量是控制产品颗粒大小的主要因素。悬浮聚合产物的粒径一般在 0.01～5mm。

对于水溶性单体，可采用反相悬浮聚合，即选用与单体互不相溶的油溶性溶剂作为分散剂，引发剂则选用水溶性引发剂。其实质是水溶性单体分散在油溶性体系中，随后水溶性引发剂引发单体聚合，可用于制备聚合物微球。

悬浮聚合的优点是散热容易，其不足是体系组成复杂，导致产物纯度下降。

2.1.4　乳液聚合

单体在水中由乳化剂分散成乳液状态进行的聚合称为乳液聚合（emulsion polymerization）。体系主要由单体、水溶性引发剂、水溶性乳化剂和水组成。从表面看，乳液聚合与悬浮聚合基本配方相似，但它们具有不同的聚合机理和最终产品。乳液聚合与悬浮聚合的差别是：①乳液聚合选用水溶性引发剂，而悬浮聚合则选用油溶性引发剂；②乳液聚合中聚合物粒径小，约为 0.05～0.15μm，而悬浮聚合所得产物粒径约为 0.01～5mm（10～5000μm）。

乳化剂是决定乳液聚合成败的关键组分。乳化剂分子是由疏水的非极性基团和亲水的极性基团两部分组成，能使与水互不相溶的化合物均匀、稳定地分散在水中而不分层，即为乳化。乳化剂具有降低水的表面张力的作用，是表面活性剂。当水中乳化剂浓度很低时，乳化剂以分子状态溶解于水中，在表面处，乳化剂的亲水基团伸向水层，疏水基团伸向空气层。随着乳化剂浓度的增大，水的表面张力急剧下降。当乳化剂达到某一浓度时，继续增大乳化剂浓度，此时水的表面张力变化很小，乳化剂分子开始形成胶束，该浓度称为临界胶束浓度（CMC）。胶束在水中呈球状或棒状，乳化剂分子疏水基团伸向内部，而亲水基团则在水层中。在乳液聚合中，乳化剂的作用有：①降低界面张力，使单体分散成小液滴；②在单体液滴表面形成带电保护层，阻止了凝聚，形成稳定的乳液；③胶束的增溶作用。

乳液聚合的一个显著特点是引发剂与单体处于两相，乳化剂形成胶束，对油性单体具有增溶作用。引发剂分解形成的活性中心扩散进增溶胶束而引发单体聚合，因此，聚合反应在胶束内发生。随着聚合反应的进行，单体液滴通过水相扩散，不断向胶束供给单体。因此，在乳液聚合体系中，存在着三种粒子，分别为单体液滴、没有发生聚合的胶束以及含有聚合物的胶束（又称为乳胶粒）。乳胶粒的形成过程即为粒子的成核过程。

乳液聚合可同时提高分子量和聚合反应速率，因而适用于一些需要高分子量的聚合物合成，如第一大品种合成橡胶（丁苯橡胶）即采用的是乳液聚合。对一些直接使用乳液的聚合物，如涂料、黏合剂和胶乳等，可采用乳液聚合。

2.2 逐步聚合反应的实施方法

2.2.1 熔融缩聚

在单体、聚合物和少量催化剂熔点以上，反应混合物始终处于熔融状态，相当于本体，故称为熔融缩聚（melt polycondensation）。

由于反应温度高，在缩聚反应中经常发生各种副反应，如环化反应、裂解反应、氧化降解、脱羧反应等。因此，在缩聚反应体系中通常需加入抗氧剂，且反应在惰性气体（如 N_2）保护下进行。由于熔融缩聚的反应温度一般不超过 300℃，因此制备高熔点的耐高温聚合物需采用其他方法。

熔融缩聚可采用间歇法，也可采用连续法。熔融缩聚为均相反应，应用十分广泛。工业上合成涤纶，用酯交换法合成聚碳酸酯、聚酰胺等，采用的都是熔融缩聚。

2.2.2 溶液缩聚

单体、催化剂在溶剂中进行的缩聚反应称为溶液缩聚（solution polycondensation）。对于那些熔融温度高的聚合物，不宜采用熔融聚合方法时，通常采用溶液聚合方法制备。

溶液缩聚中溶剂的作用十分重要，一是有利于热交换，避免了局部过热现象，比熔融缩聚反应缓和、平稳；二是对于平衡反应，溶剂的存在有利于除去小分子，不需真空系统。另外，必须考虑溶剂的惰性以及对单体和聚合物的溶解性，保证避免溶剂参与的副反应发生，要求缩聚在均相体系中完成。

溶液缩聚在工业上的应用规模仅次于熔融缩聚，许多性能优良的工程塑料都是采用溶液缩聚法合成的，如聚芳酰亚胺、聚砜、聚苯醚等。

2.2.3 界面缩聚

两种单体溶解在两种互不相溶的溶剂中时，聚合反应在两相溶液的界面上进行，称为界面缩聚（interfacial polycondensation），为非均相体系。

界面缩聚的特点：①复相反应，在两相界面处发生聚合反应；②反应温度低，由于只在两相的交界处发生反应，因此要求单体有高的反应活性，无须抽真空以除去小分子；③反应为扩散控制过程，反应速率主要取决于不同相态中单体向两相界面处的扩散速率，在许多界面缩聚体系中加入相转移催化剂，可使水相（甚至固相）的反应物顺利地转入有机相；④分子量对配料比敏感性小，由于界面缩聚是非均相反应，对产物分子量起影响的是反应区域中两单体的配料比，而不是整个两相中的单体浓度。

界面缩聚已广泛用于实验室及小规模合成聚酰胺、聚砜、含磷缩聚物和其他耐高温缩聚物。

2.2.4　固相缩聚

在原料（单体及聚合物）熔点或软化点以下进行的缩聚反应称为固相缩聚，由于不一定是晶相，因此有的参考文献中称为固态缩聚（solid phase polycondensation）。

固相缩聚的主要特点为：反应速率低，表观活化能大，往往需要几十小时反应才能完成；由于为非均相反应，因此是一个扩散控制过程；一般有明显的自催化作用。固相缩聚是在固相化学反应的基础上发展起来的，多数作为其他聚合方法的补充，可制得高分子量、高纯度的聚合物。

固相缩聚在制备高熔点缩聚物、无机缩聚物以及熔点温度以上易分解单体的缩聚（无法采用熔融缩聚）方面有着其他方法无法比拟的优点。

2.3 聚合反应实施方法的筛选

目前，绝大部分聚合物的制备主要是通过前述连锁聚合反应与逐步聚合反应方法实现的，其各自特征如表 2-1、表 2-2 所示。在某一具体高分子材料的合成中，对于聚合方法的选择，主要考虑以下几个方面：①单体的性质，如油溶性或水溶性、不饱和烯烃或可缩聚的单体等；②聚合机理，属于连锁聚合，还是逐步聚合等；③产物的性质和形态、分子量及分子量分布等。

表 2-1　几种典型连锁聚合反应实施方法比较

特征	本体聚合	溶液聚合	悬浮聚合	乳液聚合
配方主要成分	单体、引发剂	单体、引发剂、溶剂	单体、引发剂、水+分散剂	单体、引发剂、水+乳化剂
聚合场所	本体内	溶液内	单体液滴内	乳胶粒内
聚合机理	遵循自由基聚合一般机理，提高速率往往使分子量降低	伴随有向溶剂的链转移反应，一般分子量及反应速率较低	同本体聚合	能同时提高聚合速率和分子量
生产特征	散热难，自加速显著，可制板材	散热易，反应平稳，产物宜直接使用	散热易，产物需后处理，增加工序	散热易，产物呈固态时需后处理，也可直接使用
操作方式	间歇、连续	间歇、连续	间歇	间歇、连续
产品特性	纯度高，分子量分布宽	纯度、分子量较低	较纯，但有分散剂	含少量乳化剂
产品实例	有机玻璃、PSt、PE	有机玻璃、PSt、PE	PVC、PSt	丁苯橡胶、丙烯酸酯类

表 2-2　几种典型逐步聚合反应实施方法比较

项目	熔融缩聚	溶液缩聚	界面缩聚	固相缩聚
优点	生产工艺过程简单，生产成本较低；可连续生产；设备的生产能力高	反应温度较低，避免单体和聚合物分解；反应平稳，易控制；产物溶液可直接使用	反应条件温和；反应不可逆；对单体配料比要求不严格	反应温度低于熔融缩聚温度；反应条件温和

续表

项目	熔融缩聚	溶液缩聚	界面缩聚	固相缩聚
缺点	反应温度高,单体配料比要求严格;反应物料黏度高;小分子不易脱除;局部过热会有副反应发生,对设备密封性要求高	增加聚合物分离、精制、溶剂回收等工序;生产高分子量产品需将溶剂脱除后进行熔融缩聚	必须用高活性单体,需要大量溶剂,产品不易精制	原料需充分混合,要求有一定细度,反应速率低,小分子不易扩散脱除
适用范围	广泛用于大品种缩聚物,如聚酯、聚酰胺	适用于聚合物反应后单体或聚合物易分离的产品,如芳香族、芳杂环聚合物等	芳香族酰氯生产芳酰胺等特种性能聚合物	更高分子量缩聚物、难溶芳族聚合物合成

2.4 聚合反应技术新进展

目前,绝大部分聚合物的制备主要通过前述连锁聚合(本体聚合、悬浮聚合、溶液聚合、乳液聚合)与逐步聚合(熔融缩聚、溶液缩聚、界面缩聚、固相缩聚)方法实现。与此同时,针对聚合反应新方法、新技术的研究在不断发展,典型进展如下:

本体和溶液聚合中,进一步考虑聚合后体系的状态,发展出沉淀聚合(precipitation polymerization)、淤浆聚合(slurry polymerization)、分散聚合等聚合技术;悬浮聚合中出现了反相悬浮聚合方法。

目前,对于经典乳液聚合方法的研究较为成熟,其机理以及动力学理论较为完善,并发展了诸多新的乳液聚合技术,从而拓宽了乳液聚合应用范围,产品性能更加突出。几种新型乳液聚合技术如下:

(1)无皂乳液聚合(soap-free emulsion polymerization) 无皂乳液聚合即无乳化剂的乳液聚合,在原始聚合体系中不用专门加入乳化剂。这是因为参与形成最终聚合物颗粒的聚合物充当乳化剂。一般采用三种方式实现:① 采用离子型水溶性引发剂;② 主单体与少量水溶性单体共聚,得到两亲性聚合物;③ 一些具有典型聚电解质结构的水溶性天然高分子(如多糖、蛋白质等)用作原料,进行乳液聚合。

(2)细乳液与微乳液聚合 细乳液聚合(miniemulsion polymerization)是在体系中引入了助乳化剂(co-surfactant),在亚微(submicron)单体液滴中引发成核,亚微单体液滴直径在 $100 \sim 400\mathrm{nm}$,可用于制备具有互穿聚合物网络(IPN)的胶乳。微乳液聚合(microemulsion polymerization)液滴粒径为 $10 \sim 100\mathrm{nm}$,可制备纳米级的聚合物颗粒。其特点是单体用量少,而乳化剂用量较多,同时需要加入其他助乳化剂。微乳液聚合可用于制备多孔材料和药物载体、酶催化聚合以及包覆无机粒子。

(3)种子(核壳)乳液聚合 先将少量单体引发聚合,形成聚合物胶乳(种子),随后将胶乳再次加入乳液聚合的配方中,进行第二次乳液聚合,之前形成的胶乳吸附体系中的自由基,在其表面引发单体聚合,形成粒径较大的聚合物颗粒。在第二次聚合反应配方中,如果加入第二种单体,则可得到核壳结构的聚合物颗粒。目前,核壳聚合物的合成技术尚在突飞猛进的发展中。

(4)反相乳液聚合(inverse emulsion polymerization) 反相乳液聚合与经典乳液聚合的各相正好相反,采用水溶性单体,油溶性溶剂为反应介质,采用油溶性引发剂,乳化剂则选用油包水(W/O)型,多为离子型乳化剂。反相乳液聚合制备的聚丙烯酰胺(PAM)已用于絮凝剂(水处理)、增稠剂(轻纺)、泥浆处理剂(油田)、补强剂(造纸)等。

（5）分散聚合（dispersion polymerization）　分散聚合是一种由溶于有机溶剂（或水）的单体通过聚合生成不溶于该溶剂的聚合物，且形成胶态稳定的分散体系的聚合工艺，可用于制备微米级单分散聚合物微球。

目前，对部分高分子材料而言，同一种聚合物产品可采用不同的聚合方法合成，这为生产不同用途、物美价廉的高分子材料或采用环境友好的生产方式奠定了基础。

2.5 单体与引发剂及纯化方法

在聚合反应过程中，原材料（单体、引发剂、助剂、溶剂等）的纯度对聚合反应影响巨大，一定量的杂质（或水分）不仅会影响聚合反应速率，改变聚合物的分子量，甚至会导致聚合反应不能进行。在自由基聚合中，单体中往往含有少量阻聚剂，使得反应存在诱导期或聚合速率下降，影响到动力学常数的准确测定。离子聚合对杂质更为敏感。在缩聚反应中，单体的纯度会影响到官能团的实际摩尔比，从而使聚合物分子量可能偏离设定值。因此，在高分子合成实验进行前，必须对参与反应的单体、引发剂、助剂及溶剂进行必要的精制提纯，并保证高纯净度的聚合环境。

2.5.1　单体的纯化精制方法

单体常采用典型有机物纯化精制方法，如萃取洗涤、蒸馏（如常压蒸馏、减压蒸馏、分馏等）、重结晶、色谱分离（包括柱色谱、薄板色谱等）、升华等。针对某一特定单体，其具体纯化精制方法，应根据其来源与可能存在的杂质、将要进行的聚合反应类型两个方面综合考虑。单体因来源与杂质的不同，其适应的提纯方法可能不同，而不同聚合反应类型对杂质的提纯及纯化程度的要求也各有不同。如自由基聚合和离子聚合对单体的纯化要求就有所区别，即使同样是自由基聚合，活性自由基聚合对单体的纯化要求就比一般的自由基聚合要高得多。

对聚合单体而言，所含的杂质主要来源于：① 阻聚剂，防止乙烯基（CH_2=CH—）单体在储存、运输过程中发生聚合反应，通常为醌、酚类，还有胺、硝基化合物、亚硝基化合物、金属化合物等；② 单体制备过程中的副产物，储存过程中发生氧化或分解反应而产生的杂质，如苯乙烯中的乙苯、苯乙醛，乙酸乙烯酯中的乙醛等；③ 单体在储存和处理过程中引入的其他杂质，如从储存容器中带入的微量金属或碱，磨口接头上所涂的油脂等。除去单体中杂质的常用方法如下：

（1）酸性杂质（阻聚剂对苯二酚、2,6-二叔丁基苯酚等）可用稀 NaOH 溶液洗涤除去；碱性杂质（如阻聚剂苯胺）可用稀 HCl 洗涤除去；芳香族杂质可用硝化试剂除去；杂环化合物可用硫酸洗涤除去（注意：苯乙烯不能用浓硫酸洗涤）。

（2）单体的脱水干燥，一般情况下可用无水 $MgSO_4$、无水 Na_2SO_4、无水 $CaCl_2$、变色硅胶等干燥剂，严格要求时使用特定除水剂（如 CaH_2）。离子型聚合对单体的要求十分严格，在进行正常的纯化过程后，需要彻底除水和其他杂质。例如，进行丙烯酸酯的阴离子聚合，还需要在 $AlEt_3$ 存在下进行减压蒸馏。

（3）采用蒸馏、减压蒸馏法除去单体中的难挥发杂质，如烯烃单体的自发聚合产物。在蒸馏时，为防止单体聚合，可加入挥发性小的阻聚剂，如铜盐或铜屑等。同时，为防止发生氧化，蒸馏最好在惰性气体保护下进行。对于沸点较高的单体，为防止热聚合，应采用减压蒸馏。

大多数经提纯后的单体可在避光及低温条件下短时间储存，如放置在冰箱中；若需储存较长时间，不但要避光低温，还需除氧及氮气保护，如在氮气保护下封管再避光低温储存。

一些典型聚合单体的物理参数与纯化精制方法如下：

（1）苯乙烯（St）　沸点/气压：145℃/760mmHg（1mmHg＝133.322Pa）（常压）；60℃/40mmHg。密度：0.906g/cm³（20℃）。折射率：1.5468（20℃）。不溶于水，可溶于大多数有机溶剂。所含阻聚剂为酚类化合物。苯乙烯典型纯化精制方法：将100mL苯乙烯加到分液漏斗（250mL）中，加入20mL NaOH溶液（5%）洗涤数次，直至水层无色（单体略显黄色）。加入20mL蒸馏水继续洗涤苯乙烯，直至水层呈中性。分出苯乙烯，加入干燥剂（如无水 Na_2SO_4、无水 $MgSO_4$ 或无水 $CaCl_2$）适量（即加入干燥剂晶体颗粒，直至新加入的颗粒保持原有形貌），静置数小时。过滤除去干燥剂，减压蒸馏，得到纯化苯乙烯（可用于自由基聚合等纯度要求不太高的场合）。过滤除去干燥剂的苯乙烯中加入无水氢化钙（CaH_2），密闭搅拌4h后再减压蒸馏，得到精制苯乙烯（可用于离子聚合等纯度要求很高的场合）。

（2）甲基丙烯酸甲酯（MMA）　密度：0.936g/cm³（20℃）。折射率：1.4138（20℃）。沸点/气压：101℃/760mmHg；61℃/200mmHg；46℃/160mmHg；29℃/50mmHg。微溶于水，可溶于大多数有机溶剂。所含阻聚剂为酚类化合物（对苯二酚使其呈现黄色）。MMA纯化方法与St相同，但由于存在酯键，第一步干燥剂建议使用无水 $MgSO_4$ 或无水 Na_2SO_4，第二步采用 CaH_2 干燥难以除尽极少量的水，用于阴离子聚合时，还需加入 $AlEt_3$，当液体略显黄色时，才表明单体中的水完全除去，此时减压蒸馏，得到精制单体（可用于阴离子聚合）。

上述方法也适用于常温下液体的其他丙烯酸酯、甲基丙烯酸酯类单体的纯化精制。

（3）乙酸乙烯酯（VAc）　无水透明液体。常压沸点：72.5℃。密度：0.934g/cm³（20℃）。折射率：1.3956（20℃）。水中溶解度为2.5%（20℃），可溶于大多数有机溶剂。所含阻聚剂为对苯二酚（含量：0.01%～0.03%）。VAc纯化精制方法：在分液漏斗中（500mL），将250mL乙酸乙烯酯依次用50mL饱和 $NaHSO_3$ 溶液、50mL饱和 $NaHCO_3$ 溶液洗涤，然后用蒸馏水洗至中性。用无水硫酸钠干燥，静置过夜。最后用精馏装置蒸馏［可加入少量（0.1g）对苯二酚，防止自聚］，常压蒸馏，收集71.8～72.5℃的馏分。

（4）丙烯腈（acrylonitrile，AN）　无水透明液体。常压沸点：77℃。密度：0.806g/cm³（20℃）。折射率：1.3911（20℃）。水中溶解度为7.3%（20℃）。精制方法：取200mL丙烯腈（工业纯），常压蒸馏，收集76～78℃的馏分，将此馏分用无水 $MgSO_4$ 或无水 $CaCl_2$ 干燥2h，过滤，分馏，收集77.0～77.5℃的馏分，得到精制丙烯腈，在高纯氮保护下密闭避光储存。

注意：丙烯腈有剧毒，所有操作需在通风橱中实施，残渣要用大量水冲掉。操作过程必须仔细，绝不能进入口中或接触皮肤。

（5）丁二烯（butadiene，BD）　丁二烯主要指1,3-丁二烯，无水气体，室温下有一种适度甜感的芳烃气味，沸点为－4.4℃。空气中容易氧化自聚，常加入抗氧化剂叔丁基邻苯二酚（TBC）。提纯基本操作如下：先准备好原料，选择另外一个吸收瓶，抽真空，将其放在－10℃以下的恒温冷却槽中，待其温度降到丁二烯沸点后，通入气态丁二烯，进行吸收，可以得到纯度高的丁二烯，低温保存。

（6）二乙烯基苯（divinylbenzene）　二乙烯基苯是一种重要的交联剂，无色液体，系邻、间、对二乙烯基苯三种异构体的混合物，沸点为 199.5℃。溶于甲醇、乙醚，25℃水中的溶解度为 0.0025g/100g 水。在常温下能自聚，通常加入 0.2% 的 2,4-二氯-6-硝基苯酚或 0.1% 的叔丁基邻苯二酚作为稳定剂。精制方法：用 NaOH 溶液（5%）洗涤 3～5 次后，分离出二乙烯基苯相，用无水硫酸镁干燥，然后用色谱柱（中性的三氧化二铝，洗脱剂用石油醚）提纯。

2.5.2　引发剂精制

连锁聚合反应引发剂（催化剂）种类较多，其中自由基聚合引发剂主要是过氧类化合物、偶氮类化合物和氧化还原体系，阴离子聚合引发剂主要是碱金属和有机金属化合物等，阳离子聚合引发剂包括质子酸和 Lewis 酸等。一般情况下，自由基聚合时，新购的引发剂可以直接使用，对于离子聚合、基团转移聚合等引发剂往往是现制现用。

（1）偶氮二异丁腈（AIBN）　在装有回流冷凝管的锥形瓶（250mL）中加入 100mL 95% 乙醇，于水浴上加热到接近沸腾，迅速加入 10g AIBN，振荡使其全部溶解（煮沸时间不宜过长，若过长，则分解严重）。然后将热溶液迅速抽滤（过滤所用漏斗和吸滤瓶必须预热），滤液冷却后得到白色结晶。抽滤，得白色结晶，在真空干燥器中干燥。测定熔点，产品于棕色瓶中低温保存。

（2）过氧化苯甲酰（BPO）　室温下，慢慢搅拌，将 5g BPO 溶于尽量少的氯仿中（约 20mL），用纱布过滤乳白色溶液，滤液直接滴入 50mL 甲醇（提前用冰盐浴冷却）中，并静置 30min。所得白色针状晶体用布氏漏斗抽滤，并用冷却的甲醇洗三次（每次 5mL），抽干。真空干燥，产品保存于棕色瓶中。注意：由于温度过高易爆炸，因此操作温度要低。

（3）过硫酸钾和过硫酸铵 $[K_2S_2O_8$、$(NH_4)_2S_2O_8]$　二者为水溶性引发剂。过硫酸钾是由过硫酸铵溶液与 KOH 或 K_2CO_3 溶液为原料制得。精制方法：将过硫酸盐在 40℃ 水中溶解并过滤，滤液用冰水冷却，过滤出结晶，并以冰冷的水洗涤，用 $BaCl_2$ 溶液检验滤液无 SO_4^{2-} 为止，将白色柱状及板状结晶置于真空干燥箱中干燥。在纯净干燥状态下，过硫酸钾能保持很久，但有湿气时，则逐渐分解出氧。

（4）三氟化硼-乙醚配合物（$Et_2O\text{-}BF_3$）　该配合物为无色透明液体，沸点为 46℃/10mmHg，接触空气易被氧化，使颜色变深。可用减压蒸馏精制：在 500mL 商品三氟化硼乙醚液中加入 10mL 乙醚和 2g 氢化钙（CaH_2），减压蒸馏。

（5）萘锂引发剂　萘锂引发剂是一种用于阴离子聚合的引发剂，一般是合成后直接使用。其制备方法：在高纯氮保护下，向干净干燥的反应瓶（250mL）中加入 1.5g 切成小粒的金属锂（Li）、15g 萘（分析纯）、50mL 精制的四氢呋喃（THF）。将反应瓶放入冷水浴，搅拌开始反应，溶液逐渐变为绿色、暗绿色，反应 2h 后结束，取样分析浓度，高纯氮保护，冰箱中保存备用。

2.6 聚合物的分离纯化方法

单体通过聚合反应可合成预期的高分子，除本体聚合反应能得到较为纯净的聚合物之外，其他聚合产物中还有可能含有大量小分子杂质（如引发剂、溶剂、分散剂、乳化剂以及未反应的单体等）。当通过共聚反应合成高分子时，除得到预期的共聚物外，还会生成均聚产物。

聚合物的纯化是指除去其中的杂质，对于不同聚合物而言，杂质可以是未反应的小分子化合物及残留的催化剂，可以是化学组成相同的异构聚合物，也可以是原料聚合物（如接枝共聚物中的均聚物）。因此，要根据用途，对制备的聚合物进行相应的分离纯化。

2.6.1　溶解沉淀法

溶解沉淀法是将聚合物溶解于适量良溶剂中，然后加入到沉淀剂中，使聚合物缓慢地沉淀出来。其中，良溶剂和沉淀剂是互溶的。溶解沉淀法是纯化聚合物最原始的方法，也是应用最为广泛的方法。本书附录 2 列出了常见高分子的溶剂与沉淀剂，更多的信息可参见"Handbook of Polymer"。

对于自制的全新聚合物，沉淀剂乃至良溶剂是未知的。可以根据自制聚合物的结构，参阅结构相似聚合物的溶解性质，从非极性到极性排序，选择不同溶剂，测试它们对聚合物的溶解能力。一般情况下，聚合产物是溶液时，可通过如下方法筛选沉淀剂：选择样品瓶（1～5mL）作为容器，加入 0.5～2mL 溶剂。缓缓滴加聚合产物溶液数滴，观察液体是否变浑浊，然后振摇使混合液均匀，静置片刻后观察瓶底沉积情况。若滴加聚合物溶液时浑浊度较高，静置沉淀后沉积量较大，沉积物粘连程度较小，所选溶剂就是较好的沉淀剂。沉淀剂的用量一般是良溶剂体积的 5～10 倍，聚合物溶液的滴加速率以溶液液滴在沉淀剂中能够及时散开为宜。

需要注意的是，聚合物的溶解性质有很强的分子量依赖性，分子量越小，聚合物沉淀剂的选择越困难。例如：乙醚被认为是聚苯乙烯的不良溶剂，但是当聚苯乙烯的分子量≤1 万时，可以溶解于乙醚中。聚合物的溶解性质也有温度依赖性。

沉淀物的收集可采取过滤、离心的方法。聚合物中残留的溶剂可以采用旋转蒸发及真空干燥的方法去除。

2.6.2　洗涤法与抽提法

用聚合物不良溶剂反复洗涤产品，通过溶解除去其中的小分子化合物、低聚物（或均聚物）等杂质，这种洗涤方法是最为简单的纯化方法。常用的溶剂有水和乙醇等廉价溶剂。对于颗粒很小的聚合物而言，因为其表面积大，洗涤效果较好。但是对于颗粒大的聚合物而言，则难于除去颗粒内部的杂质。

用离心法收集沉淀时，操作为离心、倾出澄清液、加入不良溶剂、振荡混合均匀、再离心，反复进行上述操作，达到洗涤纯化效果。

抽提法是纯化聚合物的重要方法，一般在索式抽提器（脂肪提取器）中进行。其基本原理与洗涤法相同，是用溶剂萃取出聚合物中的可溶性部分（包括可溶性聚合物），达到分离和提纯的目的。抽提法主要用于聚合物之间的分离，不溶性的聚合物以固体形式留在提取器中，可溶性聚合物保留在烧瓶的溶液中，除去溶剂并经纯化后即得到纯净的可溶性组分。

2.6.3　破乳与透析

聚合物胶乳（即乳液聚合产物）中除聚合物以外，更多的是溶剂水和乳化剂。要想得到纯净的聚合物，首先要破乳（向胶乳中加入电解质、有机溶剂或其他物质，破坏胶乳的稳定性，从而使聚合物凝聚），将聚合物与水分离开。破乳以后，需要用可溶解乳化剂但是不溶解聚合物的溶剂洗涤，除去聚合物中残留的乳化剂，进一步纯化可采用溶解-沉淀法。

在某些情况下，只需将聚合物胶乳中的乳化剂和无机盐等小分子化合物除去，这时可用透析法（半渗透膜制成的渗析袋）进行纯化，但是耗时较长。

2.6.4　旋转蒸发法

旋转蒸发法是快速方便的浓缩溶液、蒸出溶剂的方法，要在旋转蒸发仪上完成。采用减压旋转蒸发仪，可在较低温度下使溶剂旋转蒸发。旋转蒸发法一般用于溶剂量较少的溶液浓缩和溶剂分离。在将溶剂完全蒸出时要注意加热水浴的温度不可过高，防止其中产品变性或氧化。进行旋转蒸发时，梨形烧瓶中液体量不宜过多，为烧瓶体积的 1/3 即可。

2.6.5　色谱法

对于溶解度相近的聚合物共混物（同分异构体、聚合度相近的聚合物）之间的分离纯化可用色谱法。色谱法还广泛用于鉴定产物的纯度，跟踪反应，以及对产物进行定性和定量分析。色谱法的基本原理是利用混合物中各组分在固定相和流动相中分配平衡常数的差异，当流动相流经固定相时，由于固定相对各组分的吸附或溶解能力不同，使吸附力较弱或溶解度较小的组分在固定相中移动速度快，在反复多次平衡过程中使各组分在固定相中形成了分离的"色带"，从而得到了分离。

常用的主要是吸附柱色谱法，其吸附剂的选择尤为重要。吸附剂对极性化合物的吸附能力：纤维素＜淀粉＜硅酸镁（含水）＜硫酸钙＜硅酸＜硅胶＜硅酸镁（无水）＜氧化镁＜氧化铝＜活性炭。常用的吸附剂有氧化铝、硅胶和淀粉等。

2.6.6　聚合物的分级

高分子的多分散性是聚合物的基本特征之一。聚合物分子量的表达方式主要有数均分子量（M_n）、重均分子量（M_w）、黏均分子量（M_v），常用 M_w/M_n（称为分散系数）来表示聚合物分子量的分散性，对于完全单分散的聚合物，$M_w=M_n$。目前，可选择活性聚合的方法制备出分散系数接近于 1 的聚合物，但对于大部分聚合物体系来说，要想获得窄分布的聚合物，就要用分级分离的方法。聚合物分级常用如下三种方法：

（1）沉淀分级　在一定的温度下，向聚合物溶液（浓度：0.1%～1%）中缓慢加入一定量的沉淀剂，直到溶液浑浊不再消失，静置一段时间后即等温地沉淀出较高分子量的聚合物。采用超速离心法将沉淀出的聚合物分离出去，其余的聚合物溶液中再次补加沉淀剂，重复操作即可得到不同级分的聚合物。沉淀分级是较简单的分级方法，其缺点是需用很稀的溶液，而且使沉淀相析出是相当耗时的。

（2）柱状淋洗分级　该方法是在惰性载体（如玻璃珠、二氧化硅等）上沉淀聚合物样品，用一系列溶解能力依次增加的萃取剂逐步萃取。萃取剂一般从 100% 非溶剂变化到 100% 溶剂。液体溶剂混合物在氮气的压力下通过柱子，把聚合物分子洗脱走，按级分收集聚合物溶液。

（3）制备凝胶色谱　该方法是基于多孔性凝胶粒子中不同大小的空间可以容纳不同大小的溶质（聚合物）分子，从而分离聚合物分子。其目的不同于分析凝胶色谱，是为了得到不同级分的聚合物。以交联的有机物或无机硅胶作为填料，以聚合物溶液注入色谱柱，用同一溶剂淋洗，溶剂分子与小于凝胶微孔的高分子就扩散到凝胶微孔里去。较大的高分子不能渗入而首先被溶剂淋洗到柱外。凝胶色谱分级的效率不仅依赖于所用填料的类型，还取决于色谱柱的尺寸。

2.6.7 聚合物的纯化实例

（1）聚苯乙烯（PSt）　取 3g 聚苯乙烯溶于 200mL 甲苯中，离心分离去除不溶性杂质，在玻璃棒搅拌下将甲苯溶液缓慢滴入甲醇中，聚苯乙烯即以粉末状沉淀析出。待全部加完后，放置过夜，倾去上层清液后，用砂芯玻璃漏斗（或用真空旋转蒸发器）过滤，充分抽出甲醇后，在室温下，真空干燥 24h 即可。若用甲乙酮、乙酸乙酯或氯仿作溶剂，甲醇或乙醇作沉淀剂，亦可达到精制的目的。

（2）聚乙酸乙烯酯（PVAc）　取 1g 聚乙酸乙烯酯溶解于 20～25mL 甲苯中，将此甲苯溶液盛入分液漏斗，滤入 500 mL 己烷中，全部加完静置一段时间后，倾去上层清液，将沉淀用砂芯玻璃漏斗过滤，用己烷洗涤，真空干燥，得棉毛状白色固体。溶剂/沉淀剂也可为：丙酮（或甲醇）/水；苯/乙醚。

（3）聚甲基丙烯酸甲酯（PMMA）　将本体聚合或溶液聚合所得聚甲基丙烯酸甲酯，直接注入到甲醇中，使聚合物沉淀出来，然后将所得产物于苯中配成 2% 溶液，再注入大量的甲醇中沉淀，重复沉淀三次则可得到纯品，100℃下真空干燥。若用氯仿-石油醚、甲苯-二硫化碳、丙酮-甲醇、氯仿-乙醚作溶剂-沉淀剂组合，亦可达到重沉淀精制的目的。

（4）聚碳酸亚丙酯　将聚合物溶于二氯甲烷或三氯甲烷中，加入适量 5% 盐酸溶液，搅拌洗涤，静置，分液，再将聚合物溶液浓缩至一定浓度，用无水乙醇或甲醇沉降，分离聚合物和沉淀液，聚合物于真空、80℃条件下干燥至恒重。

（5）聚乙烯醇（PVA）　将聚乙烯醇溶于水中并使之完全中和，然后用渗析（电渗析）法除去电解质，将水溶液浓缩后缓慢加入甲醇或丙酮中使聚合物沉淀，可得层片状聚乙烯醇，将其用甲醇、丙酮分别洗涤后，真空干燥即可。

2.7 聚合物的干燥方法

聚合物的干燥是将聚合物中残留的溶剂（水、有机溶剂）除去的过程。典型干燥方法有：

（1）自然风干　当空气干燥时，将样品放置在通风橱内一段时间就可自然风干，但需覆盖滤纸等透气性膜，避免落入灰尘。

（2）烘烤　将样品置于红外灯下烘烤，以除去水等溶剂。该方法适合少量样品的干燥，缺点是会因温度过高导致样品氧化。有机溶剂较多时不宜采用该方法。

（3）烘干　将样品置于烘箱内烘干，要注意烘干温度和时间的选择，温度过高同样会造成聚合物的氧化甚至裂解，温度过低则所需烘干时间太长。

（4）真空干燥　将聚合物样品置于真空烘箱密闭的干燥室内，加热到适当温度并减压，能够快速、有效地除去残留溶剂。可在盛放聚合物的容器上加盖滤纸或铝箔，并用针扎一些小孔，以利于溶剂挥发，并避免粉末样品被吹散。

准备真空干燥之前，要注意聚合物样品所含的溶剂量不可太多，否则会腐蚀烘箱，也会污染真空泵。溶剂量多时可用旋转蒸发法浓缩，也可以在通风橱内自然干燥一段时间，待大量溶剂除去后再置于真空烘箱内干燥。还要在真空烘箱与真空泵之间连接干燥塔，以保护真空泵，真空烘箱在使用完毕后也应注意及时清理，减少腐蚀。在真空干燥时，容易挥发的溶剂可以使用水泵减压，难挥发的溶剂使用油泵。一些需要特别干燥的样品在恢复常压时可以通入高纯惰性气体，以避免水汽的进入。

简易真空干燥装置制作与使用：当聚合物样品量很少时，以圆底烧瓶或锥形瓶作干燥器，将样品放入其中，必要时在干燥器底部装入干燥剂，瓶口接具活塞二通管或三通管，抽真空后关闭活塞，保持负压，可除去少量聚合物样品中的低沸点溶剂。

（5）冷冻干燥　冷冻干燥是低温高真空下进行的减压干燥，适用于有生物活性的聚合物样品和水溶性聚合物的干燥，以及需要固定、保留某种状态下聚合物结构形态的样品干燥。在进行冷冻干燥前一般都将样品事先放入冰箱，于 $-20 \sim -30$℃下冷冻，再置于已处于低温的冷冻干燥机中快速减压干燥。干燥后应及时清理冷冻干燥机，避免溶剂的腐蚀。由于溶剂容易吸附到真空泵油，所以需定期更换真空泵油。

2.8　常用聚合反应装置

2.8.1　普通聚合反应装置

大部分聚合反应可以用普通的有机合成实验操作来完成，反应瓶常用标准磨口三颈烧瓶、四颈烧瓶。搅拌方式：黏度较大、阻力较大时可采用电动搅拌；阻力较小时可用磁力搅拌。冷凝管可置于三颈烧瓶中间口，以确保反应装置的稳定性。加热方式有水浴、油浴、电热套及控温装置。用恒压滴液漏斗可实现低压下或惰性气体保护下加料。

对于电动搅拌装置，为保证搅拌速度均匀，整套装置安装要规范，尤其是搅拌器，安装后用手转动要求无阻力，转动轻松自如。

常用聚合反应装置见本书后续各章实验装置图。

2.8.2　空气敏感试剂的转移

当反应试剂或中间体在空气中的溶液反应失活时，需采用特殊的液体转移与无氧反应装置（图 2-1），常用舒仑克瓶或管（Schlenk flask or tube）。反应在 N_2 气氛下进行，使用 10mL、50mL 带二通活塞的反应瓶（或舒仑克瓶或管），并配有翻口橡胶塞以便注射器注入（或抽出）试剂。

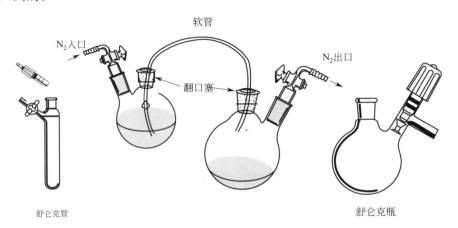

图 2-1　液体转移与无氧反应装置

2.8.3 聚合反应中的动态减压

无论是聚酯还是聚酰胺的合成，往往在反应后期需要进行减压操作，从高黏度的聚合体系中将小分子产物水排除，使反应平衡向聚合物方向移动，提高缩聚反应程度和增加分子量，这些缩聚反应的共同特征是反应体系黏度大、反应温度高，并需要较高的真空度。针对这些特点需要采取以下措施：①为了使反应均匀，需要强力机械搅拌。②为了防止反应物质的氧化，高温下进行的聚合反应应在惰性气氛或真空下进行。③为了防止单体的损失，减压操作应在反应后期进行。④为了提高体系的密闭性，搅拌导管和活塞等处要严格密封。

2.8.4 封管聚合

封管聚合是在静态减压条件下进行的聚合反应，将单体置于封管中，减压后在密封状态下聚合。封管聚合由于是在密闭体系中进行，因此不适用于平衡常数低的熔融缩聚反应。许多自由基聚合反应、尼龙-6的合成以及内酯的开环聚合可采用封管聚合。

封管操作的流程如下：①清洗并干燥聚合管。②称取并加入固体试剂，然后加入液体试剂。为保证微量试剂（如引发剂）的准确加入，可将其溶于单体或合适溶剂中，然后按比例加入。③冷冻-真空-熔融，反复多次，以除去体系中的氧气。④在真空条件下，使用酒精喷灯或煤气灯烧熔聚合管细颈处，完成聚合物的密封。这种操作，可以满足可控自由基聚合的需要。封管操作也可使用熔封仪或石英玻璃管封口机完成。

2.8.5 双排管反应系统

若进行高真空或无水无氧聚合，可以设计和制作不同的实验装置来进行，双排管反应系统（图2-2）因方便、灵活而被广泛使用，具体操作方法可查阅参考文献。

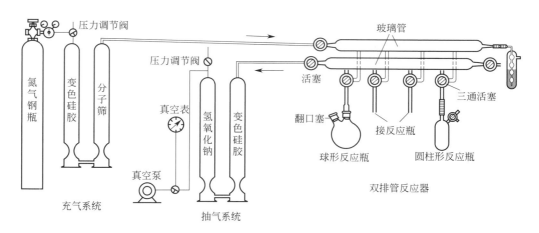

图 2-2　带抽气、充气系统的双排管反应器

参考文献

[1] 潘祖仁主编. 高分子化学. 第5版. 北京：化学工业出版社，2011.

[2] 潘才元主编. 高分子化学. 合肥：中国科学技术大学出版社，2012.

[3] 张洪涛，黄锦霞. 乳液聚合新技术及应用. 北京：化学工业出版社，2007.

［4］　张兴英主编．高分子科学实验．第 2 版．北京：化学工业出版社，2012.

［5］　赵立群，于智，杨凤．高分子化学实验．大连：大连理工大学出版社，2010.

［6］　孙汉文，王丽梅，董建．高分子化学实验．北京：化学工业出版社，2012.

［7］　梁晖，卢江．高分子化学实验．北京：化学工业出版社，2004.

［8］　何卫东，金邦坤，郭丽萍．高分子化学实验．第 2 版．合肥：中国科学技术大学出版社，2012.

（何乃普，宋鹏飞，王荣民）

第 3 章 ▶▶ 高分子结构与性能评价

高分子材料（即聚合物材料）是以高分子化合物为基体，配有添加剂（助剂）所构成的材料。其结构主要包括链结构、聚集态结构；性能主要包括热性能、力学性能、降解性能（稳定性与抗老化性）等。高分子结构是材料物理和化学性能的基础，对于了解聚合物的微观、亚微观，直到宏观不同结构层次的形态和聚集态是必不可少的。高分子材料性能是聚合物结构的表现，表征高分子材料的结构和性能，研究结构与性能之间的关系，对于控制聚合物产品质量、实现聚合物加工和应用具有重要意义，有利于环境友好高分子材料的设计和合成，促进聚合物使用、降解及回收再利用。

3.1 高分子组成和结构表征

高分子长链结构区别于小分子，具有多层次微结构，由结构单元及其键接方式引起，包括结构单元本身结构，结构单元相互键接的序列结构，结构单元在空间排布的立体构型、支化与交联等。高分子组成及其链结构的表征方法主要有：紫外吸收光谱（UV）、红外光谱（FT-IR）、核磁共振波谱（NMR）、拉曼光谱、X 射线衍射（XRD）、小角 X 射线散射、X 光电子能谱（XPS）、荧光光谱、凝胶渗透色谱（GPC）和元素分析等。有关 IR、NMR 等诸多现代仪器分析技术的特点与应用，将在第 8 章总结介绍。

注意：功能高分子材料中，部分功能结构单元在高分子链中所占的比例较小，会给链结构的研究工作造成一定的困难。

3.2 高分子聚集态结构的表征

高分子聚集态涉及固态结构多方面的行为和性能，如混合、相分离、结晶和其他相转变等，以及气体、液体、离子透过聚合物膜的传递行为。分子结构和聚集态结构将影响聚合物强度、弹性和分子取向等，是决定高分子材料使用性能的重要因素。

高分子聚集态结构包括晶态、非晶态、液晶态、取向结构及共混或共聚高聚物的多相结构等。聚集态的形成是高分子链相互作用的结果，其中最重要的相互作用是范德华力，氢键在很多材料中起重要作用。对于交联高分子材料，分子链之间通过化学键连接在一起，形成特征的三维网状结构。

许多聚合物处于非晶态，有些部分结晶，有些高度结晶，但结晶度很少达到 100%。聚合物的结晶能力与大分子微结构有关，涉及规整性、分子链柔性和分子间作用力等。结晶程度还受拉力、温度等条件的影响。例如：线型聚乙烯（PE）分子结构简单规整，易紧密排列结晶，结晶度在 90% 以上，而带支链的 PE 结晶度就降低许多（55%～65%）。聚酰胺-66

由于分子间有较强的氢键，也利于结晶。聚氯乙烯（PVC）、聚苯乙烯（PS）、聚甲基丙烯酸甲酯等带有侧基，分子难以紧密堆砌，而成非晶态。天然橡胶和有机硅橡胶分子中含有双键或醚键，分子链柔顺，在室温下处于无定形的高弹态，如果温度适当，经拉伸可规则排列而暂时结晶，但拉力去除后，立刻恢复到原来的无序状态。还有一类特殊结构的液晶高分子，这类材料受热熔融（热致性）或被溶剂溶解（溶致性）后，失去了固体的刚性转变成液体，但其中分子仍保留有序排列，呈各向异性，形成兼有晶体和液体双重性质的过渡状态，称为液晶态。

另外，近年来基于超分子化学与高分子化学的交叉，出现一类新型高分子材料——超分子聚合物，定义为重复单元经可逆的和方向性的非共价键相互作用连接成的阵列，其聚集态结构决定了性能。

针对高分子结晶的形貌，在不同尺度上，可以利用偏光显微镜、透射电子显微镜（TEM）、扫描电子显微镜（SEM）及原子力显微镜（AFM）等仪器进行观察，可以对结晶的尺寸、形貌和类型（单晶、球晶、纤维晶、串晶和伸直链晶等）进行详细的研究。对于聚合物的结晶过程，涉及结晶度、结晶动力学、结晶速率及其影响因素等相关内容，则可以利用 X 射线衍射法、FT-IR、膨胀计法、电子衍射法、解偏振光强度法、小角激光散射法、小角中子散射法和差示扫描量热法（DSC）等进行表征。这里简单介绍偏光显微镜法和 X 射线衍射法。

（1）偏光显微镜法　偏光显微镜的基本构造与普通光学显微镜相似，区别在于偏光显微镜的样品台上下各有一块偏振片。偏振片只允许某一特定方向振动的光通过，而其他方向振动的光都不能通过。高分子在熔融状态或无定形状态时呈光学各向同性，即各方向折射率相同，此时镜内视野全暗。当高分子存在晶态或有取向时，光学性质随方向而异，会产生"双折射"现象，从而观察到高分子晶体的结构和形态。由于球晶在偏光显微镜下呈现特殊的马耳他十字消光图像，球晶的形态、尺寸、成核方式和生长速率都可以利用偏光显微镜观察。

偏光显微镜另一个重要的研究对象是液晶的光学织构。液晶的光学织构是指液晶薄膜在偏光显微镜下所观察到的图像。织构的产生是样品中存在的缺陷的干涉效应和材料中光振动的矢量取向发生变化的综合结果。利用织构的差别，能够对材料的液晶相态进行初步判断，复杂的还需再结合其他表征手段，最终确定液晶相态。

（2）X 射线衍射法（XRD）　X 射线衍射法是利用晶体形成的 X 射线衍射，对物质进行内部原子在空间分布状况的结构分析方法。将具有一定波长的 X 射线照射到结晶性物质上时，X 射线因在结晶内遇到规则排列的原子或离子而发生散射，散射的 X 射线在某些方向上相位得到加强，从而显示与结晶结构相对应的特有的衍射现象。

如果试样具有周期性结构（晶区），则 X 射线被相干散射，入射光与散射光有波长的改变，这种过程称为 X 射线衍射效应。因为是在大角度测定，所以又称广角 X 射线衍射（WAXD）。如果试样具有不同电子密度的非周期性结构（晶区和非晶区），则 X 射线被不相干散射，有波长的改变，这种过程称为漫射 X 射线衍射效应（简称散射）。因为是在小角度（$2\theta < 5°$）的散射角测定，所以又称小角 X 射线散射（SAXS）。WAXD 可以对高分子材料晶格的大小、取向程度、晶粒大小进行相关表征，根据布拉格公式可以知道，在大角衍射角度范围内能测定的晶格间距为零点几纳米到几纳米。在结晶高聚物中，常要求测定几纳米到几十纳米的长周期，这就要求将测定角度缩小到小角范围。经常要在 $1° \sim 2°$ 以内测定衍射强度，因此，小角 X 射线散射更为有效。另外，对于液晶分子的研究，采用 WAXD 和 SAXS 两种方法做综合分析可以得出准确的相态结构。

3.3 平均分子量及分子量分布

与小分子不同，同一聚合物样品往往由分子量不等的同系物混合而成，分子量存在一定的分布，通常所指的聚合物分子量（M）是平均分子量。平均分子量及分子量分布是研究高分子材料性能的基本数据之一，涉及高分子材料的性能和应用，包括聚合物加工方式和加工条件的选择。

高分子的分子量的大小并无明确的界限，一般为：

低分子物＜1000＜低聚物＜10000＜高聚物＜1000000＜超高分子量高分子
（oligomer）　　　　（polymer）　　　　　　（UHMWP）

平均分子量有多种表示方法，在公式推导中，平均分子量采用上划线的表达方式，如：数均分子量（$\overline{M_n}$）、重均分子量（$\overline{M_w}$）、黏均分子量（$\overline{M_v}$）。也可直接用"聚合物分子量"表示，即 M_n、M_w 或 M_v。

（1）数均分子量（M_n）　按聚合物中含有的分子数目统计平均的分子量，即高分子样品中所有分子的总质量除以其分子（以 mol 计）总数。

$$M_n = \frac{W}{\sum N_i} = \frac{\sum N_i M_i}{\sum N_i} = \frac{\sum W_i}{\sum (W_i/M_i)} = \sum x_i M_i \tag{3-1}$$

式中，W_i、N_i、M_i 为 i-聚体（聚合度为 i 的聚合物）的质量、分子数、分子量；x_i 为 i-聚体的分子分数。$i=1\sim\infty$，通过依数性方法（冰点降低法、沸点升高法、渗透压法、蒸气压法）和端基滴定法测定，对分子量小的聚合物敏感。

（2）重均分子量（M_w）　按照聚合物的质量进行统计平均的分子量，即 i-聚体的分子量乘以其质量分数的加和。

$$M_w = \frac{\sum W_i M_i}{\sum W_i} = \frac{\sum N_i M_i^2}{\sum N_i M_i} = \sum w_i M_i \tag{3-2}$$

式中，W_i 为 i-聚体质量；w_i 为 i-聚体的质量分数；其他符号意义同前。测定方法：光散射法，对于分子量大的聚合物敏感，更能准确反映高分子的性质。

（3）黏均分子量（M_v）　聚合物分子量经常用黏度法测量，表示方法如下：

$$M_v = \left(\frac{\sum W_i M_i^\alpha}{\sum W_i}\right)^{\frac{1}{\alpha}} = \left(\frac{\sum N_i M_i^{1+\alpha}}{\sum N_i M_i}\right)^{\frac{1}{\alpha}} = \left(\sum w_i M_i^\alpha\right)^{\frac{1}{\alpha}} \tag{3-3}$$

根据 Mark-Houwink 方程：$[\eta] = K\overline{M}^\alpha$，其中，$K$、$\alpha$ 是与聚合物、溶剂有关的常数。

式（3-3）中，α 是高分子稀溶液特性黏度-分子量关系式中的指数，一般 α 值在 0.5～0.9 之间。不同平均分子量有如下的关系及特点：

a. $M_w > M_v > M_n$，M_v 略低于 M_w。

b. M_n 靠近聚合物中低分子量的部分，即低分子量部分对 M_n 影响较大。

c. M_w 靠近聚合物中高分子量的部分，即高分子量部分对 M_w 影响较大。

一般用 M_w 来表征聚合物比 M_n 更恰当，因为聚合物的性能（如强度、熔体黏度）更多地依赖于样品中较大的分子。

分子量分布是影响聚合物性能的因素之一。分子量过高的部分使聚合物强度增加，但加工成型时塑化困难。低分子量部分使聚合物强度降低，但易于加工。不同用途的聚合物应有其合适的分子量分布：合成纤维分子量分布宜窄，合成橡胶分子量分布可较宽。

聚合物分子量的测定方法有多种，如：光散射、小角 X 射线散射、沸点升高、凝固点降低、气相渗透压、膜平衡渗透压和超速离心沉降等绝对方法；端基分析法、稀溶液黏度、凝胶渗透色谱法等相对方法。分子量分布的测定有凝胶渗透色谱法、分级沉淀法、熔体流变行为、超速离心法。各种方法都有优缺点和适用的局限性，由不同方法得到的分子量的统计平均意义也不一样。下面就几种常用测定分子量的方法进行介绍。

（1）凝胶渗透色谱法（gel permeation chromatography，GPC）　也称为尺寸排除色谱（size exclusion chromatography，SEC），在生物界中常称为凝胶过滤色谱（gel filtration chromatography）。利用此方法可获得数均和重均分子量及分子量分布。

（2）小角激光光散射法　该法主要用于测重均分子量（M_w）。当入射光电磁波通过介质时，介质中的小粒子（如高分子）中的电子产生受迫振动，从而产生二次波源，向各方向发射与振动电场（入射光电磁波）同样频率的散射光波。这种散射光波的强弱和小粒子中偶极子的数量相关，即和该高分子的质量或摩尔质量相关。根据上述原理，使用激光光散射仪测定高分子稀溶液和入射光呈小角度（2°～7°）时的散射光强度，从而计算出稀溶液中高分子的绝对重均分子量值。采用动态光散射可以测定粒子流体力学半径的分布，进而计算得到高分子分子量的分布曲线。现代分析仪器可将激光光散射法与凝胶渗透色谱法结合，从而获得更精确的信息。

（3）质谱法　基质辅助激光解吸/离子化飞行时间质谱（matrix-assisted laser desorption/ionization time of flight mass spectrum，MALDI-TOF MS）和电喷雾离子化质谱（electrospray ionization mass spectrometry，ESI-MS）是精确测定物质分子量的方法，质谱测定给出的是分子离子质量 m 与离子电荷数 z 之比。利用离子化技术将处于凝聚态的大分子以完整的、分离的和离子化的分子转换到气相中，不仅能表征低聚物，区别环线结构，还能测定分子量高达百万的生物大分子（如蛋白质、多肽等）和合成高分子（如 PS、PMMA 等）的分子量和分子量分布。典型谱图如图 3-1 所示。

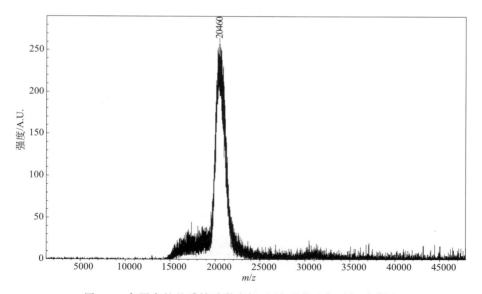

图 3-1　角蛋白的基质辅助激光解吸/离子化飞行时间质谱图

3.4 高分子溶解性及溶液制备

溶解性是实现聚合物改性和应用的基础之一。作为制品，从使用角度来看，人们希望聚合物具有高度的不溶性，但是不溶性会导致研究其分子结构及加工成型困难。影响聚合物溶解的难易和速度有许多因素：

（1）化学结构　化学结构是决定聚合物溶解度的主要参数，遵从"相似相溶"规律。

（2）分子量　聚合物分子量增加，溶解度减小，这是大多数聚合物分级分离的基础。与化学组成相比，分子量对溶解度的影响通常较小。

（3）结晶度　结晶聚合物必须克服聚合物间的相互作用力和晶体内的晶格才能溶解，与无定形聚合物相比，结晶聚合物难溶。除使用高极性溶剂，晶态聚合物通常在高于或接近于其熔点时溶解。

（4）交联　交联聚合物仅溶胀而不溶解。

为了简单有效地测试溶解性，可以取少量聚合物，用不同结构与极性的溶剂，进行溶解性试验。常见溶剂有丙酮、CH_2Cl_2、环己酮、甲苯、DMF、DMSO、THF、乙醇、氯苯、硝基苯等。聚合物溶解过程较慢，在进行观察时，需将聚合物/溶剂混合物静置24h。通过加热可加速溶解。

3.5 高分子热性能

热性能是高分子材料与热或温度相关的性能总和。它包括诸多方面，如各种力学性能的温度效应、玻璃化转变、黏流转变、熔融转变、热稳定性、热膨胀和热传导等，是高分子材料的重要性质之一。聚合物大部分的实际应用（如成型、加工）就是利用高分子独特的热性能来进行的。很多实验主要通过测材料的热导率、比热容、热膨胀系数、耐热性、耐燃性、分解温度等来评价高分子材料的热性能。测试仪器有高低温热导率测定仪、差示扫描量热仪、量热计、线膨胀和体膨胀测定仪、马丁耐热仪和微卡耐热仪、热失重仪、硅碳耐燃烧试验机等。而一些热性能可以通过简单的仪器进行测试，如熔点仪、热台和附带热台的显微镜等，通过这些仪器用数毫克的样品，在较短时间内可以得到如下热信息。

（1）热塑性/热固性　利用上述方法可以很快区分热塑性和热固性的差异，在不降解的前提下，热塑性聚合物可以被反复加热和冷却，而不影响流动性和塑性，热固性聚合物则很快固化成为不可塑化的物质。

（2）软化温度　用工具将很少量的样品放置于程序控温热台上，就可以直接对聚合物的软化温度和范围、熔融、黏性、弹性等性质作出较好评价。

（3）热稳定性　当聚合物在升温过程中出现变黑、气体逸出、变脆、流动性不可逆的增加或降低就是不稳定的证据，但要和热固性反应区别开来。热降解的起始温度可以对聚合物的加工和使用温度上限的选择起指导作用。

（4）光学性质　除观察表明发生了降解或存在杂质的颜色变化外，对材料的透明性或不透明性也应作出评价。

（5）黏结性质　用干净的玻璃棒蘸少量熔融的聚合物，冷却后，观察聚合物从玻璃棒除去的难易，可直接获得样品黏结性能的信息。

（6）重要物理参数 包括材料的玻璃化转变温度、熔点、结晶温度等数据，可通过差示扫描量热仪（DSC）分析得到。

（7）可燃性和阻燃性 有机高分子基本上都是可燃物，但聚合物的可燃性能差异很大，包括易燃、缓慢燃烧、阻燃、自熄，程度不等。物质的燃烧性能常用氧指数（OI）来评价。其测定方法是将聚合物试样直接放在一玻璃管内，上方缓慢通过氧、氮混合气流，氧、氮比例可以调节。能够保证稳定燃烧的最低氧含量定义为氧指数。氧指数越高，表明材料越难燃烧，借此可以评价聚合物燃烧的难易程度和阻燃剂的效率。

3.6 高分子稳定性及抗老化性

高分子材料在使用过程中，受到光、热、氧、水分等环境因素，以及 pH 值、电场、应力等的作用，性能会逐渐下降直至失效，这种现象称为老化。在老化过程中，高分子材料的化学组成、链结构和聚集态结构都有可能发生变化，从表面直接体现的性能变化主要有质量、黏度、溶解度、色泽、熔点、脆性、伸长率等。因此，可以通过测量这些基本数据来评价聚合物的稳定性以及抗老化性。抗热老化性能和抗自然老化性能实验可以采用热老化箱和模拟自然的人工气候老化箱等，可将一定量的样品制成薄膜或薄片进行测试。

（1）化学稳定性 聚合物在化学试剂中的稳定性可以通过将样品浸入冷水、沸水、10% 乙酸、氯化钠、硫酸、氢氧化钠、有机溶剂等溶液中浸泡至预定时间，检测样品质量、柔韧性变化。

（2）环境稳定性 聚合物暴露在外界环境，如阳光、潮湿、雨天等条件下的稳定性可以在实际情况下精确测定，也可以采取一定的模拟外界环境的手段对材料的环境稳定性进行快速实验，但结果会与外界实际环境有所差异。通过简单分析可对聚合物由于外界气候和紫外线引起的颜色、光泽及相关力学性能（如拉伸强度、伸长率）变化进行判断。

（3）热稳定性 高分子材料的热稳定性可以通过高温炉在一定的氛围和温度下进行分析，可以检测样品的质量、溶解性变化以及颜色的变化。

同时，几乎所有的聚合物仪器分析方法都可以用于研究高分子材料的老化过程。一般用 FT-IR 表征材料老化过程中化学结构的变化，从而了解老化过程中发生的化学反应；用 GC-MS 或 PGC-MS 表征可挥发性降解产物；用 GPC 表征分子量及其分布的变化，来了解分子链的断裂机制和断裂的程度；用 SEM 或偏光显微镜观察材料形貌的变化；用 DSC 测定材料结晶形态的变化等。需注意：在高分子材料稳定性及老化降解研究中，各种分析方法都只是从一个或几个侧面来反映材料发生的变化，只有对不同方法得到的结果进行综合分析，才能得到材料性质的全貌。

3.7 高分子力学性能

高分子的力学性能是决定高分子材料合理使用的主要因素，对时间和温度都表现出依赖性。由于材料在其加工成型过程中不可避免地引入一些缺陷（如微裂纹、孔穴、内应力和杂质等），在一定的应力环境作用下，这些缺陷处将产生不同程度的应力集中，这种应力集中效应首先破坏整体材料的受力及其响应的均匀性，其次是材料在较低应力的作用下就有可能在缺陷处引发脆性断裂。因此，高分子材料的力学性能测试对于工程结构材料的设计和选材尤为关键。

聚合物的力学性能测试包括断裂力学、线弹性断裂力学、断裂韧性的测试，韧性-脆性断裂行为转变，结构松弛对断裂行为的影响，冲击破坏行为以及共混高聚物的界面强度的研究等。这些性能可以根据需要选择相应的黏弹谱仪、电子拉力机和冲击试验机等测试获得。

3.8 其他性能

基于高分子材料具体应用领域与环境，必要时需要测定高分子材料的其他性能。如高分子材料的电学性能，主要测材料的电阻、介电常数、介电损耗角正切、击穿电压等，测试仪器有高阻计、电容电桥介电性能测定仪、高压电击穿试验机等。

材料本体黏流行为主要是测定黏度以及黏度和切变速率的关系、剪应力与切变速率的关系等，采用仪器有旋转黏度计、熔融指数测定仪、各种毛细管流变仪等。

材料的密度测定可采用密度计法和密度梯度管法。测定透光度采用透光度计。测定透气性采用透气性测定仪。测定吸湿性采用吸湿计。测定吸引系统采用声衰减测定仪。

参考文献

[1] 张兴英，李齐方．高分子科学实验．第 2 版．北京：化学工业出版社，2007．
[2] 杨睿，周啸，罗传秋，汪昆华．聚合物近代仪器分析．第 3 版．北京：清华大学出版社，2010．
[3] 朱诚身．聚合物结构分析．北京：科学出版社，2004．
[4] 杨万泰．聚合物材料表征与测试．北京：中国轻工业出版社，2008．
[5] 林权，崔占臣．高分子化学．北京：高等教育出版社，2015．
[6] Yin X，Li F，He Y，Wang Y，Wang RM. Study on Effective Extraction of Chicken Feather Keratins and Their Films for Controlling Drug Release. Biomater Sci，2013，1：528-536．

（张振琳）

第 ⊜ 篇
高分子材料合成基础实验

第 4 章 ▶▶ 高分子材料合成实验基本要求

4.1 高分子材料合成实验的必要性

实验是连接理论和实践的桥梁，实验教学可使学生增进对课本知识的理解（增强感性认知）、锻炼和提高实验动手能力、培养科研素养（养成良好的思维习惯和严谨的实践作风），同时学会分工协作和交流沟通。当然，不同层次的学生所安排的化学实验教学类型不同（表4-1），其教学方法与要达到的目的也有所不同。

高分子材料合成基础实验（或高分子化学实验）是学生经历了无机、分析、有机化学等基础理论知识的学习，以及专业基础实验（或验证实验）锻炼后，在学习高分子化学理论的基础上开设的一门重要的实验课程。通过高分子材料合成基础实验，可以获得许多感性认识，加深对高分子化学基础知识和基本原理的理解。通过实验课程的学习，能够熟练和规范地进行高分子材料合成实验的基本操作，掌握实验技术和基本技能，了解高分子化学中采用的特殊实验技术，使学生牢固地掌握高分子合成的理论知识，是理论联系实际的最有效的方法。

高分子材料综合实验能够进一步培养和锻炼学生的实验能力和操作技能，锻炼和培养学生分析问题和解决问题的能力，并能为以后的科学研究工作打下坚实的实验基础。在实验中，要掌握实验的基础知识和基本操作技能，而严谨务实的实验态度、存疑求真的科学品德和团结合作的工作风格也是必不可少的。因此，开设高分子材料合成实验课程的意义是在传授高分子化学知识和实验方法的同时，进一步训练学生科学研究的思维和方法，培养学生的科学品德和科学精神。

表 4-1 化学实验教学的层次

项目	演示实验	基础实验	综合实验	探究实验
教学对象	中学课堂教学	①中学化学实验；②大学生基础实验	专业实验	①综合探究实验；②学年论文、学位论文

项目	演示实验	基础实验	综合实验	探究实验
教学目的	给初学者直观的印象，引起初学者对科学知识的兴趣	①验证、巩固基础理论知识；②锻炼实验技能；③培养动手能力	①提高综合运用专业知识的能力；②综合运用实验操作和实验技巧；③养成良好的实验习惯和实验作风	①学习综合运用多学科知识和实验手段；②锻炼科研能力，培养创新性思维；③学习交流与合作的技巧
教学方式	大课演示，可邀请个别学生辅助完成	固定的实验题目、具体的实验过程、严格的实验操作、规定的教学课时	规定的实验题目、灵活的实验过程、严格的实验记录、严谨的实验分析、可变的教学课时	在一定范围内自选自定实验题目与方案，弹性实验时间，实时教学指导，严格教学管理
教学重点	使学生对反应直观认识	①基本实验技能的学习和掌握；②理论知识的巩固	①专业知识的运用；②良好实验习惯和作风的培养	①综合多学科知识和实验手段的科研能力；②创新思维的培育

4.2 高分子材料合成实验课程学习要求

"高分子材料合成基础实验"（高分子化学实验、高分子合成实验）课程的学习是在教师的指导下，以学生为主，考查学生实验动手能力和基本操作技能的一门实验课程。"高分子材料综合实验"课程的学习则是以学生基于课程设置的实验项目为基础，进行自主实验设计，以动手操作为主，并在教师必要的指导和监督下进行的综合实验课程。

一个完整的基础实验课，由实验分组与预习、实验操作与记录和实验报告与研究论文三部分组成。

4.2.1 实验分组与预习

高分子材料合成实验一般需要很长时间，建议根据实际参与人数，分组进行实验（每组2～5人）。对于高分子合成基础实验，每个实验指定主操作者、副操作者、观察记录者，不同实验可轮换担任。

无论是基础实验、综合实验、探究实验，还是以后从事科学研究，在进行一项高分子实验之前，首先要对整个实验过程有所了解，对于新的高分子合成或高分子化学反应更要有充分的准备。通过预习，认识并记录如下主要内容：实验目的和要求、实验原理与相关知识、所需试剂与仪器、实验装置与操作方案、实验过程中可能会出现的问题和解决方法。具体记录模式见表4-2。

预习过程要做到"看、查、问、思、写"五要素，即看实验教材和相关资料，查重要数据和借鉴资料，提出问题，思考并设计实验方案，写预习报告和注意事项。要带着问题做实验预习：①为什么要做该实验？所合成高分子材料有何用途？②怎样顺利完成拟进行的实验？做该实验能得到什么收获？③检索关键试剂的物理参数（包括安全数据 MSDS），确保实验安全。

表 4-2　预习报告（高分子材料合成实验）

实验名称：			
实验者：	学号：	教师：	成绩：
班级：	同组者：	实验地点/日期：	
实验　预习部分			

实验名称

1. 实验基本原理与相关知识

2. 实验目的、预期目标

3. 实验方案设计

(1) 实验操作过程简图

(2) 所需原料与用量

(3) 所需仪器、工具

(4) 实验合成与测试方法原理

4. 实验难点与解决方案

5. 实验注意事项

6. 参考文献

4.2.2　实验操作与记录

实验过程中应认真操作、仔细观察、及时记录，必要时用手机照相或录像记录，发现问题要及时报告教师。整个实验过程必须按操作规程进行，应做到以下几点：

① 认真听实验指导教师（或实验设计者）的讲解，进一步明确实验过程、操作要点和注意事项。

② 搭建实验装置，加入化学试剂和调整实验条件，按照拟定的步骤进行实验，既要细心又要大胆操作，如实记录化学试剂的加入量和实验条件。

③ 认真观察实验过程发生的现象，获得实验必需的数据（如反应时间、反应现象、产量等），并如实记录到实验记录本上。

④ 实验过程中应该勤于思考，认真分析实验现象和相关数据，并与理论结果相比较。遇到疑难问题，及时向实验指导教师和他人请教；发现实验结果与预期不符，应仔细查阅实验记录，分析原因。

⑤ 实验结束后，拆除实验装置，清理实验台面，清洗玻璃仪器和处置废弃化学试剂。切断水源、电源（总闸、分闸），做好卫生值日，关闭门窗和照明灯。

⑥ 实验记录经指导教师（或实验设计者）检查、签字后方可离开。课后认真写好实验报告，并在下次实验时交给指导教师。

4.2.3　实验报告与研究论文

做完实验后，需要整理实验记录和数据，把实验中的感性认识转化为理性知识，做到：①根据理论知识分析和解释实验现象，对实验数据进行必要处理，得出实验结论，完成实验思考题。②将实验结果和理论预测进行比较，分析出现的特殊现象，提出自己的见解和对实验的改进。③独立完成实验报告，实验报告应字迹工整、叙述简明扼要、结论清晰。必要时，提交实验报告电子版与打印版。

完整的实验报告包括：实验名称、实验目的、实验原理、实验记录、数据处理、结果和讨论等。实验报告的内容格式样本如表 4-3 所示。实验报告应当强调三性，即报告内容的完整性，实验产物得率的准确性，报告层次的条理性。

高分子材料合成实验的"实验报告"内容应当注意：

① 采用反应方程式直观显示实验原理；

② 试剂应包括名称、状态、规格、纯度、用量，要注明易燃易爆、有毒试剂及防护方法；

③ 仪器辅助材料要注明名称、规格、数量；

④ 绘制主要装置示意图；

⑤ 实验反应流程包括原料、催化剂（引发剂）、助剂、主副产物及反应温度、时间、压力、减压、真空、分离、过滤、萃取、洗涤、乳化、搅拌等；

⑥ 实验过程中发生的各种现象记录，如悬浮、乳化、溶解、降解、沸腾、汽化、回流、浑浊、分层、成粒、成团、起糊、变稠、变稀、增黏等；

⑦ 实验结果包括产物的质量、体积、状态、形状、黏度、色泽、嗅味等；

⑧ 结果与讨论，理论结合实践对实验结果的成败、优劣进行分析，或对操作过程进行分析，分析存在问题，提出改进意见，对实验各方面的体会；

⑨ 实验思考题，理论结合实践回答问题，验证公式结果，举一反三回答相关问题等；

⑩ 数据处理一定要以实验的原始数据记录为依据，注意数据单位和有效数字的使用。

表 4-3　实验报告（高分子材料合成实验）

实验名称：				
实验者：	学号：	班级：		同组者：
实验现象及原始实验数据记录				
实验名称：				
实验日期：　年　月　日	室温：　　　℃；大气压　　　kPa；湿度：　　　；天气情况：			
时间	实验操作	实验现象		备注
实验指导教师签字(本数据无指导教师签字无效)：				
实验结果与讨论				
1. 实验目的与意义				
2. 实验结果与讨论(包括实验数据处理,实验现象与结果的讨论)				
3. 实验结论				
4. 实验小结(包括对实验相关其他因素的说明)				
5. 参考文献				
实验指导教师批语：				
教师姓名：		成绩：		

4.3 高分子材料综合（探究）实验基本要求

高分子材料综合（探究）实验包括合成与性能测试，大部分实验时间长达数日。因此，建议指定实验组织者、实验操作者、实验观察者。其各自分工如下：

（1）实验组织者　负责方案设计、预备实验（教师身份），试剂仪器准备（实验员身份），实验总结、撰写论文（学生身份）。

（2）实验操作者　通过抽签决定主操作者、副操作者，在聆听与反问组织者实验方案的基础上，能够独立完成实验，同时做好记录。

（3）实验观察者　在聆听与反问组织者实验方案的基础上，不但能够记录实验过程与现象，而且能够提出自己的观点与改进意见。

（4）任课教师的任务　规划与筛选可执行的实验项目与领域，并为学生提供本校可实施的实验名称或内容；在实验组织者进行方案设计时提供必要的资料支持；对实验组织者设计的方案提出修改意见；在实验过程中，提高操作者与观察者的实验技能；提高所有学生的方案设计、论文撰写能力。

与基础实验相同，高分子材料综合实验与探究性实验也应该包括实验预习、实验操作和实验报告三部分。但是要求更高，部分实验可作为学年论文。通过此类实验教学，为本科生开展学年论文、学位论文，为硕士研究生设计与完成学位论文培养坚实的科研素养。重点夯实与提高如下能力：

① 实验预习过程，除准确理解实验课本给定的内容，还应该检索最新研究成果，了解该类高分子材料的发展历史、应用领域以及典型合成方法。

② 基于信息检索结果，提出实验过程的优化方案，并与指导教师（或实验设计者）讨论后拟定具体实验方案。

③ 开始实验工作前，首先要准备好试剂、仪器等实验中用到的所有原材料与工具。个别原材料缺乏时，要找到替代方案，甚至调整实验方案，否则实验容易半途而废。其次，要考虑每一步实验过程可能观察到的现象，以及成功与失败的标志性现象。

④ 在实验中，认真操作每一个步骤，注意观察与记录。如果没有得到预期的实验现象，可根据预习的实验方案，及时调整后续的实验操作方法，以期得到满意结果。

⑤ 必要时（尤其是小组成员较多，并有足够仪器时），考察几种实验方法，将实验现象与实验结果进行对比。

⑥ 实验报告的记录可按照表 4-3 完成。对于即将开展学年论文、学位论文的学生，建议以研究论文的格式完成实验报告，为下一步训练奠定基础。

4.4 实验室使用规则

① 实验前充分预习，实验完成后应在规定时间内上交实验报告。实验过程中应专心致志，认真如实地记录实验现象和数据，不得在实验过程中进行与实验无关的活动。实验结束，实验记录需经指导教师批阅。

② 公用仪器、设备不能随意移动，要按顺序使用，填写使用记录。分组实验仪器由个人保管，遗失或损坏要报告指导教师并补领，按有关规定填写报告单和赔偿。

③ 试剂药品应按实验规程用量取用，不得随意散失、遗弃。药品称量时要遵守操作规程，使用称量器具应填写使用记录。回收的试剂药品不能与原装试剂药品掺混。

④ 保持整洁的实验环境，不能乱洒药品、溶剂和其他废弃物，废弃溶剂和试剂倒入指定的回收容器内。实验结束后，整理实验台面，清洗使用过的仪器，由值日生打扫实验室，并经检查后方能离去。

⑤ 严格遵守操作规范和安全制度，防止事故发生。如出现紧急情况，立即报告指导教师做及时处理。

⑥ 普通实验仪器的维护和简单修理是高年级本科生和研究生必须掌握的基本技能，这项基本技能也会给学生以后的研究工作带来许多方便。

4.5 实验室安全规范

在高分子材料合成实验中，安全是第一位的。进入高分子材料合成实验室，首先要了解实验室的安全规范。尽管多数聚合物无毒，但是合成这些聚合物所用的单体、溶剂以及这些聚合物的分解产物常常是有毒的。同时，在高分子材料合成实验中，经常使用易燃、易爆、有毒等危险试剂。为了防止事故的发生，必须严格遵守下列规范：

① 实验进行之前，应熟悉相关仪器和设备的使用，实验过程中严格遵守操作使用规范。

② 了解所用化学试剂的物性和毒性，正确使用和防护。使用时看好标签，严禁将试剂混合或挪作他用。使用后盛装容器都必须上盖密封，防止污染环境，防止中毒。

③ 实验室内未经允许，不得动用明火，严禁吸烟。

④ 蒸馏易燃、易爆液体时，必须注意塞子不能漏气，同时保持接液管出气口通畅。

⑤ 使用水浴、油浴或加热套等进行加热操作时，不能随意离开实验岗位；进行回流和蒸馏操作时，冷凝水不能开得太大，以免水流冲破橡胶管或冲开接口。

⑥ 禁止用手直接取剧毒、腐蚀性和其他危险试剂，必须使用橡胶手套，严禁用嘴尝试一切化学试剂，严禁嗅闻有毒气体。在进行有刺激性、有毒气体或其他危险实验时，必须在通风橱中进行。

⑦ 易燃、易爆、剧毒的试剂，应有专人负责保存于合适场所，不得随意摆放，取用和称量需遵从相关规定。

⑧ 实验产生的废液、废料等要回收到指定的容器内，不得随意乱倒，严禁将有机废液倒入下水道或厕所。

⑨ 实验完毕，应检查电源、水阀和煤气管道是否关闭，特别在暂时离开时，应交代他人代为照看实验过程。

⑩ 如果发生火灾，应保持镇静，立即切断电源，移去易燃物，同时采取正确的灭火方法将火扑灭。

⑪ 实验完毕，应立即切断电源，关紧水阀。离开实验室时，关好门窗，关闭总电闸，以免发生事故。

参考文献

[1] 赵立群，于智，杨凤. 高分子化学实验. 大连：大连理工大学出版社，2010.

[2] 何卫东，金邦坤，郭丽萍. 高分子化学实验. 第 2 版. 合肥：中国科学技术大学出版社，2012.

（王荣民，张振琳）

第5章 ▶▶ 连锁聚合反应实验

实验 5-1 甲基丙烯酸甲酯本体聚合制备有机玻璃板

（1）实验目的

① 学习单体精制的方法；熟悉减压蒸馏的操作。

② 认识烯类单体本体聚合的原理与方法；学习有机玻璃板的合成技术。

③ 了解聚甲基丙烯酸甲酯树脂的性质与用途。

（2）实验原理与相关知识

本体聚合（bulk polymerization）是指单体（无溶剂）仅在少量的引发剂（或热、光、辐照）作用下进行的聚合反应，具有产品纯度高和后处理简单等优点。由于烯类单体的聚合热很大，聚合产物又是热的不良导体。因此，本体聚合中要严格控制聚合速率，使聚合热能及时导出，以免造成爆聚、局部过热、产物分解变色和产生气泡等问题。

以甲基丙烯酸甲酯（methyl methacrylate，MMA）为单体制备的聚甲基丙烯酸甲酯（PMMA）树脂是无毒环保的材料，具有良好的化学稳定性、加工性能、耐候性和电绝缘性能。PMMA 树脂主要物理参数：折射率（n_D^{20}）1.4983；光线透过率（$385 \sim 767\text{nm}$）$90\% \sim 99\%$；紫外线透过界限 291nm；加热成型温度范围 $140 \sim 180℃$；最高连续使用温度 80℃。MMA 也能与其他乙烯基单体共聚得到不同性质的产品，用于制造有机玻璃、齿科材料、涂料、黏合剂、树脂、各类助剂和绝缘灌注材料等。本体聚合所制备的 PMMA 有机玻璃板（也称亚克力板、铸板）透明性与玻璃接近（板厚为 3mm 的不同高分子材料光线透过率：PMMA 为 92%；PS 为 90%；硬质 PVC 为 $80\% \sim 88\%$；聚酯类为 65%；尿素树脂为 65%；玻璃为 91%），其耐冲击强度为玻璃的 15 倍。

铸板聚合是本体聚合的一种工艺形式，是生产有机玻璃板的方法。其过程是先在较高温度下使单体预聚合，制得黏度约为 $1\text{Pa} \cdot \text{s}$（1000cP）的聚合物/单体溶液（甘油在 25℃时的黏度为 $0.945\text{Pa} \cdot \text{s}$）。然后将此聚合物/单体溶液灌入板式模具中，在较低温度下使聚合进行完全。预聚合的好处是可以减少聚合时的体积收缩，因 MMA 单体变成聚合物体积要缩小 $20\% \sim 22\%$，通过预聚合可使体积收缩率有效缩小。此外，具有一定黏度的预聚体可以减少灌模的渗透损失。

本实验在引发剂存在下，通过自由基本体聚合（铸板聚合）制备有机玻璃板，反应如下：

为防止聚合，商品 MMA 在运输与储藏时常添加阻聚剂（如氢醌、醌、氧、叔丁基邻苯二酚等），反应前需精制。精制后的单体因活性较高，应尽快使用，或置于暗处或低温下保存。若储存过久，可能部分发生聚合，使用前需再次精制。

（3）试剂与仪器

甲基丙烯酸甲酯（MMA）、过氧化二苯甲酰（BPO）、5% NaOH、20% NaCl、无水硫酸钠、蒸馏水。

锥形瓶（500mL）、天平、分液漏斗、减压蒸馏装置、有色玻璃瓶、烧杯（250mL）、加热搅拌器（搅拌子）、回流冷凝管、温度计（200℃）、水浴、玻璃板（10cm×15cm）、软质塑料管（3mm）（或橡皮管）、橡皮圈、玻璃纸、弹簧夹（或螺旋夹、透明胶带）。

可选用风景照或画片做模具底板。

（4）实验步骤

① 甲基丙烯酸甲酯的纯化

a. 取 MMA 150mL，以 5% NaOH 水溶液 15mL，20% NaCl 溶液 15mL，反复萃取洗涤，直至萃取液无色为止。上层 MMA 中加入无水硫酸钠约 20g（最好能经过一夜脱水干燥），吸收单体中的水分。

b. 干燥后的 MMA 单体，通过减压蒸馏精制（图 5-1），压力控制在 160mmHg 左右（相应沸点 46℃），并通小量氮气以增加搅拌效果。然后再慢慢升温，先收集低沸点之前馏分。蒸馏完毕后（先把温度降至常温再调整压力至常压），将单体装入褐色玻璃瓶中，置于暗处或低温下保存。

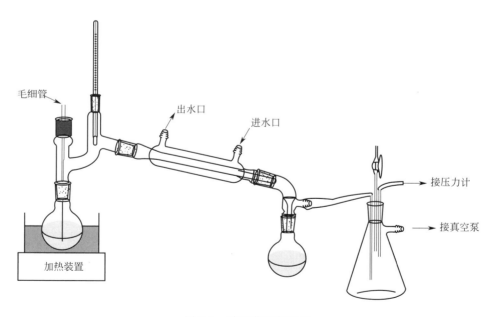

图 5-1　减压蒸馏装置图

② 铸板聚合制备有机玻璃板

a. 制模：将两块玻璃板（10cm×15cm）以软质塑料管（聚乙烯管）做成框，再以弹簧夹钉成 3mm 厚，然后固定（注意粘牢，以防渗漏）铸板聚合模具见图 5-2。

b. 预聚制浆：在干净、干燥的锥形瓶内，加入精制后的 100mL MMA（单体）和 0.5g 过氧化二苯甲酰（引发剂）。为防止预聚时水汽进入锥形瓶内，可在瓶口包上一层玻璃纸，再用橡皮圈扎紧。在 80～90℃ 水浴开始加热并搅拌（必要时，在聚合过程中通入氮气）。注意观察体系黏度变化（溶液黏度随着聚合进行逐渐增大），约 1h 后瓶内预聚物黏度与甘油黏度相近时立即停止加热，并用冷水使预聚物冷至室温，可得 20%～30% 的聚合物浆液（若聚合物浆液黏度太高时，则注入会发生困难，此时可添加单体稀释。必要时，将此预聚物浆液保存于 5℃ 以下的暗处）。

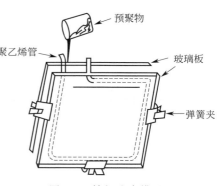

图 5-2 铸板聚合模具

c. 灌浆：将上述预聚物浆液灌入模具中（可借助用玻璃纸折叠的漏斗完成此步操作），避免有气泡产生。不要全灌满，稍留一点空间，以免预聚物受热膨胀而溢出模具外，用玻璃纸将模口封住。

d. 聚合：将注入口朝上，将此框垂悬于水浴中，在 50℃ 下加热 6h（或者放置在 40℃ 烘箱中，继续使单体聚合 24h 以上），再于 100℃ 下加热 2h。

e. 脱模：将模具与聚合物一起逐渐冷却至室温，打开模具可得透明有机玻璃一块。

（5）实验数据记录

实验名称：　甲基丙烯酸甲酯本体聚合制备有机玻璃板

姓名：_____　班级组别：_____　同组实验者：_____

实验日期：____年__月__日；室温：____℃；湿度：____；评分：____

（一）甲基丙烯酸甲酯的纯化

MMA：____ g；5% NaOH 水溶液：____ mL；20% NaCl 水溶液：____ mL；

减压蒸馏时，压力：____ mmHg；温度：____℃；是否通 N_2：____

（二）预聚制浆

MMA：____ g；BPO：____ g；聚合温度：____℃；聚合时间：____ h；

聚合物浆：____ g

（三）有机玻璃板的制造

聚合浆注入量：____ g；100℃ 水浴加热：____ h；50℃ 水浴加热：____ h；

产量：____ g

（6）问题与讨论

① 查阅 MSDS（材料安全数据单）了解 MMA、BPO、PMMA 等的物理参数、材料安全数据。查阅文献，总结有机玻璃板的用途。

② 氢醌如何从单体中分离？抑制剂的作用机理是什么？为何要使用有色玻璃瓶装单体？

③ 萃取时单体在上层还是下层？在减压蒸馏操作时应注意哪些？

④ 为什么制备有机玻璃板时选用 BPO 为引发剂，而不选用 AIBN？试述 BPO 的用量与硬化时间的关系。

⑤ 为什么要进行预聚合？预聚体注入模板中时，为什么要低温聚合？后期聚合在高温下进行，目的是什么？

⑥ 如何防止制得的有机玻璃板中留有气泡？

实验 5-2 溶液聚合制备聚乙酸乙烯酯

（1）实验目的

① 认识溶液聚合的原理和特点；掌握溶液聚合法制备聚乙酸乙烯酯的技术。

② 了解聚乙酸乙烯酯的来源与用途。

（2）实验原理与相关知识

溶液聚合（solution polymerization）为单体、引发剂溶于适当溶剂中进行聚合的过程。优点：聚合热易扩散、反应温度易控制；可以溶液方式直接成品；反应后物料易输送；水溶液聚合时用水作溶剂，对环境保护十分有利。缺点：单体被溶剂稀释，聚合速率慢，产物分子量较低；消耗溶剂，需进行溶剂的回收处理，设备利用率低，导致成本增加；有机溶剂的使用导致环境污染问题。在工业上，溶液聚合适用于直接使用聚合物溶液的场合，如涂料、胶黏剂、合成纤维纺丝液等。

聚乙酸乙烯酯（polyvinyl acetate，PVAc）是乙酸乙烯酯（醋酸乙烯酯）的聚合物，为无臭、无味、无色黏稠液或淡黄色透明玻璃状有韧性和塑性的颗粒。软化点约为38℃，在阳光及125℃温度下稳定。溶于芳烃、酮、醇、酯和三氯甲烷等。主要用于口香糖基料（胶姆糖基料，我国规定最大使用量为60g/kg）、涂料、胶黏剂、纸张、织物整理剂，也可用作聚乙烯醇和聚乙烯醇缩醛的原料，用于制造玩具绒及无纺布。

自由基聚合制备 PVAc 时分子量的控制是关键。由于乙酰氧基（$CH_3COO—$）为弱吸电子基，单体活性较低，自由基活性较高，在自由基聚合时很容易发生链转移，通常会在甲基处形成支链甚至交联产物，同时也可以向单体或溶剂发生链转移，导致聚合产物分子量较低（从 2000 到几万不等）。所以，溶液聚合中，在选择溶剂时既要考虑溶剂对单体、聚合物的溶解性，又要考虑聚合物的分子量。聚合时反应温度的选择和控制也极为重要：升高温度可提高聚合反应速率，但使聚合物分子量减小，链转移反应速率增加。

本实验以乙酸乙烯酯为单体原料，以甲醇为溶剂，采用溶液聚合法进行自由基聚合，制备 PVAc 粉或 PVAc 膜，反应如下：

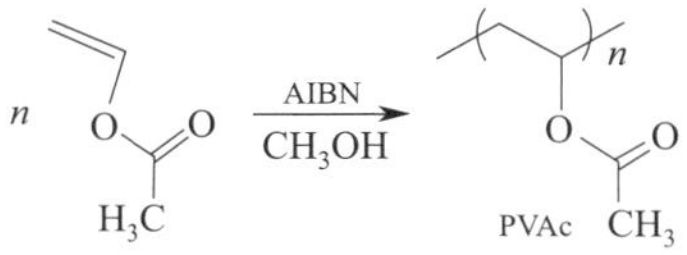

（3）试剂与仪器

乙酸乙烯酯（AR）（必要时纯化，方法见第 2 章）、偶氮二异丁腈（AIBN）（必要时需纯化，重结晶两次）、甲醇（AR）、丙酮（AR）、蒸馏水。

三颈烧瓶（250mL）、烧杯（250mL）、球形冷凝管（300mm）、水浴、温度计（100℃）、电动搅拌器、水浴、量筒（25mL、100mL）、大搪瓷盘（或不锈钢盘）、抽滤装置。

（4）实验步骤

在装有电动搅拌器、球形冷凝管和温度计的三颈烧瓶（250mL）中加入 25mL 甲醇、

0.05g AIBN（单体质量的 0.1%），搅拌（转速约 400r/min），待 AIBN 完全溶解后，加入 45mL 乙酸乙烯酯。搅拌下升温，使其回流（水浴温度控制在 70℃），控制反应液温度在 60~65℃，注意观察体系黏度的变化，然后按照如下两种方案成型。

成型方法Ⅰ（PVAc 粉）：反应 3h 后停止，冷却，向反应液中加 10mL 丙酮，搅拌使聚合物 PVAc 溶解。取一只烧杯（250mL），加入约 100mL 蒸馏水，将聚合物的丙酮溶液缓缓加入蒸馏水，边加边快速搅拌，PVAc 以白色沉淀形式析出，将沉淀用水洗涤 3~5 次，干燥至恒重，得到聚醋酸乙烯酯（PVAc）粉末，计算产量（收率）。

成型方法Ⅱ（PVAc 膜）：当反应物变为黏稠（产物黏稠程度与转化率可以由反应物中气泡的状态来判断，气泡基本不再上升而被拉成细长条状时，转化率约为 50%），转化率约 50% 时，加入 20mL 甲醇，使反应物稀释，然后将溶液慢慢倾入盛水的大搪瓷盘中（产物倒入搪瓷盘时应当来回绕 S 形，以便让高分子膜均匀地平铺在表面）。放置过夜，PVAc 呈薄膜析出，待膜不黏结时，用水反复洗涤，晾干后剪成片状，烘干 PVAc 膜，计算产量（收率）。

（5）实验数据记录

实验名称：　　溶液聚合制备聚乙酸乙烯酯　　　　　　　　　　　　　　　　

姓　　名：＿＿＿＿＿＿＿＿　班级组别：＿＿＿＿＿＿＿　同组实验者：＿＿＿＿＿＿＿

实验日期：＿＿年＿＿月＿＿日；室温：＿＿＿℃；湿度：＿＿＿；评分：＿＿＿；

乙酸乙烯酯：＿＿＿mL；AIBN：＿＿＿g；丙酮：＿＿mL；甲醇：＿＿＿＿＿mL；

聚合温度：＿＿＿＿＿℃；时间：＿＿＿＿＿min

PVAc 粉：＿＿＿g（转化率：＿＿＿）；PVAc 膜：＿＿＿g（转化率：＿＿＿）

（6）问题与讨论

① 查阅 MSDS（材料安全数据单），了解乙酸乙烯酯、PVAc 等的物理参数、材料安全数据。

② 本实验将 PVAc 溶于丙酮，又将其丙酮溶液加入蒸馏水，目的是什么？说明原因。

③ 若使用蒸馏水代替甲醇，聚合反应会有什么不同？

④ 有哪些措施可以减少聚合反应向溶剂的链转移？

⑤ 计算聚合反应产率，说明产率低的主要原因。

实验 5-3　悬浮聚合制备聚苯乙烯大孔树脂

（1）实验目的

① 掌握悬浮聚合的实施方法；了解自由基悬浮聚合的机理和配方中各组分的作用。

② 认识悬浮聚合中控制聚合物颗粒均匀性和大小的有效方法。

（2）实验原理与相关知识

苯乙烯（St）是一种比较活泼的单体，乙烯基的 π 电子与苯环共轭，暴露于空气中逐渐发生聚合及氧化。苯乙烯是工业上合成树脂、离子交换树脂及合成橡胶等的重要单体，也用于与其他单体共聚，制造多种不同用途的工程塑料，如 ABS 树脂（苯乙烯与丙烯腈、丁二烯共聚制得）、SAN 树脂（苯乙烯与丙烯腈共聚制得）、SBS 热塑性橡胶（苯乙烯-丁二烯-苯乙烯嵌段共聚物）。苯乙烯不溶于水，溶于乙醇、乙醚中。

大孔树脂（macroporous resin）又称全多孔树脂，是由聚合单体和交联剂在致孔剂、分散剂等添加剂存在下，经聚合反应所制备的聚合产物，除去致孔剂后，在树脂中留下了大小形状各异、互相贯通的孔穴。因此，大孔树脂在干燥状态下，其内部具有较高的孔隙率，且孔径（100～1000nm）较大，故称为大孔吸附树脂。大孔吸附树脂主要以苯乙烯（聚合单体）、二乙烯苯（交联剂）等为原料，在 0.5% 的明胶溶液中，加入一定比例的致孔剂（十二烷、甲苯、二甲苯等）聚合而成。

悬浮聚合是借助于较强烈搅拌和悬浮剂作用进行的聚合技术。通常将不溶于水的单体分散在介质水中，利用机械搅拌，将单体分散成直径为 0.01～5mm 小液滴的形式进行本体聚合。在每个小液滴内，单体的聚合过程和机理与本体聚合相似。悬浮聚合解决了本体聚合中不易散热的问题，产物容易分离，清洗可以得到纯度较高的颗粒状聚合物。其主要组分有四种：单体、分散介质（水）、悬浮剂、引发剂。

① 单体：不溶于水，如苯乙烯、乙酸乙烯酯、甲基丙烯酸甲酯等。

② 分散介质：大多为水，作为热传导介质。

③ 悬浮剂：调节聚合体系的表面张力、黏度，避免单体液滴在水相中黏结。

主要有如下三类：a. 水溶性高分子，天然高分子（如明胶、淀粉）、合成高分子（如聚乙烯醇）。b. 难溶性无机物，如 $BaSO_4$、$BaCO_3$、$CaCO_3$、磷酸钙、滑石粉、黏土等。c. 可溶性电解质，如 NaCl、KCl、Na_2SO_4 等。

④ 引发剂：主要为油溶性引发剂，如过氧化二苯甲酰（BPO）、偶氮二异丁腈（AIBN）等。

本实验在引发剂存在下，以苯乙烯为主要单体，通过自由基悬浮聚合制备大孔树脂。

（3）试剂与仪器

苯乙烯（St，单体）（必要时纯化）、二乙烯基苯（交联剂）、十二烷（致孔剂）、聚乙烯醇（PVA）（分散剂）、过氧化苯甲酰（BPO）（引发剂）、蒸馏水。

三颈烧瓶（250mL）、回流冷凝管、温度计（200℃）、加热机械搅拌器、量筒、锥形瓶（250mL）、烧杯（50mL）、表面皿、吸管、加热水浴、布氏漏斗、天平。

（4）实验步骤

① 在 250mL 三颈烧瓶上安装回流冷凝管、温度计及加热机械搅拌器。量取 120mL 蒸馏水，称取 0.5g PVA，加入到三颈烧瓶中。搅拌并加热至 95℃ 左右，待 PVA 完全溶解后（约 20min），将水温降至 30～40℃。

② 在干燥洁净的 50 mL 烧杯中，依次加入 0.5g BPO、20mL 苯乙烯、3.5g 二乙烯基苯和 10g 十二烷，轻轻摇动至溶解。然后加入上述三颈烧瓶中，小心调节搅拌速度，使液滴分散成合适的颗粒度（开始时，搅拌速度不宜太快，避免颗粒分散太细；搅拌太慢时，易生成结块，附着在反应器内壁或搅拌棒上）。继续升温至 85～90℃，保温聚合反应 2h（保温反应 1h 后，由于此时颗粒表面黏度大，极易发生黏结。故此时应十分仔细调节搅拌速度，注意不能停止搅拌，否则颗粒将黏结成块），然后用吸管吸少量反应液于含冷水的表面皿中观察，若聚合物变硬可结束反应。

③ 将反应液冷却至室温后，产品用布氏漏斗过滤分离，用热水多次洗涤，然后在 50℃下干燥，称重，计算产率。

注意：悬浮聚合的产物颗粒大小与分散剂的用量及搅拌速度有关，严格控制搅拌速度和温度是实验成功的关键。为保证搅拌速度均匀，整套装置安装要规范，尤其是搅拌器，安装后用手转动要求无阻力，转动轻松自如。

（5）实验数据记录

实验名称：　悬浮聚合制备聚苯乙烯大孔树脂

姓名：_____　班级组别：_____　同组实验者：_____

实验日期：___年___月___日；室温：____℃；湿度：____；评分：____

苯乙烯：_____g　　　　聚合温度：_____℃

二乙烯基苯：_____g　　十二烷：_____g

过氧化二苯甲酰：_____g　聚合时间：_____h

PVA：_____g　　　　　蒸馏水：_____mL

搅拌速度：_____　　　颗粒变硬的时间：_____h

聚合物质量：_____g　　产率：_____%

（6）问题与讨论

① 结合悬浮聚合的理论，说明配方中各组分的作用。

② 分散剂作用原理是什么？其用量大小对产物粒子有何影响？

③ 如何控制悬浮聚合产物颗粒的大小？

④ 查阅资料，说明如何检测大孔树脂性能参数。总结制备出的大孔树脂、ABS 树脂、SBS 的应用领域。

实验 5-4　乙酸乙烯酯的乳液聚合制备白乳胶

（1）实验目的

① 学习乳液聚合的基本原理，了解乳液聚合的特点、配方及各组分的作用。

② 掌握乙酸乙烯酯乳液聚合的实验技术。

（2）实验原理与相关知识

乳液聚合是以水为分散介质，单体在乳化剂的作用下分散，并使用水溶性的引发剂引发单体聚合的方法。所生成的聚合物以微细的粒子状分散在水中，呈白色乳液状。在乳液聚合中，有三种粒子成核过程，即胶束成核、水相（均相）成核、液滴成核。乙酸乙烯酯的水溶性较好（溶解度：$25g/L$），因此它主要以均相成核形成乳胶粒。溶于水的单体被引发聚合后，形成的短链自由基也有相当的亲水性。水相中多条较长短链自由基相互聚集在一起，絮凝成核，并以此为核心，单体不断扩散入内，聚合成乳胶粒。胶粒形成以后，更有利于吸取水相中的初级自由基和短链自由基，而后在胶粒中引发增长。

乳液聚合物粒子（即乳胶粒子）直径约 $0.05\sim0.15\mu m$，比悬浮聚合粒子（直径 $0.05\sim2mm$）要小得多。乳液聚合优点：制备工艺安全廉价；反应体系黏度低，聚合热易控制；聚合速率大，分子量高，可在较低的温度下操作；产物胶乳不用干燥等后处理工序，直接可以利用。因此，乳液聚合在高分子科学和工业上占有重要的地位。

乳化是指乳化剂使互不相溶的油、水转变为相当稳定、难以分层的乳液的过程。乳化剂主要起分散、稳定、增溶作用。乳化剂主要有离子型（阴离子、阳离子）、两性型和非离子型等类型。乳化剂的选择对乳液聚合的稳定十分重要。常将离子型和非离子型乳化剂配合使用。

市场上的白乳胶就是乳液聚合方法制备的聚乙酸乙烯酯乳液。由于乙酸乙烯酯聚合反应放热较大，反应温度上升显著，一次投料法要想获得高浓度的稳定乳液比较困难，故一般采用分批加入引发剂或者单体的方法。此外，乙酸乙烯酯容易水解，产生的乙酸会干扰聚合，因而具有一定的特殊性。乙酸乙烯酯也可与其他单体共聚，制备性能更优异的聚合物乳液，如：与氯乙烯单体共聚可改善聚氯乙烯的可塑性或溶解性；与丙烯酸共聚可改善乳液的黏结性能和耐碱性。

本实验中采用聚乙烯醇（PVA）和十二烷基磺酸钠共同作为乳化剂，进行乙酸乙烯酯的乳液聚合。

（3）试剂与仪器

乙酸乙烯酯（纯化精制方法见第 2 章）、聚乙烯醇-1788（PVA）、过硫酸钾（AR）、十二烷基磺酸钠（AR）、饱和碳酸氢钠溶液、蒸馏水。

四颈烧瓶（250mL）、机械搅拌器、加热水浴、回流冷凝管、温度计、滴液漏斗（100mL）、烧杯（250mL）、纱布、培养皿、天平、量筒、木板。

（4）实验步骤

① 聚乙酸乙烯酯乳液（白乳胶）的合成

a. 将 250mL 四颈烧瓶置于水浴锅中，装好机械搅拌器、回流冷凝管、滴液漏斗和温度计，并能使其平稳搅拌。在四颈烧瓶中，加入 5g PVA 和 90mL 蒸馏水，搅拌下加热水浴，使温度升至 80℃，将 PVA 完全溶解。降温至 70℃，依次加入 1.0g 十二烷基磺酸钠、21mL 乙酸乙烯酯。然后加入 0.4g 过硫酸钾，聚合反应开始，注意观察体系颜色变化。

b. 聚合反应约 30min 后，开始滴加 43mL 乙酸乙烯酯，滴加速度控制在 30～40 滴/min，滴加时注意控制反应瓶内温度在 68～70℃之内（反应液 pH 值若小于 2 时，可加入少量饱和碳酸氢钠溶液，维持体系 pH 4～6，以保持乳液的稳定性）。单体滴加完毕后，继续保温反应 30min，然后终止加热，撤去水浴，继续搅拌冷却至室温，出料，得到白乳胶。

② 白乳胶固含量与性能测试（选做）

a. 固含量测定：将生成的乳液经纱布过滤倒出，测定固含量。在已称重（m_0）的培养皿（或铝箔）中加入 1g 左右乳液（准确记录 m_1），放于 105℃烘箱内烘干至恒重，称量并计算干燥后的质量（m_2）。按下式计算固含量（S，%）：

$$S(\%) = (m_2 - m_0)/(m_1 - m_0) \tag{5-1}$$

b. 白乳胶黏合性测试：将所制备的白乳胶用于黏合两块木板，测试其黏合强度。

（5）实验数据记录

实验名称：＿＿乙酸乙烯酯的乳液聚合制备白乳胶＿＿＿＿＿＿＿

姓名：＿＿＿＿＿＿＿班级组别：＿＿＿＿＿＿＿同组实验者：＿＿＿＿＿＿＿

实验日期：＿＿年＿月＿日；室温：＿＿＿℃；湿度：＿＿＿；评分：＿＿＿

（一）乳液聚合试剂使用量

乙酸乙烯酯：＿＿＿g；PVA：＿＿＿g；十二烷基磺酸钠：＿＿＿g；过硫酸钾：＿＿＿＿g

（二）固含量测定

m_0：＿＿＿＿＿；m_1：＿＿＿＿＿；m_2：＿＿＿＿＿；固含量：＿＿＿＿＿％

（6）问题与讨论

① 乳液聚合中，乳化剂的作用是什么？

② 为什么要严格控制单体滴加速度和聚合反应温度？

实验 5-5 反相乳液聚合制备聚丙烯酸钠

(1) 实验目的

① 进一步了解乳液聚合的机理；认识反相乳液聚合的特点。

② 学习反相乳液聚合的操作方法。

(2) 实验原理与相关知识

以水溶性单体的水溶液作为分散相，以水不溶的有机溶剂作为连续相，在乳化剂作用下形成油包水（W/O）型乳液，含水溶性单体的乳液液滴在非极性介质中进行的乳液聚合方式称为反相乳液聚合（inverse emulsion polymerization）。正相乳液聚合是形成水包油（O/W）型乳液进行的聚合。二者都具有易散热、聚合速率高、聚合物分子量高等优点，而反相乳液聚合的独特之处是能制备分子量更高的水溶性聚合物。反相乳液聚合的体系也主要包括水溶性单体、引发剂、乳化剂、水以及有机溶剂。引发剂既可以是油溶性的（常用偶氮类、过氧化有机化合物），也可用水溶性的（多为过硫酸盐类）；乳化剂则采用山梨醇脂肪酸酯类（Span 类）和聚氧乙烯衍生物（Tween 类）或其混合物；反应介质常用芳香族有机溶剂，如石油醚、甲苯、异构石蜡、环己烷等。

聚丙烯酸钠（PAAS）的合成可采用乳液聚合、反相悬浮聚合等，但要得到高分子量的聚合物，反相乳液聚合则是较好方法。另外，通过分步加入活性单体的方法可以提高聚合物的阳离子度，达到更好的絮凝效果。PAAS 形态（从无色稀溶液、透明弹性胶体乃至固体）、性质、用途也随着分子量增大而有明显区别，如：分子量在 10 万以上的 PAAS 用作涂料增稠剂和保水剂；分子量在 20 万以上的 PAAS 用作絮凝剂，还可用作高吸水性树脂，土壤改良剂，以及食品工业中的增稠剂、乳化分散剂等。

本实验以丙烯酸（AA）为原料，用 NaOH 中和后生成丙烯酸钠（AAS）单体，用氧化-还原复合引发剂，用十二烷基磺酸钠和 Span-60 复合乳化剂，以石油醚为反应介质，进行反相乳液聚合制备聚丙烯酸钠（PAAS），反应如下：

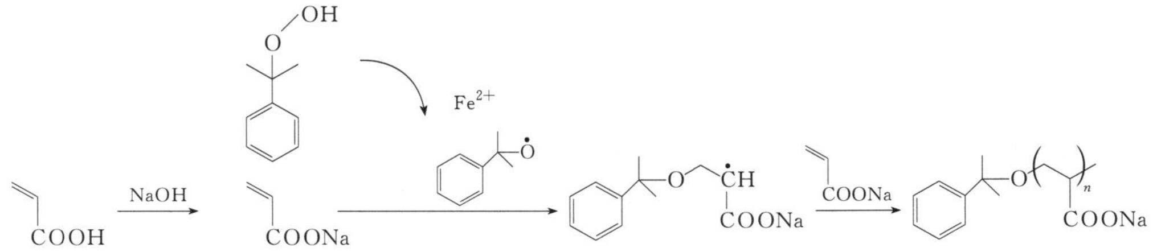

(3) 试剂与仪器

丙烯酸（纯化）、NaOH 溶液（10%，2.8mol/L）、过氧化异丙苯、硫酸亚铁、十二烷基磺酸钠（SLS）、Span-60、石油醚（沸点：60～90℃）、甲醇、蒸馏水、NaSCN 溶液（1.25mol/L）。

三颈烧瓶（500mL）、烧杯（250mL、50mL）、搅拌器、水浴锅、温度计、量筒、布氏漏斗、乌氏黏度计、天平、镊子、玻璃棒、显微镜。

(4) 实验步骤

① 聚合物的制备

a. 取 36g 丙烯酸在烧杯中，搅拌下，滴加 NaOH 溶液（10%），同时监测溶液 pH 值，当溶液 pH=7.5 后停止滴加，冷却，得到丙烯酸钠溶液，待用。

b. 在装有搅拌器、温度计、滴液漏斗的三颈烧瓶中，加入 200mL 石油醚，搅拌下加入 4g SLS 和 2g Span-60（乳化剂，用量一般为体系油相质量的 3%）。在高速搅拌下，加入丙烯酸钠溶液后继续搅拌乳化 10～15min，得到白色乳液。加入 0.72g 引发剂（过氧化异丙苯∶硫酸亚铁＝1∶1，引发剂为单体的 2%）后，开始搅拌升温到 45℃，反应 4h 后结束。注意：油相/水相＝1.25（体积比）；必要时，在加引发剂前进行通氮气脱氧。

c. 加入甲醇使聚合物从石油醚中沉淀出来，过滤，得到粉末状聚丙烯酸钠（PAAS），40℃真空干燥，称量，计算产量（产率）。

② 聚丙烯酸钠的黏均分子量、溶解性能测定

黏均分子量：取部分聚合反应完成后的 PAAS 乳液，倒入 10 倍的甲醇中，搅拌使聚合物沉淀出来。沉淀物挤干后用水再溶解，待溶解完后用甲醇再次沉淀，用镊子将聚合物撕成小条反复洗涤，捞出，在 40℃真空条件下干燥 24h。将洗涤干燥好的样品，用 NaSCN 水溶液（1.25mol/L）溶解，配制成约 0.5g/L 的 PAAS 溶液，30℃下用乌氏黏度计测其分子量。用公式 $[\eta]=K[M_v]\alpha$（mL/g）计算其黏均分子量，其中 $K=0.121$，$\alpha=0.50$。

溶解性能：取 0.3g 样品 PAAS，加入 100g 蒸馏水，在 45℃下搅拌溶解，记录完全溶解时间，并与其他方法制备的聚丙烯酸钠样品的溶解时间进行对比。

(5) 实验数据记录

实验名称：___反相乳液聚合制备聚丙烯酸钠___

姓名：_____ 班级组别：_____ 同组实验者：_____

实验日期：___年___月___日；室温：___℃；湿度：___；评分：___

（一）聚合物的制备

单体用量___g；NaOH（___mol/L）用量：___mL；乳化剂用量：___g；引发剂用量：___g；聚合温度：___℃；聚合时间：___h；产量：___g；产率：___%

（二）聚合物黏均分子量与溶解性

PAAS 黏均分子量：

PAAS 溶解性：

(6) 问题与讨论

① 引发剂的种类、配比和用量对反相乳液聚合有何影响？在实验中为何要将过氧化异丙苯加到石油醚中，而将硫酸亚铁加到丙烯酸钠的水溶液中？

② 查阅资料，了解不同分子量 PAAS 的用途。

实验 5-6 沉淀聚合制备苯乙烯-马来酸酐共聚物

(1) 实验目的

① 了解苯乙烯与马来酸酐自由基交替共聚的基本原理。

② 掌握自由基沉淀聚合的实施方法。

(2) 实验原理与相关知识

马来酸酐（maleic anhydride，MAH）也称为顺丁烯二酸酐（顺酐）。由于存在电子

效应与空间位阻效应，在一般条件下很难发生均聚。而苯乙烯（St）由于共轭效应很容易均聚。当将上述两种单体按一定配比混合后，在引发剂作用下却很容易发生共聚，得到具有规整交替结构的共聚物，即苯乙烯-马来酸酐共聚物［P(St-M)］。其机理如下所示：

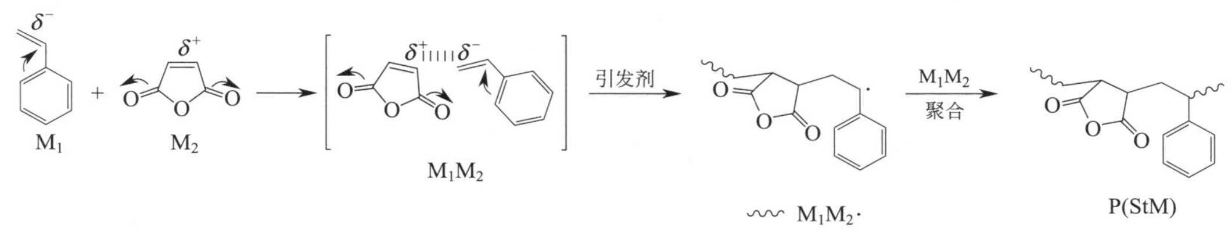

MAH 中两个吸电子能力很强的酸酐基团使 C＝C 键上的电子云密度降低而带部分正电荷（δ^+）。具有 π-π 共轭体系的苯乙烯在 MAH 中 δ^+ 诱导下，苯环的电荷向双键移动，使苯乙烯 C＝C 键上的电子云密度增加而带部分的负电荷（δ^-）。这两种带有相反电荷的单体构成电子受体-电子给体体系，很容易形成一种电荷转移配位化合物（M_1M_2），这种配合物可看作一个大单体，可发生自由基聚合，形成交替共聚的结构。

另外，由于极性效应，极性相反的单体易共聚，有交替倾向。苯乙烯（St）聚合参数 e 值（0.8）远远小于马来酸酐（MAH）的 e 值（2.25），两者发生交替共聚的趋势很大。共聚单体极性相差愈大，竞聚率（r_1r_2）值愈接近于零，交替倾向愈大。在 60℃ 时，苯乙烯（M_1）-马来酸酐（M_2）的竞聚率分别为 $r_1 = 0.01$ 和 $r_2 = 0$，由共聚微分方程可得：

$$\frac{d[M_1]}{d[M_2]} = 1 + r_1\frac{M_1}{M_2} \tag{5-2}$$

当马来酸酐（M_2）的用量远大于苯乙烯时，则 $r_1\dfrac{M_1}{M_2}$ 趋于零，共聚反应趋于生成理想的交替共聚。

两单体的结构决定了所生成的交替共聚物 P(St-M) 不溶于非极性或极性较小的溶剂（如四氯化碳、氯仿、苯、甲苯），可溶于极性较强的 THF、DMF、二氧六环、乙酸乙酯等。因此，制备苯乙烯-马来酸酐共聚物可采用溶液聚合和沉淀聚合两种方法。溶液聚合是将单体溶于适当溶剂中，加入引发剂，在溶液状态下进行的聚合反应。如果生成的聚合物也能溶于溶剂中，则产物是溶液，称为**均相溶液聚合**。如果生成的聚合物不能溶解于溶剂中，则随着反应的进行，生成的聚合物不断地沉淀出来，这种聚合称为非均相聚合，亦称为**沉淀聚合**。

本实验选择甲苯作溶剂，采用沉淀聚合合成苯乙烯-马来酸酐交替共聚物（树脂）。

（3）试剂与仪器

苯乙烯（St）（新蒸）、马来酸酐（MAH）（$M=98g/mol$；密度 1.480g/mL）、过氧化二苯甲酰（BPO，重结晶）、甲苯（新蒸）。

三颈烧瓶（250mL）、回流冷凝管、温度计、机械搅拌器、天平、移液管、抽滤瓶、加热水浴。

（4）实验步骤

① 苯乙烯-马来酸酐共聚物的合成

a. 在装有回流冷凝管、温度计与机械搅拌器的三颈烧瓶中，分别加入 75mL 甲苯、2.65g 新蒸苯乙烯、2.5g 马来酸酐、0.026g BPO，室温下搅拌至反应物全部溶解成透明溶液。

b. 保持搅拌，将反应混合物加热升温至 85~90℃，可观察到有苯乙烯-马来酸酐共聚物沉淀生成，反应 1h 后停止加热，反应混合物冷却至室温后抽滤，所得白色粉末在 60℃下真空干燥后，得到苯乙烯-马来酸酐共聚物 P(St-M)，称重，计算产率。

② 苯乙烯-马来酸酐共聚物的表征

采用红外光谱进行表征，比较聚苯乙烯与苯乙烯-马来酸酐共聚物的特征吸收峰。

（5）实验数据记录

实验名称：　沉淀聚合制备苯乙烯-马来酸酐共聚物

姓名：＿＿＿＿＿＿　班级组别：＿＿＿＿＿＿＿　同组实验者：＿＿＿＿＿＿＿

实验日期：＿＿年＿月＿日；室温：＿＿℃；湿度：＿＿；评分：＿＿

苯乙烯：＿＿＿g　　　　　　　马来酸酐：＿＿＿＿g

BPO：＿＿＿g　　　　　　　　温度：＿＿＿＿＿℃

甲苯：＿＿＿mL　　　　　　　产物：＿＿＿＿g

（6）问题与讨论

① 比较沉淀聚合和溶液聚合的优缺点。

② 说明苯乙烯和马来酸酐交替共聚的基本原理。

③ 说明名词"聚合物、共聚物、树脂、橡胶"之间的异同之处。

④ 总结苯乙烯-马来酸酐共聚物树脂的性能特点及其应用领域。

实验 5-7　原子转移自由基聚合制备聚甲基丙烯酸甲酯

（1）实验目的

① 学习原子转移自由基聚合的原理、工艺特点和操作方法。

② 学习无氧操作技术；学习活性/可控自由基聚合技术。

（2）实验原理与相关知识

活性/可控自由基聚合（living/controlled radical polymerization，LRP/CRP）是指通过建立活性种与休眠种的快速动态平衡体系的新型聚合方法，主要有三种聚合体系：原子转移自由基聚合（ATRP）、稳定自由基聚合（SFRP）或氮氧自由基聚合（NMRP）、可逆加成-断裂链转移聚合法（RAFT）。该方法可制备分子量分布窄、多组分、多样化结构以及特殊官能团化的乙烯基聚合物。

旅美学者王锦山于 1995 年首先发现 ATRP 技术具有应用单体广泛、聚合工艺简单、聚合过程容易控制以及聚合实施方法多样等显著优点。其原理是以有机卤化物（2-溴-异丁酸甲酯）为引发剂，以过渡金属配合物为卤原子载体，通过氧化还原反应使卤原子在金属复合物与链增长自由基之间可逆转移，在活性种（M_n）与休眠种（M_nX）之间建立可逆动态平衡，使链增长自由基浓度降低，抑制了自由基聚合中最易发生的双基终止反应，从而实现对聚合反应的控制，反应如下：

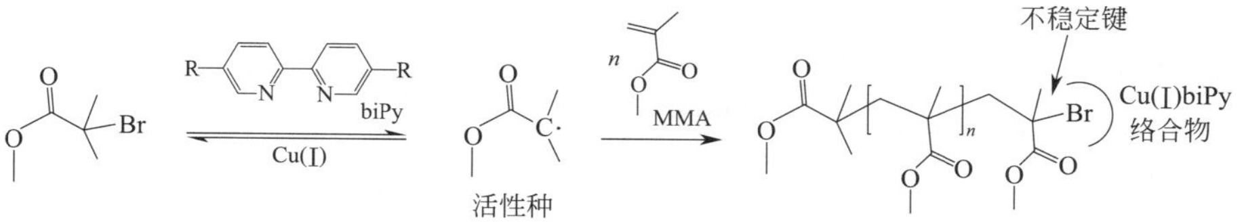

细乳液（miniemulsion）是指将含油、水、表面活性剂及疏水成分的体系，通过剪切分散为油滴粒径为 50～500nm 的稳定体系。细乳液为聚合体系提供了纳米反应器，使制备的乳胶粒子尺寸由初始液滴粒径控制，从而使不同极性的单体结合在疏水材料中。聚甲基丙烯酸甲酯（PMMA）是一类应用十分广泛的高分子材料。

本实验采用细乳液聚合反应体系，以 2-溴-异丁酸甲酯为引发剂，在 CuCl/联吡啶（biPy）复合存在下，引发甲基丙烯酸甲酯的活性自由基聚合（ATRP）。所制备的聚甲基丙烯酸甲酯（PMMA）具有分子链线性增长和分子量分布小（$M_w/M_n = 1.5/1$）的特点。

（3）试剂与仪器

甲基丙烯酸甲酯（MMA，单体）、2-溴-异丁酸甲酯（引发剂）、CuCl、4,4′-二壬基-2,2′-联吡啶、布里杰 78（Brij 78，聚氧乙烯硬脂酸酯，非离子表面活性剂）、正癸烷（0.422g，疏水剂）、聚甲基丙烯酸甲酯（共疏水剂）、THF（或丙酮）、氧化铝。

具活塞双口反应瓶、磁力搅拌器、恒温油浴、注射器、天平、超声波分散仪、气相色谱（GC）、凝胶色谱（尺寸排阻色谱法，SEC）。

（4）实验步骤

① 试剂处理与仪器准备

MMA 应去除阻聚剂。氧气是自由基聚合的阻聚剂，CuCl 容易在空气中被氧化失活。因此，所有试剂使用前需要脱氧处理，并用 N_2 气氛保存与转移。所有反应是在 N_2 气氛中进行，使用 10mL、50mL 具活塞双口反应瓶（或舒仑克管，见图 2-1）并配有翻口橡皮塞，以便注射器注入（或抽出）试剂。

② 聚甲基丙烯酸甲酯（PMMA）细乳液的合成

在 10mL 具活塞双口反应瓶（或舒仑克管）中，于 N_2 气氛下加入 4,4′-二壬基-2,2′-联吡啶（0.081g）与 CuCl（0.009g）。转入含正癸烷（0.422g）与聚甲基丙烯酸甲酯（0.075g）的 MMA（3g）溶液（脱气）中。室温下，搅拌几分钟，得到深褐色 Cu（Ⅰ）配合物-MMA 溶液，持续搅拌至所有铜盐溶解消失。

在 50mL 具活塞双口反应瓶中，剧烈搅拌下，将水（18g）与非离子表面活性剂布里杰 78（0.45g）充分混合，溶液澄清后加入将上述 Cu（Ⅰ）配合物-MMA 溶液，在室温下用磁力搅拌器剧烈搅拌，得到初步的细乳液。随后，将乳液超声约 20min，得到细乳液，用油浴加热到 70℃，加入引发剂 2-溴-异丁酸甲酯（0.018g），继续加热搅拌 3h，得到聚甲基丙烯酸甲酯细乳液。

③ 聚合反应监测与产物分子量测定

反应过程中，间隔一定时间后，用脱气的注射器取出一定量进行气相色谱（每次 0.3mL）和凝胶色谱（每次 0.5mL）分析。间隔时间：a. 加入引发剂后；b. 反应 15min；

c. 反应时间依次为 30min、60min、90min、120min、150min、160min、180min；d. 完全反应。

气相色谱（GC）分析时，乳液样品用 THF 或丙酮（1.5mL）稀释。GC 数据分析：绘制 MMA 浓度降低与时间的关系图，显示转化率。

凝胶色谱（SEC）测定时，乳液溶于 THF（3～5mL，含 0.06％甲苯作内标），用氧化铝过滤（除去铜残余物），然后用注射器过滤后测凝胶色谱。SEC 数据分析：获得数均分子量（M_n）和多分散指数（polydispersity indices，PDIs）与反应时间的曲线图，从而获得链增长过程的时间控制过程。

（5）实验数据记录

实验名称：____原子转移自由基聚合制备聚甲基丙烯酸甲酯____

姓名：_____　班级组别：_____　同组实验者：_____

实验日期：____年__月__日；室温：____℃；湿度：____；评分：____

（一）需要预处理的试剂：

（二）试剂用量：

（三）聚合产物表征

MMA 浓度降低与时间的关系图

数均分子量（M_n）和多分散指数（PDIs）与转化率之间的曲线图

（6）问题与讨论

① 计算产物理论分子量，并与实测分子量进行比较。

② 采用 ATRP 合成的 PMMA 有何特点与应用领域？讨论 ATRP 技术潜在的商业价值。

③ 查阅资料，比较 LRP/CRP、ATRP、SFRP、RAFT 等聚合方法之间的异同点与各自用途。

实验 5-8　阳离子聚合制备聚苯乙烯

（1）实验目的

① 了解阳离子聚合原理；认识活性阳离子聚合方法。

② 学习活性阳离子聚合合成聚苯乙烯的实验技术；学习无氧无水操作技术。

（2）实验原理与相关知识

阳离子聚合（cationic polymerization）反应对所使用的溶剂敏感（可形成游离离子的能力），此能力决定了增长的阳离子链的反应性。常见的阳离子聚合是由阳离子源（引发剂 RX）为引发剂，在共引发剂 Lewis 酸（即酸活化剂）作用下，形成活性种 R^+X^-，引发单体聚合，生成预定结构的聚合物。要克服其"慢引发、快增长、易转移或终止"的缺点，可通过选择适当的引发体系与聚合环境，实现控制/活性阳离子聚合，从而制备嵌段、支化与超支化聚合物。

当使用 1-苯基氯乙烷为引发剂，在酸活化剂 $SnCl_4$ 作用下引发苯乙烯阳离子聚合时，体系中存在两种相互独立、同时增长的链活化中心，即解离的 C^+（Ⅰ）和非解离的 C^+（Ⅱ）。其中，解离的阳离子（Ⅰ）稳定性差，容易发生脱 β-质子链转移等副反应，因而聚合反应是非活性聚合；而非解离的阳离子（Ⅱ）由于被亲核性反离子团稳定化，不易发生链转移等副反应，聚合反应呈活性聚合特征。若能设法使解离的增长活性中心全部转变为非解离的增长活性中心，便可实现苯乙烯的活性阳离子聚合。典型方法是在引发体系中加入一定量的季铵盐 $n\text{-Bu}_4\text{NCl}$，由于同离子效应（即增加了阴离子的浓度），抑制了增长末端的离子解离，使体系中形成单一的非解离活性链增长中心，从而实现活性聚合。目前，新型阳离子聚合体系尚在研究开发中，已经突破了"无水无氧、低温、卤代烷烃溶剂"体系，开发出了水相阳离子聚合体系。本实验反应如下：

本实验通过聚乙烯的阳离子聚合，认识通过阳离子聚合实现活性聚合的实验方法。

（3）试剂与仪器

苯乙烯（St）、α-氯代乙苯、SnCl_4、$n\text{-Bu}_4\text{NCl}$、CH_2Cl_2、甲醇、10% NaOH 溶液、2% 盐酸溶液、THF、单分散性聚乙烯、CaCl_2（干燥剂）、CaH_2（干燥剂）、高纯氮气、甲苯。

磨口反应试管（25mL，装有三通活塞）、磨口三通活塞、注射器（5mL）、分液漏斗、低温温度计、冷阱、旋转蒸发仪、气相色谱仪、凝胶色谱（GPC）。

（4）实验步骤

① 试剂纯化与溶液配制

将苯乙烯、CH_2Cl_2 分别用 10% 氢氧化钠溶液洗涤后，水洗至中性，用 CaCl_2 干燥，在 CaH_2 存在下减压蒸馏两次。

将 α-氯代乙苯（减压蒸馏）、$n\text{-Bu}_4\text{NCl}$（室温下真空干燥）、SnCl_4 均配成 1.0mol/L 的 CH_2Cl_2 溶液。

② 苯乙烯的活性阳离子聚合

a. 在装有三通活塞的磨口反应试管中通入高纯氮气（或抽真空），加热反应 5min 后冷却，然后充氮气。在氮气保护下，用干燥的注射器依次加入 3.62mL 干燥的 CH_2Cl_2、0.58mL 苯乙烯、0.1mL α-氯代乙苯溶液、0.2mL $n\text{-Bu}_4\text{NCl}$ 溶液。

b. 在冷阱中（－15℃）冷却 15min 后，再用注射器在氮气保护下快速加入 0.5mL SnCl_4 溶液，同时摇动反应试管使体系均匀，开始反应。聚合 30min 后，加入预冷的甲醇（2mL），终止聚合。

c. 加入 20mL 甲苯使反应液稀释。移入分液漏斗，用 2% 盐酸溶液洗涤两次（以除去残余的 SnCl_4），水洗至中性。旋转蒸发除去溶剂和未聚合的单体，40℃ 下真空干燥过夜，得到聚苯乙烯（PSt-30），称重，计算单体转化率。

同样操作过程，聚合时间分别设定为 60min、90min 和 120min，得到 PSt-60、PSt-90、PSt-120。

③ 产物聚苯乙烯分析表征

聚合反应单体转化率也可用气相色谱法测定，此时以聚合体系中的 CH_2Cl_2 为内标，最好是加入难挥发性的惰性溶剂作内标。

聚苯乙烯（PSt）的分子量及分子量分布可用 GPC 测定（THF 作流动相，单分散性聚乙烯作标样，样品配制浓度为 50mg 样品/4mL THF），也可用 ^{1}H NMR 进行表征产物结构分析（$CDCl_2$ 为溶剂）。

（5）实验数据记录

实验名称：___阳离子聚合制备聚苯乙烯___

姓名：_____ 班级组别：_____ 同组实验者：_____

实验日期：___年__月__日；室温：___℃；湿度：___；评分：___

（一）聚合反应

试剂用量：　　　　　　　　　　　　聚合条件：

产量：PSt-30__g；PSt-60__g；PSt-90__g；PSt-120__g。

反应时间-单体转化率时间曲线：

（二）产物表征

GC 结果：　　　　　　　　　　　　GPC 结果：

^{1}H NMR 结果：

数均分子量-单体转化率时间曲线：

（6）问题与讨论

① 指出产物 ^{1}H NMR 谱图上各个吸收峰的归属，并由 ^{1}H NMR 吸收峰面积计算聚合产物的数均聚合度。

② 实现阳离子聚合有哪些手段？通过阳离子聚合制备的聚苯乙烯有何特点与用途？

实验 5-9 　阴离子聚合制备 SBS 嵌段共聚物

（1）实验目的

① 掌握阴离子聚合制备嵌段共聚物 SBS 的合成方法。

② 学习无水无氧操作控制技术。

（2）实验原理与相关知识

阴离子聚合（anionic polymerization）是以带负电荷的离子或离子对为活性中心的一类连锁聚合反应，具有"快引发、慢增长、无终止、无链转移"的活性聚合特点。通常带有吸电子基的烯类单体有利于阴离子聚合，带有芳环、双键的单体既能发生阴离子聚合，又能发生阳离子聚合。典型聚合机理为：首先，苯乙烯在引发剂（正丁基锂）作用下发生负离子加成反应（链引发），形成负离子末端（即活性中心）。活性中心继续与单体加成，生成聚合物链（链增长）。阴离子活性中心非常容易与活性物质［链终止剂（如 H_2O、ROH、酸等含活泼氢的化合物）以及 O_2、CO_2 等物质］反应，使负离子活性中心消失，发生链终止反应。若从聚合反应体系中除去链终止剂，阴离子聚合可以做到无终止、无链转移，从而实现活性聚合。当第一种单体的转化率达到 100% 后，再加入新的单体，增长反应可以继续进行，从而形成嵌段共聚物。苯乙烯-丁二烯-苯乙烯嵌段共聚物（SBS）是利用正丁基锂作引发剂，以苯乙烯（St）、丁二烯、苯乙烯三步加料法生成的，反应如下：

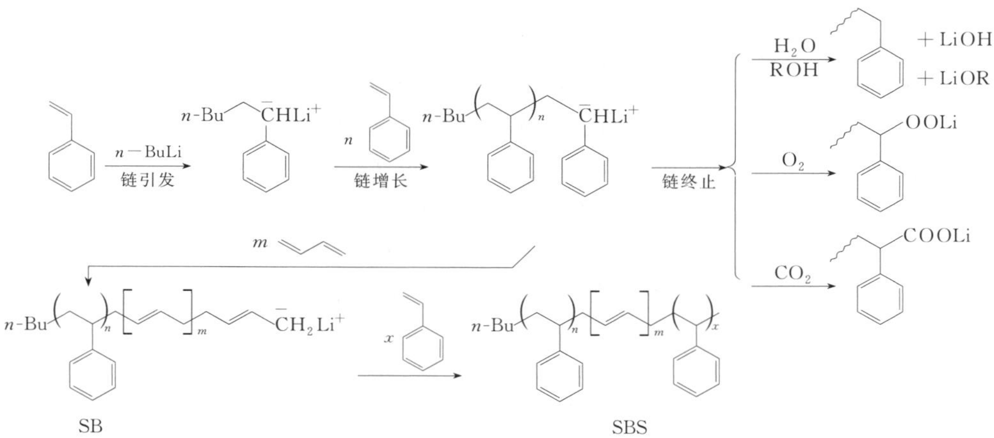

SBS 是苯乙烯系嵌段共聚物（styreneic block copolymers，SBCs）中产量最大、成本最低、应用较广的一个品种，兼有塑料和橡胶的特性，被称为"第三代合成橡胶"，主要用于橡胶制品、树脂改性剂、黏合剂和沥青改性剂四大领域。

（3）试剂与仪器

正氯丁烷（$n\text{-}C_4H_9Cl$）、锂、正庚烷、高纯氮气（纯度 99.99％）、苯乙烯（密度 0.909g/mL）、丁二烯（纯度 99％，沸点 4.4℃）、环己烷、2,6-二叔丁基-4-甲基苯酚（抗氧剂 264）、液体石蜡。

三颈烧瓶、滴液漏斗、冷凝管、磨口锥形瓶、玻璃塞、干燥管、干燥橡胶管、磁力加热搅拌器、氮气流干燥系统、双颈圆底烧瓶（500mL、250mL）、玻璃注射器、长针头、磨口具活塞玻璃管、医用乳胶管、止血钳、聚四氟乙烯软管、油浴、带抽气及充气系统的双排管反应器、烘箱、真空干燥箱、低温循环冷水机、烧杯。

（4）实验步骤

① 试剂纯化精制与仪器干燥

所用溶剂与试剂应充分干燥，制得无水正庚烷、无水正氯丁烷（$n\text{-}C_4H_9Cl$）。苯乙烯用无水氯化钙干燥数天后减压蒸馏，环己烷用分子筛干燥后蒸馏，使用前应通氮脱氧。

所有仪器、用具使用前必须仔细洗涤，用蒸馏水反复洗涤多次，然后 100℃烘干 8h，冷却后迅速安装好密闭连接。双排管反应器（图 2-2）抽真空-烘烤-充氮气，反复 3 次以上，密闭待用。取料用注射器使用前用高纯氮吹扫。

② 单体配方计算与聚合物聚合度推算

阴离子聚合所制备的聚苯乙烯常作为标样使用。聚合物 PSt 的数均分子量（DP_n）由单体投料浓度 [M] 和引发剂浓度 [C] 计算：$DP_n=[M]/[C]$。

配方设计：反应单体浓度 10％；苯乙烯/丁二烯＝30/70；三嵌段单体质量：苯乙烯：丁二烯：苯乙烯（S：B：S）＝15：70：15，分子量＝100000；总投料量：20g；正丁基锂用量：0.2mmol。

投料量计算：第一段苯乙烯加料量 $20\times15\%=3(g)$（分子量：$15\%\times100000=15000$）。第二段丁二烯加料量 $20\times70\%=14(g)$（分子量：$70\%\times100000=70000$）。第三段苯乙烯加料量 $20\times15\%=3(g)$（分子量：$15\%\times100000=15000$）。活性中心＝3/15000＝14/70000＝

$3/15000=2\times10^{-4}$（mol）$=0.2$（mmol），则正丁基锂加入量为 V（以 mL 计）$=0.2\times$ 浓度（mmol/mL）。

③ 正丁基锂（$n\text{-}C_4H_9Li$）的制备

a. 将干净干燥的滴液漏斗、冷凝管与三颈烧瓶（250mL）装配于磁力搅拌器（甘油浴或油浴）中，冷凝管出口接一根干燥管，再连一根干燥橡胶管，其另一端浸入小烧杯的液体石蜡中（根据小烧杯中液体石蜡鼓气泡的大小，可以调节氮气的流量）。

b. 在三颈烧瓶中加入 35mL 无水正庚烷及新剪成小片的 5g 金属锂，油浴加热至约 60℃。通入高纯氮气 10min，搅拌下，用滴液漏斗慢慢加入 30mL 无水正氯丁烷与 16mL 无水正庚烷的混合液，控制滴加速率（放热反应），使庚烷回流不要太快，约 20min 滴加完，此时溶液呈浅蓝色。

c. 将油浴升温至 100～110℃，搅拌回流 2～3h（反应期间，将 N_2 流量调至能在液体石蜡中产生一个接一个的气泡即可。反应后期，产生大量 LiCl 使溶液变乳浊，最后呈灰白色）。反应结束后稍冷，通氮气下将三颈烧瓶的三口皆用磨口塞封住。

d. 室温下，静置约 30min 后 LiCl 沉于瓶底，上层浅黄色清液即为丁基锂（$n\text{-}C_4H_9Li$）溶液，轻轻倒入干净干燥的磨口锥形瓶（50mL）中，瓶口用翻口塞密封，计算丁基锂浓度（约 0.34mol/0.05L），放置在干燥器中备用。

④ 嵌段共聚物（SBS）的制备

a. 将双颈圆底烧瓶（500mL）的一口盖好橡皮塞，另一口接入带抽气系统及充气系统的双排管反应器。连续抽空-充氮气 3 次后，用玻璃注射器注入环己烷（50mL）、苯乙烯（3g，3.33mL，0.029mol），摇匀，充氮气使系统成正压。搅拌下，用玻璃注射器向反应瓶内先缓慢注入少量正丁基锂（$n\text{-}C_4H_9Li$），以消除体系中少量杂质，直至略微出现微橘黄色为止。接着加入 0.2mmol 正丁基锂，此时溶液立即出现红色，在 50℃ 油浴中加热 30min，红色不褪，即为活性聚苯乙烯（PSt，分子量预计为 15000 左右）。

b. 另取一个双颈圆底烧瓶（250mL），配上单孔橡皮塞、具活塞玻璃管、医用乳胶管。另一口通过乳胶管接入带抽气系统与充气系统的双排管反应器，按照抽空-充氮气操作，除去瓶中空气。加入 100mL 环己烷，通入丁二烯（纯度 99%），监控反应瓶质量增加 14g（0.26mol 丁二烯）后（必要时在 -5℃ 冰浴中），用玻璃注射器缓慢注入少量正丁基锂以消除杂质（使体系呈微黄色）。然后，用注射器（或聚四氟乙烯软管）将丁二烯溶液加入活性聚苯乙烯溶液中，50℃ 磁力搅拌反应 2h，得到二嵌段共聚物（SB）溶液。

c. 再取一个双颈圆底烧瓶（250mL），按照第 a 步方法，连续抽空-充氮 3 次后，用玻璃注射器注入环己烷（50mL）、苯乙烯（3g，3.33mL，0.029mol），摇匀，充氮气使系统成正压。搅拌下，用玻璃注射器向反应瓶内先缓慢注入少量正丁基锂（$n\text{-}C_4H_9Li$），以消除体系中少量杂质，直至略微出现橘黄色为止。然后，用玻璃注射器（或聚四氟乙烯软管）将该苯乙烯溶液加入上述二嵌段共聚物（SB）溶液中，50℃ 下磁力搅拌反应 30min，得到 SBS 溶液。

聚合完毕后，冷却。称取 0.5g 抗氧剂 264，溶于少量环己烷中。加入上述 500mL 反应瓶内，摇匀。将黏稠物倾倒入盛有 500mL 水的三颈烧瓶（1000mL）中，接蒸馏装置，搅拌加热蒸出环己烷与水，待环己烷几乎蒸完，产物呈半固体状态时，停止蒸馏。趁热取出产物并剪碎，用蒸馏水漂洗一次，吸干水分，放在 50℃ 烘箱内烘干，得到三嵌段共聚物（SBS）热塑性弹性体，计算产量。

注意事项：ⅰ.加入丁二烯后注意反应变化，在 50℃水浴中发现反应有些发热或略变黏时，应立即取出放在室温中冷却，勿使反应过于剧烈，以致冲破橡胶管冲出。反应剧烈时，切勿把反应瓶放在冷水中冷却，以免反应瓶因骤冷碎裂、爆炸。夏天室温较高时，则加丁二烯后不必放在 50℃水浴中，放在室温中时时摇动，待反应缓慢后，再放入 50℃水浴中加热。ⅱ.反应时注意安全防护，在使用丁二烯时室内禁止明火。

⑤ 嵌段共聚物（SBS）的表征与性能

产品 SBS 可用 GPC 测定其分子量与分子量分布，并与预测分子量比较，产品也可进行加工成型和力学性能测定。

（5）实验数据记录

实验名称：___阴离子聚合制备嵌段共聚物___

姓名：_____ 班级组别：_____ 同组实验者：_____

实验日期：____年__月__日；室温：____℃；湿度：____；评分：____

需要预处理的试剂及方法：_____

所制备丁基锂（n-C_4H_9Li）溶液浓度：_____mol/L

第一段单体用量：_____；条件：

活性聚苯乙烯（PSt）分子量：

第二段单体用量：_____；条件：

SB 分子量：

第三段单体用量：_____；条件：

SBS 分子量：

（6）问题与讨论

① 用两步法合成 SBS 的路线是什么？

② 聚合反应中是否会形成均聚物和二嵌段共聚物？为什么？

实验 5-10 配位聚合制备立构规整聚苯乙烯

（1）实验目的

① 掌握无水低温操作技术；学习配位聚合反应方法。

② 了解 Ziegler-Natta 催化剂的组成、性质、催化原理。

（2）实验原理与相关知识

配位聚合（coordination polymerization）是由两种或两种以上组分组成的络合催化剂引发的聚合反应。单体分子首先在过渡金属活性中心的空位处配位，形成 σ-π 配位络合物，随后单体分子插入过渡金属-碳键进行链增长，最后形成大分子。配位聚合又称 Ziegler-Natta 聚合、络合聚合、插入聚合、定向聚合、配位阴离子聚合。配位聚合最大的特点是单体在配位过程中具有立体定向性，可形成立构规整的烯烃类聚合物。配位阴离子聚合的立构规整化能力（定向聚合能力）取决于引发剂类型与组成、单体种类和聚合条件。其中，引发剂是影响聚合物立体结构规整性的关键，最常见的是 Ziegler-Natta（Z-N）催化体系，能使 α-烯烃、共轭二烯烃及某些带极性基团的单体在较低压力和温度下进行定向聚合。配位聚合引发剂主要有四种：Z-N 催化剂；π 烯丙基过渡金属型催化剂；烷基锂引发剂；茂金属引发剂

（可用于氯乙烯等烯类单体的聚合）。

Ziegler-Natta 催化体系是由"主引发剂"和"共引发剂"组成。主引发剂为过渡金属化合物，如氯化钛（$TiCl_4$、$TiCl_3$）；共引发剂（助催化剂）为主族金属的有机化合物，如烷基铝［$AlEt_3$、$Al(i\text{-}Bu)_3$、$AlEt_2Cl$ 等］。其中，Ziegler（德国）用"$TiCl_4\text{-}AlEt_3$"作引发剂合成了高分子量的高密度聚乙烯（PE）；Natta（意大利）用"$TiCl_3\text{-}AlEt_3$"作引发剂合成了具有高度规整性的聚丙烯（PP），他们因此获得诺贝尔化学奖。

本实验以四氯化钛（$TiCl_4$）-三异丁基铝［$Al(i\text{-}Bu)_3$］为引发剂，进行苯乙烯的定向聚合。

（3）试剂与仪器

苯乙烯（St）、四氯化钛、三异丁基铝、正庚烷、丙酮、甲醇、丙酮溶液（含 2% HCl）。

四颈烧瓶（250mL）、电动搅拌器、恒压滴液漏斗、注射器（10mL、0.5mL）、真空抽排体系、布氏漏斗、抽滤瓶、冷却浴（干冰-丙酮）、索氏提取器。

（4）实验步骤

① 试剂纯化精制与反应器干燥

所用溶剂与试剂需充分干燥。苯乙烯用无水氯化钙干燥数天后减压蒸馏，储存于棕色瓶内。正庚烷用金属钠干燥后蒸馏，精制的正庚烷应置于干燥器中或压入钠丝存放。

所用仪器均经充分干燥，如图 5-3 所示安装好（注意搅拌器的密封），通氮气、抽真空反复三次，以除去体系中的空气。

② 配位聚合制备聚苯乙烯（PSt）

a. 在四颈烧瓶中通氮气的情况下，用注射器加入 10mL 无水正庚烷及 0.13mL 四氯化钛（$TiCl_4$）（因先加入的四氯化钛溶液量太少，为保证搅拌效果，应当采用新月形搅拌叶片，并尽量接近瓶底）。用干冰-丙酮冷浴，将烧瓶内的溶液冷却到 −50℃ 以下。通过恒压滴液漏斗滴加 1.8mL 三异丁基铝及 50mL 无水正庚烷配成的溶液，约 20min 滴加完毕。

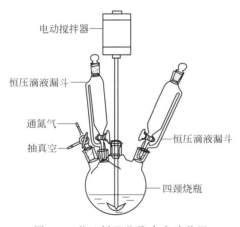

电动搅拌器

恒压滴液漏斗

通氮气

抽真空

恒压滴液漏斗

四颈烧瓶

图 5-3　苯乙烯配位聚合实验装置

当温度降至 −65℃ 以下，撤去冷浴，使其自然升温至室温，在室温下搅拌 30min，得到配位聚合催化剂（引发剂）。

b. 在四颈烧瓶中，通过另一支恒压滴液漏斗向其中滴加 100mL 苯乙烯，约 30min 滴完，体系迅速变红而且颜色不断加深，最终变为棕色，此时再升温至 50℃ 并维持 3h。除去热源，关闭氮气，缓慢滴加 70mL 甲醇以分解催化剂，滴加完后继续搅拌 20min，有固体产物生成，抽滤。

c. 将固体产物用 200mL 含 2% HCl 的丙酮溶液洗涤，然后再用布氏漏斗过滤，滤液浓缩后缓慢倒入甲醇中，析出沉淀。过滤，沉淀用蒸馏水洗涤，在 60℃ 真空干燥箱中烘干，得到的聚苯乙烯（PSt）进行称量，计算产率。

③ 聚苯乙烯的分析表征

将聚合物 PSt 在索氏提取器中用丙酮提取，可以分离出无定形部分，并测得其定向度（立构规整度，即立构规整聚合物占聚合物总量的百分数）。

测定配位聚合法所制备的聚苯乙烯（PSt）的分子量及分子量分布，并与自由基聚合所制备的聚苯乙烯进行对比分析。

（5）实验数据记录

实验名称：___配位聚合制备立构规整聚苯乙烯___

姓名：_____ 班级组别：_____ 同组实验者：_____

实验日期：____年__月__日；室温：____℃；湿度：____；评分：____

无水正庚烷：____mL；四氯化钛：____mL；三异丁基铝：____mL；

苯乙烯：____mL；甲醇：____mL；丙酮溶液：____mL；

PSt 产量：____（产率：____）；立构规整度：____

（6）问题与讨论

① 反应体系及使用的试剂为什么要充分干燥？

② 简述反应物颜色变深的原因。为什么要用丙酮-HCl 溶液洗涤聚合液？

③ 用配位聚合可制备哪些工业上常见的高分子材料？

实验 5-11 二氧化碳-环氧丙烷共聚合制备聚碳酸亚丙酯

（1）实验目的

① 学习二氧化碳和环氧丙烷共聚合制备聚碳酸亚丙酯方法。

② 熟悉高压反应釜使用操作；了解脂肪族聚碳酸酯制备方法与用途。

（2）实验原理与相关知识

二氧化碳（CO_2）作为储量庞大的 C_1 资源和温室气体，若实现对其有效利用，既可以缓解石油资源紧张的局面，又能减轻温室效应，因此意义重大。近年来研究表明，CO_2 不但可以用于合成尿素、甲醇、水杨酸、碳酸酯、异氰酸酯等小分子化合物，还可以与二元胺、双酚、烯类化合物、杂环化合物、环氧化合物、环硫化合物、环氮化合物等进行缩聚反应或共聚合反应，制备高分子材料。

以 CO_2 和不同类型环氧化合物为原料，通过共聚合反应，所制备的脂肪族聚碳酸酯具有良好的生物降解性能，广泛应用于生物医药领域，特别是利用 CO_2 与环氧丙烷（PO）共聚合制备聚碳酸亚丙酯（PPC）。戊二酸锌（ZnGA）是 CO_2/PO 开环共聚合反应中常用的一种非均相催化剂，机理属于配位插入过程，首先是 PO 与 ZnGA 配位活化开环，随后 CO_2 插入烷氧基锌键，形成碳酸酯阴离子亲核进攻配位环氧化合物，反应循环形成交替共聚物，若 PO 重复插入会形成聚醚链段。PPC 成本低廉，透明度高，具有优越的阻隔性、生物相容性和可生物降解性能，已工业化应用于热塑性材料、黏合剂、生物医用材料（比如载药、组织工程）等领域。ZnGA 催化 CO_2 与环氧化合物开环聚合反应如下：

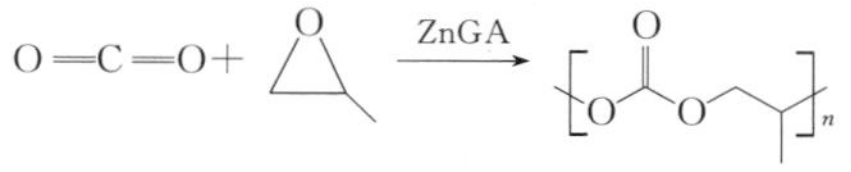

$$O=C=O + \triangle \xrightarrow{ZnGA} \left[O-\overset{O}{\underset{\|}{C}}-O \right]_n$$

（3）试剂与仪器

二氧化碳（气体）、环氧丙烷、戊二酸锌（ZnGA）、甲苯、NaH_2PO_4/Na_2HPO_4 缓冲溶液、氯仿（$CHCl_3$）、乙醇、丙酮、蒸馏水。

高压反应釜（100mL）、玻璃注射器、加热磁力搅拌器、真空油泵、旋转蒸发器、真空干燥箱、离心机、电热鼓风干燥箱、乌氏黏度计、GPC、NMR、FT-IR、TG-DSC、SEM、万能材料试验机、天平、滤纸。

（4）实验步骤

① 聚碳酸亚丙酯（PPC）制备

将高压反应釜用丙酮清洗、干燥，并将高压反应釜和玻璃注射器置于真空干燥箱中，100℃真空干燥过夜。冷却高压反应釜，通入 CO_2 气体置换，抽真空，重复3次。向高压反应釜中加入10mL 环氧丙烷，加入0.1g ZnGA（催化剂）、6mL 甲苯。通 CO_2 气体，聚合反应温度为60℃，CO_2 压力调至5MPa，搅拌反应15h。

反应完成后，高压反应釜自然冷却，取出所得黏稠状白色产品，产物用氯仿溶解稀释，离心分离催化剂，旋蒸浓缩，乙醇沉降。溶沉重复三次，80℃真空干燥24h，得到乳白色固体，即聚碳酸亚丙酯（PPC），称重备用。

② 聚碳酸亚丙酯结构及性能测定

a. 可采用红外光谱、核磁共振谱、凝胶渗透色谱（GPC）进行结构表征与平均分子量及其分布的测定。

b. 性能测试：玻璃化转变温度采用差热分析仪测试，温度范围为－40～150℃，升温速率为10℃/min。热稳定性能采用热重分析仪测定，温度范围20～600℃，升温速率10℃/min。力学性能采用万能材料试验机测试，按照 ASTM E-104 标准，制成25mm×4mm×1mm 的哑铃形样条进行拉伸性能测试，在25℃、(50 ± 5)%湿度条件下，拉伸速度10mm/min。每种聚合物制成5个样条供测试，结果取平均值。

降解性能测试：称取4.0g PPC 溶于氯仿中制成10mm×10mm×0.5mm 的长方形样品，称初始质量，将样品投入到装有 pH 值为7.4的 NaH_2PO_4/Na_2HPO_4 缓冲溶液中，将其放置于37℃的恒温装置中，每隔一周时间取出样品，用蒸馏水反复冲洗三次，用滤纸吸干样品表面的水分并称重，计算其吸水率和失重率，利用 SEM 测试观察降解聚合物形貌。

（5）实验数据记录

实验名称：＿＿二氧化碳-环氧丙烷共聚合制备聚碳酸亚丙酯＿＿＿＿＿＿＿

姓名：＿＿＿＿＿＿ 班级组别：＿＿＿＿＿＿＿ 同组实验者：＿＿＿＿＿＿＿

实验日期：＿＿年＿月＿日；室温：＿＿＿℃；湿度：＿＿＿；评分：＿＿＿＿

（一）聚碳酸亚丙酯的合成

环氧丙烷：＿＿＿mL；甲苯：＿＿＿mL；聚合条件：＿＿＿＿＿＿；

PPC 产量：＿＿＿（收率：＿＿＿）；纯度：＿＿＿＿＿＿＿

（二）聚碳酸亚丙酯的平均分子量

黏均分子量（M_v）测定： M_n M_w： PDI：

IR 数据： NMR 数据：

玻璃化转变温度： 热分解温度：

拉伸强度： 断裂伸长率：

吸水率： 降解失重率：

SEM 测试结果：

（6）问题与讨论

① 环氧丙烷有哪些提纯、储存方法？

② 查阅资料，熟悉环氧化物开环聚合的机理。

③ 总结二氧化碳和环氧丙烷共聚合的影响因素，思考提高共聚合反应产率的方法。

实验 5-12 聚甲基丙烯酸甲酯的逐步沉淀分级与分子量测定

（1）实验目的

① 掌握逐步沉淀分级的基本原理和方法；了解高分子溶液相分离原理。

② 学习分级数据处理方法；学习黏均分子量的测定方法。

（2）实验原理与相关知识

绝大部分聚合物是具有不同分子量的高分子同系物的混合物，将其中分子量相同（或相近）的高分子化合物从混合物中分离出来的过程称为"分级"。通过分级，可获得（分析）聚合物的平均分子量与分子量分布信息，也可获得（分离纯化）分子量均一且性能最佳的高分子材料。其中，利用溶解度的分级法应用最广，即利用同一种聚合物中不同分子量级分的溶解度对温度、溶剂性质的依赖关系，将高分子同系物依次分离。

依据对聚合物的溶解能力，溶剂可分成良溶剂、不良溶剂和沉淀剂。通过调节良溶剂和沉淀剂的比例，可得到一系列优良程度不等的多组分混合溶剂。聚合物在良溶剂中，由于溶剂分子对聚合物分子的溶剂化作用，克服了高分子间的相互作用力（内聚力），聚合物以分子水平扩散在溶剂中，形成均匀的聚合物溶液，此过程称为"溶解"。如果在聚合物溶液中加入沉淀剂

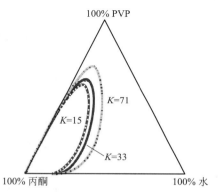

图 5-4　聚合物（PVP）-溶剂（水）-沉淀剂（丙酮）的三元体系相图

（或降低温度），良溶剂逐渐转变为不良溶剂，溶剂分子和聚合物分子链间的相互作用逐渐减弱，当这种相互作用力小于聚合物分子间的内聚力时，聚合物分子链将凝聚，直至形成沉淀，从溶剂中分离出来，使聚合物溶液由均相分成两相：稀相（溶液相）和浓相（凝液相），这一现象称为"聚合物溶液的相分离"。图 5-4 以聚 N-乙烯基吡咯烷酮（PVP）为典型聚合物（式中，$K=15$、33、71 分别代表 PVP 不同的分子量），水为溶剂，丙酮为沉淀剂，给出了聚合物-溶剂-沉淀剂的三元体系相图。

根据 Flory-Huggins 理论，聚合物在两相中的分离可以用下式表示：

$$\frac{f'}{f}=\frac{V'}{V}e^{x\sigma} \tag{5-3}$$

$$\sigma=2\chi_1(\phi_1-\phi_1')-\ln(\phi_1/\phi_1') \tag{5-4}$$

式中，f'、f 是聚合物分配在浓相、稀相中的质量分数，$f'+f=1$；V'、V 是浓相、稀相溶液的体积；e 是自然对数；x 是聚合度；χ_1 是聚合物和溶剂分子间的相互作用参数；ϕ_1'、ϕ_1 是浓相、稀相溶液中溶剂所占的体积分数。由式(5-3) 和式(5-4) 可见，溶液中的聚合物能否进入凝液相，以及在凝液相中所占的比例，取决于聚合物的分子量大小、聚合物与溶剂分子间的作用参数（溶剂不良程度增加，聚合物与溶剂分子间作用减小，χ_1 值增大）和温度的高低。显然，分子量越大，溶剂越不良，温度越低，聚合物溶液分相越容易。

逐步沉淀分级就是利用以上聚合物分子量与溶解度的依赖关系原理，将不同分子量的聚

合物溶解在合适的溶剂中，逐步滴加沉淀剂，溶剂由良溶剂逐渐转变为不良溶剂，分子量大的聚合物首先进入凝液相（浓相），到一定程度时，分子量小的聚合物也会进入凝液相。这样，每次在加沉淀剂之前取出凝液相，就可依次得到分子量不同的聚合物组分（级分）。该方法是一种简单、有效的制备方法，但烦琐费时、效果较差，在分析表征中已逐渐被色谱法取代。但在合成单分散聚合物样品，或使用色谱法分离有一定困难的情况下仍然使用。天然高分子也可采用分级沉淀法分离，如多糖可分级沉淀分离，常用的沉淀剂有甲醇、乙醇、丙酮等。聚合物溶液产生相分离时，析出的沉淀可能是粉末状、絮状、部分结晶的颗粒或凝液状，视聚合物溶剂和沉淀剂的性质而异。一般来说，合适的溶剂-沉淀剂体系析出的是凝液相。此外，还要求溶剂、沉淀剂沸点适中，以免造成干燥困难，或避免分级过程中溶剂的挥发。

在测定聚合物分子量及其分布时，可利用聚合物溶解度的分子量依赖性（逐步沉淀法、柱上溶解法、梯度淋洗法），也可利用高分子在溶液中的分子运动性质（超速离心沉降法）、电荷或体积不同［凝胶电泳、体积排除色谱（SEC）、凝胶渗透色谱（GPC）］。其中，与仪器分析相结合的 GPC、凝胶电泳具有简便准确、重复性好的特点，从而被广泛应用。

本实验以丙酮为溶剂，水为沉淀剂，通过逐步沉淀分级将不同分子量的聚甲基丙烯酸甲酯（PMMA）进行分离，并采用黏度法测定其黏均分子量。

（3）试剂与仪器

聚甲基丙烯酸甲酯（数均分子量 $\overline{M_n} \approx 2 \times 10^5$）（15g）、丙酮（2000mL）、蒸馏水。

恒温水槽（玻璃缸、搅拌器、加热器、控温仪、温度计）、三颈烧瓶（3000mL）、滴液漏斗（50mL）、锥形瓶（1000mL）、加热搅拌器（搅拌子）、温度计（200℃）、水浴、量筒（1000mL）、容量瓶（25mL）、移液管（5mL、10mL）、砂芯漏斗（2#、3#）、乌氏黏度计（0.45mm）、秒表、天平、医用胶管、止水夹、洗耳球。

（4）实验步骤

① 试样 PMMA 的溶解

称取 15g PMMA 于锥形瓶中，加入 500mL 丙酮，50℃水浴搅拌溶解。聚合物全部溶解以后，用 2# 砂芯漏斗将溶液过滤到三颈烧瓶（3000mL）中，锥形瓶中残留溶液以丙酮洗涤、过滤后并入三颈烧瓶，补加丙酮至溶液体积为 1500mL，将三颈烧瓶放入恒温水槽，25℃恒温搅拌 30min 使其充分混合均匀，得到 PMMA/丙酮溶液。

② 滴加沉淀剂

开启搅拌，通过滴液漏斗向 PMMA 的丙酮溶液（1500mL）中滴加蒸馏水，调节搅拌速度与滴加速度，避免即时产生沉淀。当蒸馏水加到 200mL 左右时，溶液接近沉淀点，改用丙酮/水（1/1，体积比）的混合溶剂，同时降低滴加速度，当溶液出现微弱浑浊时停止滴加，将三颈烧瓶转移到 50℃水浴，摇晃使沉淀再次溶解，澄清后移回 25℃恒温水槽，静置，观察沉淀的沉降情况。

③ 制取第一级分

将上述溶液静置 24h，当沉淀已形成较坚实的胶状凝液相时，小心将上层清液倾入另外预先干燥的三颈烧瓶，作为母液。留有沉淀的三颈烧瓶中加入适量丙酮，使沉淀溶解，形成的溶液倒入大量蒸馏水中，并不断搅拌使其成棉絮状沉淀，过滤，并用蒸馏水洗涤沉淀，得到的沉淀放到通风橱中晾干，然后 50℃真空干燥至恒重，称量，得第一级分。

④ 制取其他级分

再将盛有母液的烧瓶放入到 25℃ 恒温水槽，重复上面滴加沉淀剂和制取级分的操作，可依次得到分子量由大到小的第 2～5 个级分。将各级分编号，恒重，测定聚合物黏均分子量。

注意事项：ⅰ. 加入沉淀剂的量，可能由于聚合物分子量的大小不同而不同。实验者应灵活调控加入的量，通常当聚合物溶液由澄清转变为蓝白色微沉淀或乳白色沉淀时为适中。ⅱ. 分级过程由于沉淀剂不断加入，溶液体积越来越大，溶液越来越稀，而溶液中高分子组分也越来越少，到制备最后一个级分时，即使加入大量沉淀剂，也难将最后一个级分沉淀下来，这时需进行减压蒸馏，减少溶剂的量，使溶液体积浓缩到 300mL 以下，再加入大量蒸馏水，使级分沉淀下来，经过滤、洗涤、干燥，得到最后一个级分。

⑤ PMMA 黏均分子量的测定

a. 聚合物溶液的配制：用黏度法测聚合物分子量，选择高分子-溶剂体系时，马克-豪温（Mark-Houwink）经验公式 $[\eta]=KM^{\alpha}$ 中常数 K、α 必须是已知的，而且所用溶剂应该具有稳定、易得、易纯化、挥发性小、毒性小等特点。

本实验待测样品为 PMMA，选择氯仿为溶剂，恒温（30.00±0.05）℃，则 $K=4.3\times10^{-3}$，$\alpha=0.8$。于测定前一天，用 25mL 容量瓶溶解好聚合物试样，将配制好的溶液用干燥的 3$^{\#}$ 砂芯漏斗加压过滤到 25mL 容量瓶中。

b. 恒温水槽温度的调节与黏度计的洗涤：温度的控制对实验的准确性有很大影响，要求准确到 ±0.05℃。本实验要求将水槽温度调节到（30.00±0.05）℃。乌氏黏度计（图 5-5）的清洁是实验成功的关键。未使用过的新黏度计，应先用洗液浸泡 20min，再用自来水将洗液清洗干净，最后用蒸馏水润洗三次，烘干待用。已使用过的黏度计，则先用待使用溶剂（本实验用丙酮）进行浸泡洗涤，尤其是毛细管部分更要反复洗涤，以除去残留聚合物，然后依次用洗液、自来水、蒸馏水洗涤，最后烘干待用。

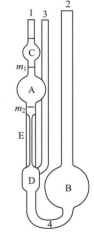

图 5-5　乌氏黏度计

c. 聚合物溶液流出时间（t）测定：把干净、干燥的乌氏黏度计的管 1、3 口分别套上清洁的医用胶管，垂直夹持于恒温水槽中。用移液管吸取 10.00mL 聚合物溶液，自管 2 口注入，恒温 15min 后，用止水夹夹住管 3 口的胶管，使之密封。用洗耳球从管 1 口把液体缓慢抽至 C 球，停止抽气。依次取下管 1 口的洗耳球，打开管 3 口的止水夹，此时空气会进入 D 球，管 1 中溶液慢慢下降。当弯月面降到 m_1 刻度线时，按秒表开始计时；当弯月面降到 m_2 刻度线时，按停秒表，记下溶液流经 $m_1\sim m_2$ 的时间。如此重复，取流出时间 t（s）相差不超过 0.2s 的三次，求 t 平均值。

注意：若连续测量的流出时间持续递增或递减，表明待测体系未达到平衡状态，需等到平衡之后重新测量。

d. 稀释法测一系列溶液的流出时间（t）：因液柱高度与管 2 内液面的高低无关，所以流出时间与管 2 内溶液体积无关，可直接在黏度计内对溶液进行一系列稀释。用移液管移取 5.00mL 溶剂加入黏度计，此时溶液浓度为起始浓度的 2/3。加溶剂后，需鼓泡并将溶液抽到 C 球三次，使浓度均匀。待温度恒定后进行测定。以同样方法依次再加入溶剂 5.00mL、

10.00mL、15.00mL，使溶液浓度为起始浓度的 2/3、1/3、1/4，分别测定不同浓度聚合物溶液流经 $m_1 \sim m_2$ 刻度线的时间 t。

　　e. 测定纯溶剂的流出时间：倒出全部溶液，用溶剂洗涤黏度计 3～5 次，黏度计的毛细管要抽吸洗涤。洗净后加入溶剂，测定溶剂的流出时间，记为 t_0。

（5）实验数据记录

　　实验名称：＿＿＿＿聚甲基丙烯酸甲酯的逐步沉淀分级与分子量测定＿＿＿＿＿＿＿＿＿＿＿＿

　　姓名：＿＿＿＿＿＿＿＿　班级组别：＿＿＿＿＿＿＿＿　同组实验者：＿＿＿＿＿＿＿＿

　　实验日期：＿＿年＿月＿日；室温：＿＿℃；湿度：＿＿；评分：＿＿

（一）计算各级分的质量分数和分级损失

PMMA：＿＿g；温度：＿＿℃；丙酮：＿＿mL；蒸馏水：＿＿mL

　　级分 1：质量 W_1＿＿＿＿g　　　　　质量分数 w_1＿＿＿＿

　　级分 2：质量 W_2＿＿＿＿g　　　　　质量分数 w_2＿＿＿＿

　　级分 3：质量 W_3＿＿＿＿g　　　　　质量分数 w_3＿＿＿＿

　　级分 4：质量 W_4＿＿＿＿g　　　　　质量分数 w_4＿＿＿＿

　　级分 5：质量 W_5＿＿＿＿g　　　　　质量分数 w_5＿＿＿＿

（二）各级分分子量测定及计算

　　实验恒温温度：＿＿℃；溶剂＿＿＿＿；纯溶剂的平均流出时间 $\bar{t}_0$＝＿＿＿＿＿；

PMMA 在该溶剂中的 K、α 值＿＿＿＿＿＿＿＿＿。溶液起始浓度 c_0＝＿＿＿＿＿g/mL

相关数据记录见表 5-1。

表 5-1　实验数据记录

级分 1		溶液 1	溶液 2	溶液 3	溶液 4	溶液 5
溶液浓度 c_i/(g/mL)						
加入溶剂的体积/mL						
流出时间 t/s	1					
	2					
	3					
平均流出时间 $\bar{t}$/s						
相对黏度 $\eta_r = \dfrac{\bar{t}}{\bar{t}_0}$						
$\ln\eta_r$						
$\dfrac{\ln\eta_r}{c}$/(mL/g)						
η_{sp}						
$\dfrac{\eta_{sp}}{c}$/(mL/g)						

　　根据实验数据，以浓度 c 为横坐标，分别以 $\dfrac{\ln\eta_r}{c}$ 和 $\dfrac{\eta_{sp}}{c}$ 为纵坐标对 c 作图，并外推至 $c \to 0$，两直线相交于纵坐标，对应的纵坐标值即为聚合物特性黏数 $[\eta]$。将特性黏数代入 Mark-Houwink 公式 $[\eta] = KM^\alpha$，$K = 4.3 \times 10^{-3}$，$\alpha = 0.8$，求得不同级分聚甲基丙烯酸甲酯的黏均分子量。

分级损失＝（原试样质量－各级分试样质量和）/原试样质量　　　　　(5-5)

假定分级损失平均于每一级分，计算各级分的质量分数：

$$w_i = \frac{W_i}{\sum W_i} \qquad (5-6)$$

（三）绘制分级曲线

用习惯法作分子量积分分布曲线和微分分布曲线。习惯法基本假设：每一级分的分子量即该级分平均分子量；相邻级分分子量没有交叠。以黏度法测得的分子量值为横坐标，以质量分数逐级叠加所得值为纵坐标，作垂直线（图 5-6），连接各垂直线得到曲线 1（阶梯形分级曲线）。根据习惯法基本假设把各个阶梯高度的中点连接起来，得到一平滑曲线 2，即分子量质量积分分布曲线。

累积质量分数表示为：

$$I(M_i) = \frac{1}{2}w_i + \sum_{j=1}^{j=i-1} w_j \qquad (5-7)$$

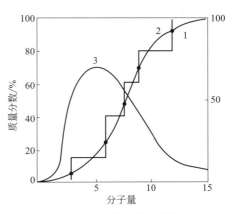

图 5-6　阶梯形分级曲线

取积分曲线上各点的斜率（dI/dM）对分子量作图，所得曲线即为习惯法微分分布曲线（曲线 3）。积分分布曲线应顺势平滑，所以曲线不一定经过全部垂直线的中点。

(6) 问题与讨论

① 何谓分子量分布？为什么要将聚合物进行分级？

② 聚合物沉淀分级的依据是什么？

③ 黏度法测定聚合物平均分子量的依据是什么？

④ 在手册中查阅选用 K、α 值时应注意什么问题？为什么说黏度法是测聚合物平均分子量的相对方法？

参考文献

[1]　Braun D，Cherdron H，Rehahn M，Ritter H，Voit B. in "Polymer Synthesis：Theory and Practice" (5th Ed)，Heidelberg，Springer，ISBN：978-3-642-28979-8，2013.

[2]　何卫东，金邦坤，郭丽萍. 高分子化学实验. 第 2 版. 合肥：中国科学技术大学出版社，2012.

[3]　宋荣君，李加民. 高分子化学综合实验. 北京：科学出版社，2017.

[4]　周智敏，米远祝. 高分子化学与物理实验. 北京：化学工业出版社，2011.

[5]　唐黎明. 高分子化学. 第 2 版. 北京：清华大学出版社，2016.

[6]　杜奕. 高分子化学实验与技术. 北京：清华大学出版社，2008.

[7]　韩哲文. 高分子科学实验. 上海：华东理工大学出版社，2005.

[8]　殷勤俭. 现代高分子科学实验. 北京：化学工业出版社，2012.

[9]　陈双玲，赵京波，刘涛，张兴英. 反相乳液聚合制备聚丙烯酸钠. 石油化工，2002，31（5）：361-364.

[10]　韦春，桑晓明. 有机高分子材料实验教程. 长沙：中南大学出版社，2009.

[11]　李强，张丽芬，柏良久. 原子转移自由基聚合的最新研究进展. 化学进展，2010，22（11）：2079-2088.

[12]　梁晖，卢江. 高分子化学实验. 第 2 版. 北京：化学工业出版社，2004.

[13]　刘盈海，张建平，张荣月. 苯乙烯可控阳离子聚合的新引发体系. 河北大学学报（自然科学版），2004，24（6）：605-610.

[14] 程斌，马育红，李艳亮．对甲基苯乙烯阳离子聚合研究．高分子材料科学与工程，2002，18（6）：78-81.

[15] 张兴英，李齐方．高分子科学实验．第2版．北京：化学工业出版社，2007.

[16] 赵巍，谢洪泉．两亲性硫酸钾基（苯乙烯-丁二烯-苯乙烯）嵌段共聚物离聚体的合成、表征及其性能．合成橡胶工业，2008，31（3）：179-182.

[17] 肖哲，邹智勇，夏金魁，熊远凡，张爱民．苯乙烯-丁二烯-苯乙烯-甲基丙烯酸酯嵌段共聚物的合成与表征．化工进展，2006，25（8）：938-941.

[18] 华静，武歧．甲基铝氧烷/钼系催化剂催化苯乙烯配位聚合．合成树脂及塑料，2017，34（3）：41-46.

[19] 朱寒，王和金，蔡春杨．稀土催化苯乙烯配位聚合制备富含间规聚苯乙烯．化工学报，2015，66（8）：3084-3090.

[20] 王献红，王佛松．二氧化碳共聚物PPC的改性．北京：化学工业出版社，2011.

[21] Klaus S，Lehenmeier MW，Herdtweck E，Deglmann P，Ott AK.，Rieger B. Mechanistic Insights into Heterogeneous Zinc Dicarboxylates and Theoretical Considerations for CO_2-Epoxide Copolymerization. J Am Chem Soc，2011，133：13151-13161.

[22] 程镕时．粘度数据的外推和从一个浓度的溶液粘度计算特性粘数．高分子通信，1960，（3）：159-162.

[23] 郑昌仁．聚合物分子量和分子量分布．北京：化学工业出版社，1980：402-405.

[24] 闫红强，程捷，金玉顺．高分子物理实验．北京：化学工业出版社，2012.

（王艳，张振琳，金淑萍，王荣民，宋鹏飞）

第6章 ▶▶ 逐步聚合反应实验

实验 6-1 线型缩聚制备双酚 A 环氧树脂

(1) 实验目的

① 掌握线型缩聚反应合成环氧树脂的方法；深入了解逐步聚合原理。

② 学习环氧值的测定方法。

(2) 实验原理与相关知识

热固性树脂（thermosetting resin）是指树脂加热后产生化学变化，逐渐硬化成型，再受热也不软化，也不能溶解的树脂。它包括大部分的缩合树脂，其分子结构为体型。热固性树脂的优点是耐热性好，受压不易变形；缺点是力学性能较差。热固性树脂包括酚醛树脂、环氧树脂、氨基树脂、不饱和聚酯以及硅醚树脂等。

环氧树脂（epoxy resin）泛指分子中含有两个及以上环氧基团的高分子，分子链中活泼的环氧基团可以位于分子链的末端、中间或成环状结构。大部分品种的分子量都不高。固化后的环氧树脂具有良好的物理、化学性能，它对金属和非金属材料的表面具有优异的粘接强度，介电性能良好，变形收缩率小，制品尺寸稳定性好，硬度高，柔韧性较好，对碱及大部分溶剂稳定，因而广泛应用于国防、国民经济等领域，作浇注、浸渍、层压料、粘接剂、涂料等用途。双酚 A 环氧树脂是产量最大、用途最广的一类，是由双酚 A（二酚基丙烷）与环氧氯丙烷在 NaOH 作用下聚合而成（见下式）（式中，n 一般在 0~25 之间），反应机理属于逐步聚合。

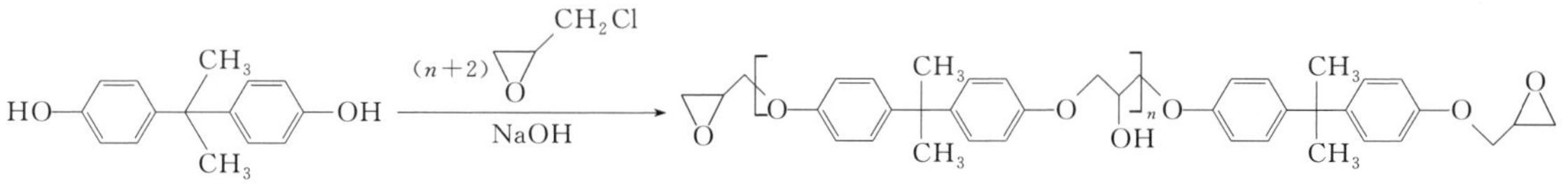

线型缩聚是指聚合单体中有两个官能团发生反应，形成的大分子向两个方向增长，得到线型高分子的反应。线型环氧树脂外观为黄色至青铜色的黏稠状液体或脆性固体，易溶于有机溶剂，未加固化剂的环氧树脂具有热塑性，可长期存储而不变质。其主要参数是环氧值，环氧值是指 100g 树脂中含环氧基的物质的量（以 mol 计）。分子量越高，环氧值就相应越低，一般低分子量环氧树脂的环氧值在 0.48~0.57 之间。固化剂的用量与环氧值成正比，固化剂的用量对成品的机械加工性能影响很大，必须严格控制适当。

本实验通过双酚 A、环氧氯丙烷在碱性条件下缩合，经水洗，利用了脱溶剂方法制备环氧树脂。

(3) 试剂与仪器

双酚 A（4,4-二羟基二苯基丙烷，单体，AR）、环氧氯丙烷（单体，AR）、NaOH（催化剂，AR）、苯（溶剂，AR）、盐酸（AR）、丙酮（AR）、NaOH 标液（1mol/L）、邻苯二甲酸氢钾、乙醇溶液（0.1%）、酚酞指示剂、蒸馏水、凡士林。

三颈烧瓶（250mL）、球形冷凝管（300mm）、直形冷凝管（300mm）、滴液漏斗（50mL）、分液漏斗（250mL）、温度计（100℃、200℃）、接液管、具塞锥形瓶（250mL）、量筒（100mL）、容量瓶（100mL）、烧杯（50mL）、碘瓶、蒸馏装置、刻度吸管（10mL）、移液管（15mL）、碱式滴定管（50mL）、广口试剂瓶（100mL）、电动搅拌器、油浴锅（含液体石蜡）、分析天平。

（4）实验步骤

① 双酚 A 环氧树脂的合成

a. 将干净干燥的三颈烧瓶称量并记录，然后装配滴液漏斗、温度计、电动搅拌器、加热浴。依次加入双酚 A（34.2g，0.15mol）、环氧氯丙烷（42g，0.45mol），搅拌下升温至 70～75℃，使双酚 A 全部溶解。

b. 配制 NaOH 溶液（12g NaOH/30mL 蒸馏水），并通过滴液漏斗慢慢滴加到三颈烧瓶中（由于环氧氯丙烷开环是放热反应，所以开始时必须加得很慢，防止因反应浓度过大凝成固体而难以分散）。若体系温度过高，可暂时撤去加热浴，使温度控制在 75℃。

c. 碱液滴加完毕后，将反应装置中的滴液漏斗更换为回流冷凝管。在 75℃下回流 1.5h（温度不要超过 80℃），体系呈乳黄色。加入 45mL 蒸馏水和 90mL 苯，搅拌均匀后倒入分液漏斗中（预聚物反应完毕要趁热倒入分液漏斗，此操作在通风橱中进行，分液需要充分静置，并注意及时排气），静置片刻。

注意：分液漏斗使用前应检查盖子与活塞是否匹配，活塞要涂上凡士林，使用时振动摇晃几下后放气。

d. 待液体分层后，分去水层（下层）。重复加入 30mL 蒸馏水、60mL 苯，剧烈摇荡，静置片刻，分去水层。用 60～70℃温水洗涤两次。将反应装置中的回流冷凝管更换为蒸馏装置（蒸馏头、冷凝管、尾接管与烧瓶），蒸馏除去未反应的环氧氯丙烷，控制蒸馏的最终温度为 120℃（必要时减压蒸馏，用循环水泵减压即可，应注意装置的气密性），得淡黄色黏稠透明的环氧树脂。将三颈烧瓶连同树脂称量，计算产率。

所得树脂倒入试剂瓶中备用（热塑性的环氧树脂具有较大的黏度，要及时从三颈烧瓶中取出，三颈烧瓶用丙酮清洗）。

② 双酚 A 环氧树脂环氧值的测定

a. 试剂配制

ⅰ. 盐酸/丙酮溶液：将 2mL 浓盐酸溶于 80mL 丙酮中，均匀混合即成（现配现用）。

ⅱ. NaOH/乙醇溶液：将 4g NaOH 溶于 100mL 乙醇中，用标准邻苯二甲酸氢钾溶液标定，以酚酞作指示剂。

b. 环氧值（E）的测定：分子量小于 1500 的环氧树脂，其环氧值的测定用盐酸-丙酮法；分子量较大的环氧树脂的环氧值测定用盐酸-吡啶法。测定反应式如下所示，过量的 HCl 用标准 NaOH/乙醇溶液回滴。

取 125mL 碘瓶 2 个，各取 1.000g 环氧树脂（精确到 1mg），用移液管加入 25mL 盐酸/丙酮溶液，加盖，摇动使树脂完全溶解，放置阴凉处 1h，加酚酞指示剂 3 滴，用 NaOH/乙醇溶液滴定（滴定开始要缓慢些，环氧氯丙烷开环反应是放热的，反应液温度会升高）。

同时按上述条件做两次空白滴定。环氧值 E（mol/100g 树脂）按下式计算：

$$E = \frac{(V_1 - V_2)c}{1000m} \times 100 = \frac{(V_1 - V_2)c}{10m} \tag{6-1}$$

式中，V_1 为空白滴定所消耗的 NaOH 溶液的体积，mL；V_2 为样品测试消耗的 NaOH 溶液体积，mL；c 为 NaOH 溶液的浓度，mol/L；m 为树脂质量，g。

（5）实验数据记录

实验名称：＿＿线型缩聚制备双酚 A 环氧树脂＿＿＿

姓名：＿＿＿＿＿＿　班级组别：＿＿＿＿＿＿＿　同组实验者：＿＿＿＿＿＿＿

实验日期：＿＿年＿月＿日；室温：＿＿℃；湿度：＿＿；评分：＿＿

（一）双酚 A 环氧树脂的合成

聚合温度：＿℃；聚合时间：＿h；双酚 A＿＿＿；环氧氯丙烷＿＿＿＿＿＿＿；

双酚 A 环氧树脂产量：＿（产率：＿）

（二）环氧值的测定

标准 NaOH/乙醇溶液浓度：＿mol/L

环氧值 E：＿

（6）问题与讨论

① 在合成环氧树脂的反应中，若 NaOH 的用量不足，将对产物有什么影响？

② 环氧树脂的分子结构有何特点？为什么环氧树脂具有优良的粘接性能？

③ 为什么环氧树脂使用时必须加入固化剂？固化剂的种类有哪些？

实验 6-2　不饱和聚酯树脂的合成与玻璃钢的制备

（1）实验目的

① 掌握不饱和聚酯树脂的聚合机理和制备方法；学习玻璃钢的制备方法。

② 学习复合材料制备方法。

（2）实验原理与相关知识

玻璃钢一般指用玻璃纤维增强不饱和聚酯、环氧树脂与酚醛树脂基体，即纤维强化塑料（fiber reinforced polymer/plastics，FRP），也称玻璃纤维增强复合塑料（glass fiber reinforced plastics，GFRP）。不同于钢化玻璃，玻璃钢具有质轻而硬、不导电、性能稳定、机械强度高、耐腐蚀等特点，可以代替钢材制造机器零件和汽车、船舶外壳等。不饱和聚酯是由等量的不饱和的二元酸、二元醇缩聚而成的线型高分子，高分子链中具有酯键（—COO—）和双键（C＝C），聚合度较低。不饱和聚酯中的双键可发生自由基聚合，形成体型结构。最常用的不饱和聚酯是由马来酸酐（顺丁烯二酸酐）和乙二醇合成的，聚酯化缩聚反应是在 190～220℃进行，直至达到预期的酸值（或黏度），在聚酯化缩合反应结束后，趁热加入一定量乙烯基单体，配成黏稠的液体，称为不饱和聚酯树脂。

本实验将 1,3-丙二醇（PDO）与马来酸酐（MAH）进行缩合，为了改进不饱和聚酯最终产品的性能，加入一部分邻苯二甲酸酐（PA）一起共聚（反应如下）。缩合反应结束后，趁热加入苯乙烯（St）单体，所制备的不饱和聚酯树脂进一步与玻璃纤维复合，制备玻璃钢（FRP）。

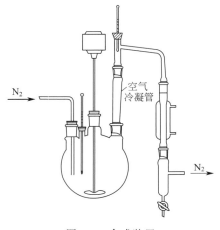

MAH   PDO   PA $\xrightarrow[-H_2O]{195℃}$

（3）试剂与仪器

顺丁烯二酸酐（MAH）、邻苯二甲酸酐、1,3-丙二醇、苯乙烯、过氧化二苯甲酰、对苯二酚、二甲苯胺、邻苯二甲酸二辛酯、氢醌（以上均为分析纯）、石蜡、氢氧化钾-乙醇溶液（0.1mol/L）、玻璃纤维方格布（210mm×297mm）、聚丙烯薄膜（厚度：0.125mm）。

四颈烧瓶（250mL）、球形冷凝管（300mm）、空气冷凝管、油水分离器（100mL）、温度计（150℃、200℃）、广口试剂瓶（250mL）、锥形瓶、蒸馏装置、加热控温搅拌装置、平板玻璃、烧杯、刮刀、纸杯、N₂钢瓶、分析天平、玻璃纸、玻璃板、烘箱。

（4）实验步骤

① 不饱和聚酯树脂的合成

a. 在四颈烧瓶（250mL）上装配电动搅拌器、温度计、具玻璃管橡皮塞、空气冷凝管及接收器（图6-1），同时在蒸馏头出口处接上直形冷凝管，并通水冷却。用25mL已干燥称重的烧杯接收馏出的水分，并检查反应瓶磨口的气密性。

b. 在四颈烧瓶中依次加入12g（0.12mol）顺丁烯二酸酐、18g（0.12mol）邻苯二甲酸酐（MAH及邻苯二甲酸酐易吸水，称量时要快，以保证配比准确）、20g（0.26mol）1,3-丙二醇、0.01g氢醌。加热升温，并缓缓通入氮气保护。

图 6-1 合成装置

c. 升温至80℃（30min 内），反应物溶解后开始搅拌。继续升温至160℃（1.0h 内），馏出水分说明酯化反应正在进行，需保持空气冷凝管的管顶温度不超过100℃（否则丙二醇挥发损失），若回流过于剧烈，减慢升温速度。保持此温度30min后，取样测酸值。

d. 逐渐升温至190~200℃，并保持3.0h，控制蒸馏头温度在100℃以下（随着反应的进行，缩合水不易馏出，必要时可将空气冷凝管加保温套或加热）。每隔1h测一次酸值，酸值小于80mgKOH/g后，每0.5h测一次酸值。

注意：体系温度过高，副反应多，体系黏度会在短时间内增加，反应难以控制，当高于200℃时易使树脂凝胶化。温度过低，反应难以进行，温度低于190℃，酯化反应太慢，耗时过长。应尽量使用逐步升温的方式，合理控制反应的时间。

e. 当酸值降到50mgKOH/g后停止加热，冷却至170~180℃时加入对苯二酚（0.015g）和少量石蜡，充分搅拌，直至溶解。冷却至100℃以下后，搅拌下迅速加入25g苯乙烯，并急速冷却至室温。使树脂冷却到40℃以下，再取样测一次酸值。称量馏出水，与理论出水量比较，估计反应程度。

② 玻璃钢（FRP）板的制备

a. 小纸杯中加入20g 不饱和聚酯树脂、0.4g 过氧化二苯甲酰（BPO）（称取引发剂BPO 时，不可用金属制药匙；引发剂不能遇火；树脂不能遇水，因水能阻止树脂固化），均匀混合使之溶解，再加入0.1g 二甲苯胺，混合均匀。

注意：BPO 不可与二甲苯胺（促进剂）混合，否则会发生爆炸。

b. 玻璃布先用肥皂水煮 30min，然后用水冲洗，再水煮 30min，晾干，备用。

c. 在实验桌上铺上玻璃纸（或 PP 透明膜），铺一层玻璃布，用刮刀刷上一层树脂，使之浸透，并小心驱逐气泡，再铺一层玻璃布，刷一层树脂。如此反复进行 4 次，再以玻璃纸覆盖其上，压上一层玻璃板，并用重物压住。约 1h 后除去重物，撕去玻璃纸。放入烘箱中（50℃）1～2h，使之完全干燥，得玻璃钢板，称重。

③ 酸值的测定

酸值是指 1g 样品滴定时所消耗的 KOH 的质量（以 mg 计）。酸值对不饱和聚酯树脂影响明显：随酸值的降低，聚合物的分子量逐渐增大，黏度逐渐增大。酸值过高容易导致缩聚反应不完全，影响产物的物理性能。原材料配比必须充分考虑，从而确定酸值是否适当。

酸值的测定方法是将聚合物溶于适当的溶剂（如甲醇、乙醇、丙酮、苯和氯仿等）中，以酚酞为指示剂，用 0.01～0.1mol/L 的 KOH（或 NaOH）醇溶液滴定。具体操作：准确称取适量样品，放入 100mL 锥形瓶中，用移液管加入 20mL 溶剂，轻轻摇动锥形瓶使样品全部溶解，然后加入 2～3 滴 0.1% 的酚酞溶液，用 KOH 醇溶液滴定至浅粉红色（颜色保持15～30s 不褪）。用同法进行空白滴定，重复 2 次。结果按下式计算：

$$酸值 = \frac{(V - V_0)M \times 56.11}{W} \tag{6-2}$$

式中，V、V_0 为样品滴定、空白滴定所消耗 KOH 标准溶液体积，mL；M 为 KOH 标准溶液的浓度，mol/L；W 为样品质量，g。

（5）实验数据记录

实验名称：　不饱和聚酯树脂的合成与玻璃钢的制备

姓名：_____ 班级组别：_____ 同组实验者：_____

实验日期：____年__月__日；室温：____℃；湿度：____；评分：____

（一）不饱和聚酯树脂的合成

丙二醇：__g；顺丁烯二酸酐：__g；邻苯二甲酸酐：__g；对苯二酚：__g；

反应开始溶解温度：__℃；聚合时间：__h；聚合温度：__℃；苯乙烯：__g；树脂颜色：_____；酸值数据：_____；

脱水量：__g（理论值：__g）；树脂黏度：_____c_P；产量：__（产率：__）

（二）玻璃钢（FRP）板

硬化温度：__℃；干燥温度：__℃；干燥时间：__h；产量：__；硬度：_____

（6）问题与讨论

① 树脂合成时为什么要逐步升温？分析温度对反应的影响。

② 苯乙烯的作用是什么？如果不用苯乙烯，玻璃钢的性能会有哪些变化？

③ 聚酯［如聚对苯二甲酸乙二酯（PET）］、聚酯弹性体（TPEE）与不饱和聚酯在结构与性能上有何异同点？

实验 6-3　体型缩聚制备脲醛树脂黏合剂

（1）实验目的

① 了解脲醛树脂的合成原理和过程；加深理解加成缩聚的反应机理。

② 掌握脲醛树脂的合成方法及黏合技术。

（2）实验原理与相关知识

脲醛树脂（urea-formaldehyde resins，UF）是由尿素与甲醛在酸（或碱）催化下，经加成聚合反应制得的热固性树脂。固化后的脲醛树脂呈半透明状，耐弱酸、弱碱，绝缘性能好，耐磨性极佳，价格便宜，但遇强酸、强碱易分解，耐候性较差。脲醛树脂可用于耐水性和介电性能要求不高的制品，如插线板、仪表外壳、旋钮、日用品、装饰品等，也可用于部分餐具的制造。脲醛树脂是木材加工用胶黏剂中用量最大的品种。

尿素与甲醛的缩合反应是逐步进行的，首先生成不同中间体。最初生成一羟甲脲和二羟甲脲。一羟甲脲之间缩合生成线型或支链型聚亚甲基脲；二羟甲脲之间缩合可得环化聚亚甲基脲。存在羟甲基和酰氨基的中间体，既可以与原料反应，也可以相互缩合，得到体型脲醛树脂。因此，产物结构受尿素与甲醛比例、反应体系 pH 值、温度及时间等的影响。典型反应如下：

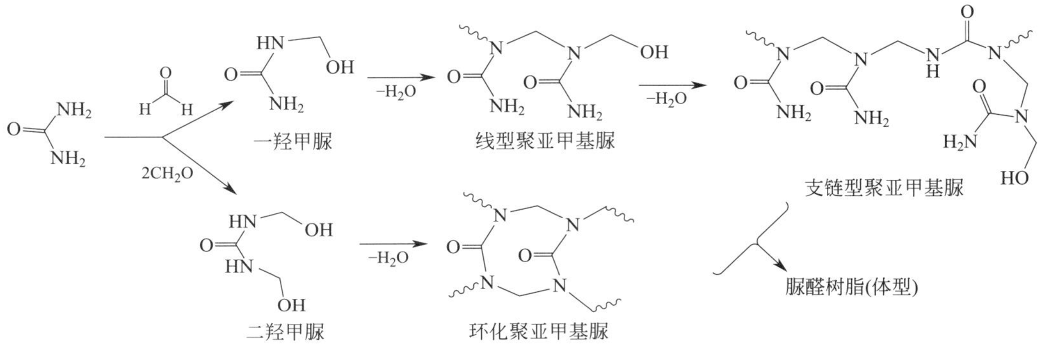

本实验通过尿素与甲醛缩合生成聚亚甲基脲，而后在亚甲基脲分子之间脱水合成脲醛树脂（UF）。

（3）试剂与仪器

尿素、甲醛（36％水溶液）、甘油、NaOH 溶液（10％）、甲酸溶液（10％）、NH_4Cl 溶液（15％）。

三颈烧瓶（250mL/24#）、球形冷凝管（300mm）、直形冷凝管（300mm）、温度计（100℃）、拉伸机、电动搅拌器、水浴加热器、烘箱、移液管。

用于测试胶合强度的薄板木条：长×宽＝100mm×25mm，胶合面为 25mm×25mm，用游标卡尺精确其胶合长（l_1）与宽（b_1），精确到 0.1mm。

（4）实验步骤

① 脲醛树脂的合成

该实验过程需在通风橱中进行。

a. 在 250mL 三颈烧瓶上装置电动搅拌器、温度计、回流冷凝器。加入 36％甲醛水溶液 90mL（1.08mol 甲醛），用 NaOH 溶液调节甲醛水溶液 pH＝7。升高水浴温度到 70℃，加入 36g（0.6mol）尿素，搅拌至溶解。

b. 用甲酸溶液将 pH 值小心调节至 5.0（注意观察自升温现象，甲酸加入量以几滴计量，过量易爆聚结块）。慢慢升温到 90～94℃，维持温度反应 30min。再调节 pH 值至 4.8，继续反应 1h 后停止加热［也可随时取产品（脲醛树脂溶液）滴入冷水中，观察在冷水中的溶解情况。当在冷水中出现乳化现象时，随时测在温水（40℃）中的乳化情况，当出现乳化后，立即降温终止反应]。

c. 冷却至 30℃以下，用 NaOH 溶液调节 pH＝7，得到线型脲醛树脂（呈现为黏稠状溶液）。

② 木材黏合

a. 称取 3 份各 10g 上述脲醛树脂溶液，标记为Ⅰ号、Ⅱ号、Ⅲ号。其中，Ⅱ号样中加入 3 滴 NH_4Cl 水溶液（固化剂）；Ⅲ号样中加入 6 滴 NH_4Cl 水溶液。搅拌均匀，制成体型脲醛树脂，并马上用于木条（或胶合板）的黏结（在 50℃加热，可以观察到脲醛树脂的溶液迅速固化）。

b. 取几块木条（或胶合板），将制备的体型脲醛树脂均匀涂抹在木条所要胶合的部位（可拼接为不同图案），用夹子固定后在烘箱（50℃）中烘 20min 或自然晾干。

c. 黏合力测定：将胶合好的木条放到拉伸机（或万能拉力试验机）中，测定最大破坏荷重（P_{max}，N）、试件剪断面的长度与宽度（I_1 与 b_1，mm），计算胶合强度（X，MPa）（精确到 0.01MPa）。

$$胶合强度(X)＝P_{max}/(l_1b_1) \tag{6-3}$$

（5）实验数据记录

实验名称：＿＿＿体型缩聚制备脲醛树脂黏合剂＿＿＿＿＿＿＿＿

姓名：＿＿＿＿＿＿　班级组别：＿＿＿＿＿＿＿＿　同组实验者：＿＿＿＿＿＿＿＿

实验日期：＿＿＿年＿＿月＿＿日；室温：＿＿＿℃；湿度：＿＿＿；评分：＿＿＿

（一）脲醛树脂的合成

聚合温度：＿＿℃；聚合时间：＿＿h；尿素：＿＿；甲醛：＿＿＿；NH_4Cl＿＿＿＿＿＿＿；

脲醛树脂溶液产量：＿＿＿＿（产率：＿＿＿＿）

（二）黏合强度的测定

P_{max}＝＿＿＿＿＿＿＿＿＿；黏合强度 X：＿＿＿＿＿＿＿＿＿

（6）问题与讨论

① 在合成树脂的原料中，哪种原料对 pH 值的影响最大？为什么？

② 试说明 NH_4Cl 能使脲醛胶固化的原因。你认为还可加入哪些固化剂？

③ 如果脲醛胶在三颈烧瓶内发生了固化，试分析有哪些原因？

实验 6-4 　聚加成反应制备聚氨基甲酸酯泡沫塑料

（1）实验目的

① 学习异氰酸酯缩合反应原理；认识聚氨酯材料的特点与用途。

② 掌握聚氨酯泡沫塑料的合成技术。

（2）实验原理与相关知识

聚氨酯（polyurethane，PU）为主链含—NHCOO—重复结构单元的一类高分子材料。由于含强极性的氨基甲酸酯基，不溶于非极性基团，具有良好的耐油性、韧性、耐磨性、耐老化性和黏合性。用不同原料可制得适应较宽温度范围（－50～150℃）的聚氨酯材料，包括弹性体、热塑性树脂和热固性树脂，因其卓越的性能而被广泛应用于国民经济众多领域，被誉为"第五大塑料"。但其高温下不耐水解，亦不耐碱性介质。

聚氨酯由异氰酸酯（单体）与多元醇经催化聚合而成。常用的单体有甲苯二异氰酸酯

（TDI）、二苯甲烷二异氰酸酯、己二异氰酸酯（HMDI）等；多元醇有简单多元醇（乙二醇、丙三醇、丁二醇等）、含末端羟基的聚酯低聚物（如 PPG）和含末端羟基的聚醚低聚物等几大类；催化剂为叔胺（三亚乙基二胺、N-甲基吗啉、三乙胺）。聚氨酯泡沫塑料通常是由异氰酸酯和多羟基聚酯（或聚醚）树脂在少量水存在下，加入催化剂发泡生成的多孔型材料。聚合是按逐步聚合反应历程进行的，但它又具有加成反应不析出小分子的特点，因此又称为"聚加成反应"。聚氨酯泡沫常用预聚体法、半预聚体法和一步法制备。相关反应如下：

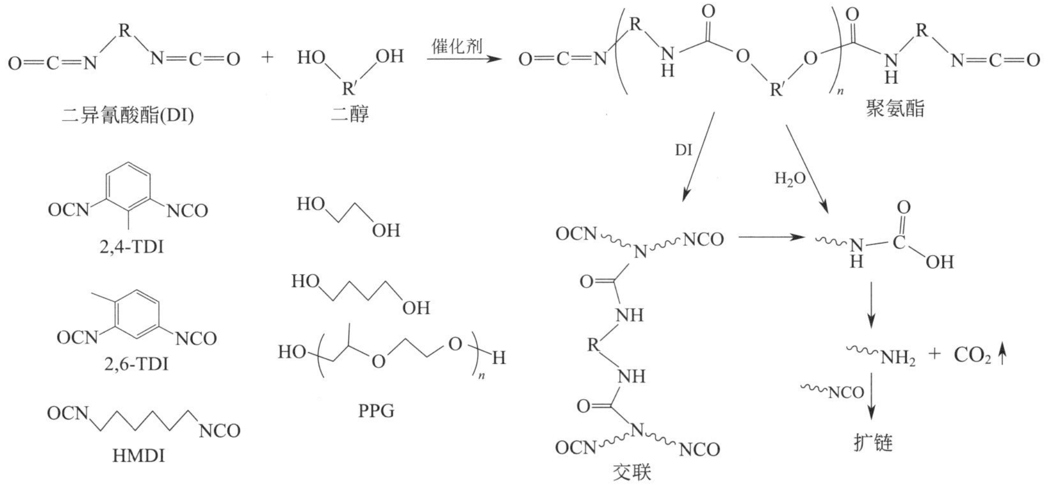

本实验采用预聚体法：①由二异氰酸酯与聚醚或聚酯、多元醇反应生成含异氰酸酯端基的聚氨酯预聚体。②气泡的形成与扩链。异氰酸根与水反应生成的氨基甲酸不稳定，分解生成胺与 CO_2，放出的 CO_2 气体在聚合物中形成气泡，并且生成的端氨基聚合物可与异氰酸根进一步发生扩链反应得到含脲基的聚合物。③交联固化。异氰酸根与脲基上的活泼氢反应，使分子链发生交联，形成网状结构。

（3）试剂与仪器

1,4-丁二醇、己二异氰酸酯（HMDI）、无水氯苯、聚酯（含羟基数为 60，如液态聚环氧丙烷乙二醇）、二异氰酸甲苯（2,4-TDI/2,6-TDI＝80/20）、N,N-二甲基苄胺、非离子表面活性剂 50％水溶液、十二烷基硫酸钠水溶液、二甲基硅油（聚二甲基硅氧烷）（上述试剂均为分析纯）、蒸馏水。

三颈烧瓶（500mL）、烧杯（50mL）、移液管、广口试剂瓶（100mL）、球形冷凝器（300mm）、温度计（200℃）、带有干燥剂的干燥管、电动搅拌器、抽滤装置、水蒸气蒸馏装置、塑料杯（250mL）、搅拌用木棒、大纸袋、干燥箱、天平。

（4）实验步骤

实验"①线型聚氨酯粉末的合成"与"②柔性聚氨酯泡沫的制备"相互独立，可选做。

① 线型聚氨酯粉末的合成

a. 试剂纯化：1,4-丁二醇、己二异氰酸酯、氯苯在使用前需要进行脱水、纯化处理。

b. 在干燥的三颈烧瓶上安装电动搅拌器、温度计、接有干燥管和 N_2 入口的回流冷凝器。加入纯化的 1,4-丁二醇 22.5g（0.25mol）、纯化的己二异氰酸酯（HMDI）42g（0.25mol）、无水氯苯 125mL。排出空气，充满氮气，在缓缓通入氮气流下，缓慢地升高油浴温度。浑浊的反应混合物在 95℃时会突然变得澄清，此时，体系温度会快速升高（有时会高于油浴温度）。15min 后溶液开始回流（132℃），轻微浑浊现象出现（通过瓶壁蓝色边缘辨别），并逐步加强。最后，生成沙粒状高分子量聚氨酯，继续加热 15min 后完成反应，冷却，抽滤分离出聚氨酯粉末。

c. 吸附在聚氨酯上的残余氯苯，最好通过水蒸气蒸馏去除。得到白色聚氨酯粉末约 62g（96%），熔点为 181～183℃，可溶于间苯二酚和甲酰胺。

② 柔性聚氨酯泡沫的制备

在 250mL 塑料杯中，加入 10g 的聚酯（含羟基数为 60）、3.5g 二异氰酸甲苯，用木棒充分混合 1min。然后，将 N,N-二甲基苄胺（0.1g）、非离子表面活性剂 50% 水溶液（0.2g）、十二烷基硫酸钠水溶液（0.1g）、二甲基硅油（0.025g）及水（1g）的混合物，在剧烈搅拌下加入。1min 后膨胀得到泡沫。20～30min 后（根据环境空气条件有所变化），聚氨酯泡沫表面不再发黏。1d 后，柔性泡沫（总体积约 150cm³）可从烧杯中取出，并能承受压力。

注意：柔性聚氨酯泡沫主要用于床垫、室内装潢及包装材料。

（5）实验数据记录

实验名称：____聚加成反应制备聚氨基甲酸酯泡沫塑料____

姓名：_____ 班级组别：_____ 同组实验者：_____

实验日期：__ 年 __ 月 __ 日；室温：____℃；湿度：____；评分：____

（一）线型聚氨酯粉末的合成

原料用量：_____；聚合温度：__℃；聚合时间：____h；聚氨酯产量：____（产率：____）

（二）柔性聚氨酯泡沫的制备

原料用量：____；产量：____（产率：____）

（6）问题与讨论

① 聚氨酯泡沫塑料的软硬由哪些因素决定？如何保证均匀的泡孔结构？

② 泡沫塑料的密度与什么因素有关？若生产中使用过量的水，对泡沫塑料有何影响？

实验 6-5 开环聚合制备尼龙-6

（1）实验目的

① 掌握尼龙-6 的制备方法。

② 了解双功能基单体缩聚和开环聚合的特点。

（2）实验原理与相关知识

聚酰胺（polyamide，PA）树脂是具有许多重复酰胺基团（—CONH—）的线型热塑性树脂的总称，由二元酸与二元胺缩聚，氨基酸缩聚，或开环聚合而得。PA 俗称尼龙（nylon），用作纤维时称为锦纶、耐纶。聚酰胺链段中带有极性酰胺基团，能够形成氢键，结晶度高，力学性能优异、坚韧、耐热、耐磨、耐溶剂和耐油等，能在 −40～100℃ 使用。其缺点是吸水性较大，尺寸稳定性较差。为方便起见，根据合成单体中的碳原子数来表示 PA 组成，主要包括 PA6、PA66、PA11、PA610、PA1010 等系列产品。其中，PA6 和 PA66 为主导产品。PA6（尼龙-6）由于具有突出的易染色性和柔软耐磨性，不仅在工程上广泛使用，而且非常适合做印花织物和生活用品。

尼龙-6 的单体是己内酰胺，可以在高温下缩聚。己内酰胺聚合方法有水解聚合、阴离子聚合、阳离子聚合等，生产工艺有间歇聚合与连续聚合工艺。己内酰胺的开环聚合可在水或氨基己酸存在条件下进行，加 5%～10% 的 H_2O，在 250～270℃下开环缩聚是工业上制备尼龙-6 的方法。典型反应机理为：水使部分己内酰胺开环水解成氨基己酸。一些己内酰胺分子从氨基己酸的羧基取得 H^+，形成质子化己内酰胺，从而有利于氨端基的亲核攻击而开环。随后是—N^+H_3 上的 H^+ 转移给己内酰胺分子，再形成质子化己内酰胺。重复以上过程，分子量不断增加，最后形成高分子量聚己内酰胺，即尼龙-6。反应如下：

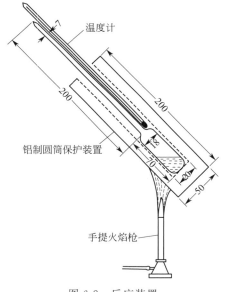

（3）试剂与仪器

ε-己内酰胺（单体，AR）、己二酸（分子量稳定剂，AR）、高纯氮、蒸馏水。

聚合管、手提火焰枪、铝制圆筒保护装置、恒温槽、温度计（300℃）、烧杯（50mL）、刻度吸管（10mL）、移液管（15mL）、真空泵、抽滤瓶、分析天平。

（4）实验步骤

① 己内酰胺开环聚合

在聚合管（或具导气/真空接口的厚壁耐压瓶）内，注入 5g 己内酰胺、60mg 己二酸，加入 60mg 蒸馏水（约 3 滴），将此聚合管抽气 5min 后熔封（对聚合管抽气必须完全彻底，否则聚合体会着色）。熔封后的聚合管装入铝制圆筒保护装置中，附温度计，用手提火焰枪加热（如图 6-2 所示，小心加热，为防止聚合管发生爆炸，必须注意铝制圆筒保护装置的前端），250℃反应 3h 使之聚合。聚合完毕后，取出聚合管，待冷却后开封。

称量开封后的聚合管质量，然后将它再放入铝制圆筒保护装置中，一面抽气，一面以 250℃加热 1h。此时，原先加入的水及残留单体会被蒸馏出来。继续一面抽气一面冷却，可得白色固体尼龙-6。称聚合管质量，求出反应期间馏出物质量。取出产物（必要时打破聚合管），用热水萃取聚合物，即可得尼龙-6。

图 6-2　反应装置

② 尼龙-6 的纯化

将上述所制得的尼龙-6 利用索氏提取器（Soxhlet）装置连续萃取提纯，以甲醇作为溶剂将未反应的单体或低聚合体溶出。

（5）实验数据记录

实验名称：＿＿＿＿＿＿开环聚合制备尼龙-6＿＿＿＿＿＿＿＿＿＿＿＿

姓名：＿＿＿＿＿＿＿＿　班级组别：＿＿＿＿＿＿＿＿　同组实验者：＿＿＿＿＿＿＿＿

实验日期：＿＿＿年＿月＿日；室温：＿＿℃；湿度：＿＿＿；评分：＿＿＿＿

聚合温度：＿＿℃；聚合时间：＿＿＿h；己内酰胺的加入量：＿＿＿＿＿＿＿＿；蒸馏水的量：

＿＿＿＿＿＿；己二酸的量：＿＿＿＿＿＿；尼龙-6 的产量：＿＿（产率：＿＿）

（6）问题与讨论

① 己内酰胺的合成方法有哪些？

② 水的添加量不同时，对聚合初期及末期反应的影响如何？

③ 在制备尼龙-6 过程中，哪些因素会对转化率产生影响？

实验 6-6　界面缩聚法合成尼龙-66

（1）实验目的

① 掌握尼龙-66 的合成方法，深入了解逐步聚合原理。

② 学习界面缩聚的基本原理和方法。

（2）实验原理与相关知识

缩聚反应一般是逐步进行的，生成聚合物的分子量随反应程度的增加而逐步增大。例如：二元胺/二元酸的缩聚合反应，其反应副产物为 H_2O，为了提高其反应程度，要设法除去残留在缩聚体系中的副产物，使平衡向形成高聚物的方向移动。缩聚通常是在 200℃ 以上慢慢进行，经过 5～15h 后才可获得高分子量的聚酰胺。工业生产尼龙-66 时，通常先在无氧封闭体系（二胺不会损失）中预缩聚，再于敞口体系高温下（260℃）除水，得到高分子量尼龙-66。

界面缩聚（interfacial polycondensation）是将两种互相作用而生成高聚物的单体分别溶于两种互不相溶的液体中（通常为水和有机溶剂），形成水相和有机相，当两相接触时，在界面附近迅速发生缩聚反应生成聚合物。界面缩聚有下列优点：①设备简单，操作容易；②常常不需要严格的等当量比；③可连续性获得聚合物；④反应快速；⑤常温聚合反应，无须加热。因此，界面缩聚是实验室合成缩聚物的常见方法。

界面聚合一般要求单体有很高的反应活性，实验室常用己二胺和己二酰氯作原料，通过界面缩聚制备尼龙-66。其中，酰氯在酸接受体存在下与胺的活泼氢起作用，属于非平衡缩聚反应。其反应特征为：己二胺水溶液为水相（上层），己二酰氯的四氯化碳溶液为有机相（下层），两者混合时，因氨基与酰氯的反应活性很高，在相界面上马上生成聚合物的薄膜。制备反应如下：

本实验首先将己二酸和二氯亚砜反应生成己二酰氯，再与己二胺缩聚成尼龙-66。

（3）试剂与仪器

己二酸（单体）、己二胺（单体）、$SOCl_2$（二氯亚砜、亚硫酰氯）、二甲基甲酰胺（DMF）、CCl_4、NaOH、盐酸（上述试剂均为分析纯）、蒸馏水、去离子水。

圆底烧瓶（50mL）、烧杯（250mL）、球形冷凝器（300mm）、直形冷凝器（300mm）、氯化钙干燥管、分液漏斗（250mL）、温度计（100℃）、接液管、量筒（100mL）、刻度吸管（10mL）、移液管（15mL）、广口试剂瓶（100mL）、油浴锅、真空泵、分析天平、HCl吸收装置、玻璃棒。

（4）实验步骤

① 己二酰氯的制备

在圆底烧瓶（50mL）中加入10g己二酸，然后滴加20mL $SOCl_2$，并加入2滴二甲基甲酰胺（催化剂）（生成大量气体）。在回流冷凝管上方装氯化钙干燥管，后接HCl吸收装置（二氯亚砜和氯化氢具有较强的刺激性，应注意防护），然后装在圆底烧瓶上。水浴加热，回流反应1h左右，直到没有HCl放出。然后将回流装置改为蒸馏装置，先利用温水浴，在常压下将过剩的$SOCl_2$蒸馏出。再将水浴再改为油浴（60～80℃），真空泵减压蒸馏至无$SOCl_2$析出。继续进行减压蒸馏，将己二酰氯完全蒸出。

② 尼龙-66的缩聚合成

在一个烧杯（250mL）中加入100mL水、4.64g己二胺和3.2g NaOH。在另一烧杯（250mL）中加入100mL精制的CCl_4（沸点为76.8℃，应在通风橱中反应，避免急性中毒）、3.66g新合成的己二酰氯。然后将己二胺水溶液沿玻璃棒缓慢倒入己二酰氯的CCl_4溶液中（注意保持烧杯内温度在10～20℃之间），可以看到在界面处形成一层半透明的薄膜，即尼龙-66。将产物用玻璃棒小心拉出，缠绕在玻璃棒上，直到反应结束。用3%的稀盐酸洗涤产品，再用去离子水洗涤至中性，真空干燥。用一玻璃棒蘸取少量缩聚物，试验是否能拉丝。若能拉丝，表明分子量已经很大，可以成纤。

（5）实验数据记录

实验名称：＿＿＿＿＿＿＿＿＿界面缩聚法合成尼龙-66＿＿＿＿＿＿＿＿＿

姓名：＿＿＿＿＿＿＿ 班级组别：＿＿＿＿＿＿＿＿ 同组实验者：＿＿＿＿＿＿＿＿

实验日期：＿＿年＿月＿日；室温：＿＿℃；湿度：＿＿＿＿；评分：＿＿＿＿

（一）己二酰氯的制备

聚合温度：＿＿℃；聚合时间：＿＿＿h；己二酸：＿＿＿＿＿＿；$SOCl_2$：＿＿＿＿＿＿；二甲基甲酰胺：＿＿＿＿＿＿；己二酰氯的产量：＿＿＿＿（产率：＿＿＿）

（二）尼龙-66的缩聚

己二胺：＿＿＿＿＿；氢氧化钠：＿＿＿＿＿＿；己二酰氯：＿＿＿＿＿；水：＿＿＿；产量：＿＿＿（产率：＿＿＿）

（6）问题与讨论

① 本实验成功的关键因素有哪些？

② 氯化钙干燥管的作用主要是什么？在本实验中，为什么需要用到此装置？

③ 若反应得到的产物分子量较小，如何来提高尼龙-66的分子量？

④ 是否可以直接使用己二酸为原料进行缩聚反应？查阅资料，寻找可替代的有机溶剂。

⑤ 比较界面缩聚与其他缩聚反应的异同。

⑥ 界面缩聚能否用于聚酯的合成？为什么？

实验 6-7 三聚氰胺与甲醛缩合制备蜜胺树脂

(1) 实验目的
① 学习三聚氰胺与甲醛缩合原理；了解蜜胺树脂的特点与用途。
② 掌握三聚氰胺-甲醛缩合制备蜜胺树脂的方法。

(2) 实验原理与相关知识
三聚氰胺甲醛树脂（melamine-formaldehyde resin，MF）又称蜜胺甲醛树脂、蜜胺树脂，是由三聚氰胺与甲醛在碱性条件下经过缩合反应合成的高分子材料，是氨基树脂的两大品种之一。三聚氰胺和甲醛缩合时，通过控制单体组成和反应程度先得到可溶性的预聚体，该预聚体以三聚氰胺的三羟甲基化合物为主，在 pH 8～9 时稳定。蜜胺树脂预聚体在室温下不固化，一般需要在热（130～150℃）和少量酸催化下进行固化（即进一步发生羟甲基之间的脱水聚合反应，形成交联聚合物），加工成型时发生交联反应，得到热固性树脂。固化后的树脂无色透明，在沸水中稳定，甚至可以在 150℃ 的高温下使用，具有自熄性、抗电弧性和良好的力学性能，可用于制造仿瓷餐具。反应如下：

本实验首先制备三聚氰胺-甲醛预聚物，进一步制备蜜胺树脂盒与层压蜜胺树脂板。

(3) 试剂与仪器
三聚氰胺、甲醛溶液（36%）、乌洛托品（六亚甲基四胺）、三乙醇胺、蒸馏水、NaOH。
三颈烧瓶（100mL）、电动搅拌器、回流冷凝管、温度计、加热浴、滤纸（或棉布）、恒温浴、滴管、量筒（50mL）、培养皿、镊子、光滑金属板、油压机、天平、玻璃棒、表面皿、烘箱。

(4) 实验步骤
注意：本实验由于有甲醛气体产生，所有反应必须在带有密闭气罩的通风橱中进行。
① 三聚氰胺-甲醛预聚物的合成
在三颈烧瓶（100mL，装配电动搅拌器、回流冷凝管、温度计和加热浴）中，加入 25mL 甲醛溶液和 0.06g 乌洛托品，搅拌使之充分溶解。搅拌下加入 15g 三聚氰胺，继续搅拌 5min 后，加热升温至 80℃ 开始反应。在反应过程中可明显观察到反应体系由浊转清，在反应体系转清后约 30min 开始测沉淀比。当沉淀比达到 2：2 时，加入 0.15g（2～3 滴）三乙醇胺，搅拌均匀后撤去热浴，停止反应，得到三聚氰胺-甲醛预聚体。
沉淀比测定：从反应液中吸取 2mL 样品，冷却至室温，搅拌下滴加蒸馏水，当加入 2mL 水使样品变浑浊时，并且经摇荡后不转清，则沉淀比达到 2：2。

反应终点的控制：将1滴反应液滴入一定温度的水中，若树脂液在水中呈白色云雾状散开时，说明达到反应终点；若呈透明状散开，说明未达到反应终点；形成白色颗粒状，则表明已超过反应终点，应立即加入氢氧化钠终止反应。

② 纸张的浸渍

a. 制备蜜胺树脂盒：将滤纸折叠为特定形状的纸盒，倒入预聚物，用玻璃棒小心将预聚物均匀涂覆于纸盒内表面。刮去多余的预聚物，纸盒放入表面皿，先在通风橱内晾至近干，进一步在80℃烘箱中烘干。冷却后取出，得到蜜胺树脂盒。

b. 制备层压蜜胺树脂板：将预聚物倒入干燥的培养皿中，将15张滤纸（或棉布）分张投入预聚物中1~2min，使浸渍均匀透彻，用镊子取出，用玻璃棒刮掉滤纸表面过剩的预聚物，用夹子固定在绳子上晾干。将晾干的纸张层叠整齐，放在预涂硅油的光滑金属板上，在油压机上于135℃、4.5MPa下加热15min（在热压过程中，可观察到大量气泡产生，是反应脱去的水蒸气所形成）。为预防树脂过度流失，宜逐步提高压力，并在每次增压前稍稍放气。打开油压机，冷却后取出，得到层压蜜胺树脂板。

③ 蜜胺树脂材料性能

a. 在所制备蜜胺树脂盒中，分别倒入25℃、50℃、90℃蒸馏水，观察其是否漏水，并测试其表面温度。

b. 所制备蜜胺树脂板具有坚硬、耐高温的特性，可测定其冲击强度。

（5）实验数据记录

实验名称：___三聚氰胺与甲醛缩合制备蜜胺树脂___

姓名：_____ 班级组别：_____ 同组实验者：_____

实验日期：____年__月__日；室温：____℃；湿度：____；评分：____

（一）预聚体的合成

制备条件：

（二）纸张的浸渍

蜜胺树脂盒的制备条件：

（三）蜜胺树脂的性能：

（6）问题与讨论

① 计算三聚氰胺与甲醛的质量比例，推测预聚体分子链结构。

② 本实验中，三乙醇胺和乌洛托品的作用分别是什么？

③ 调查哪些仿瓷餐具是用蜜胺树脂制作的；使用蜜胺餐具应注意什么？

参考文献

[1] Braun D，Cherdron H，Rehahn M，Ritter H，Voit B. Polymer Synthesis：Theory and Practice（5th Ed），Springer，ISBN 978-3-642-28979-8，Heidelberg，2013.

[2] 张兴英，李齐方. 高分子科学实验. 第2版. 北京：化学工业出版社，2007.

[3] 周诗彪，肖安国. 高分子科学与工程实验. 南京：南京大学出版社，2011.

[4] 沈新元. 高分子材料与工程专业实验教程. 第2版. 北京：中国纺织出版社，2016.

[5] Philippe Dubois. Handbook of ring-opening polymerization. Wiley-VCH Verlag GmbH & Co KGaA，2009：182.

[6] 梁晖，卢江. 高分子化学实验. 北京：化学工业出版社，2004.

（尹奋平，王艳，彭辉）

第7章 ▶▶ 高分子反应与组装实验

实验 7-1 聚乙酸乙烯酯的醇解反应制备聚乙烯醇

（1）实验目的

① 了解聚合物化学反应的基本特征；了解聚乙酸乙烯酯醇解反应特点。

② 掌握醇解法制备聚乙烯醇的方法；学习聚乙烯醇醇解度的测定方法。

（2）实验原理与相关知识

在食品、医学、化工等领域有广泛用途的水溶性高分子聚乙烯醇（polyvinyl alcohol，PVA），通常由聚乙酸乙烯酯（PVAc）醇解制取，而不能通过其理论单体乙烯醇（vinyl alcohol）的聚合来制备，因为乙烯醇容易发生烯醇互变异构化为乙醛。

与结构相同的小分子化合物的官能团相比，聚合物由于分子量高、多层次结构复杂、官能团活性较低，所以化学反应速率、转化率通常也会低于小分子化合物。PVAc 的醇解反应可以在酸或碱条件下进行，由于酸催化时残留的酸可能加速 PVA 的脱水反应，导致聚合物发黄或不溶于水。因此，工业上采用碱性醇解法制备聚乙烯醇，常用 NaOH 作催化剂，通过 PVAc 与 CH_3OH 之间的酯交换反应（醇解反应）制备 PVA：

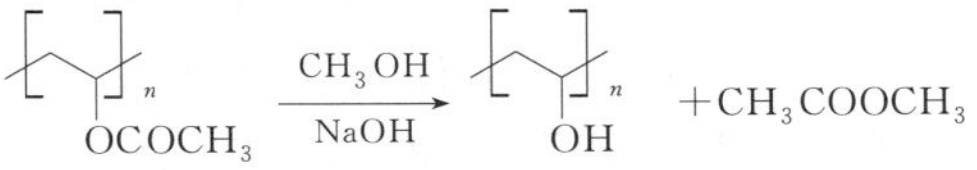

聚乙烯醇醇解度对乳化分散能力、起泡性、结团性等都有影响，因此准确分析其醇解度很有必要。工业上常用滴定法：将试样溶解在水中，加入定量 NaOH，与聚乙烯醇树脂中残留的乙酸酯反应。

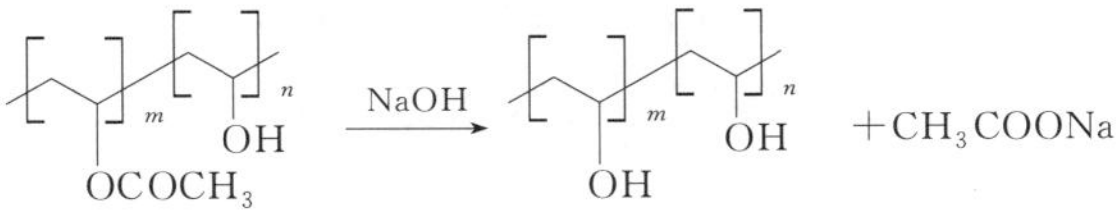

再加酸中和剩余碱，过量的酸用碱标准溶液滴定，计算出聚合物试样中残留乙酸根含量或醇解度。随着核磁共振（NMR）技术的普及，H NMR 可用于快速测定醇解度：

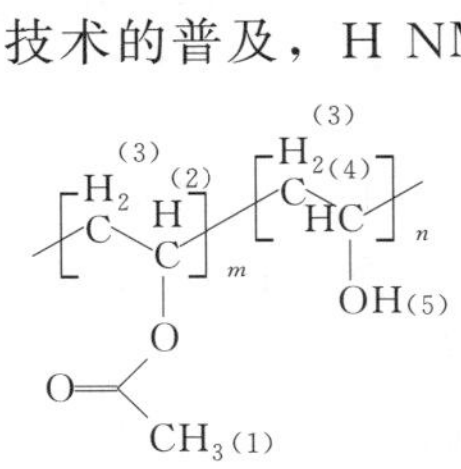

本实验用 NaOH 作催化剂，通过聚乙酸乙烯酯醇解反应制备聚乙烯醇。进一步采用滴定法、核磁共振氢谱法定量测定聚乙烯醇的醇解度。

（3）试剂与仪器

聚乙酸乙烯酯（实验 5-2 制备）、甲醇、NaOH/甲醇溶液（5%）、NaOH 水溶液（8%）、酚酞/乙醇溶液（10g/L）、NaOH 标准溶液（浓度为 1.000mol/L、0.500mol/L、0.100mol/L）、硫酸标准溶液（浓度为 0.500mol/L、0.100mol/L）、蒸馏水、酚酞。

磨口锥形瓶（500mL）、球形冷凝管（300mm）、温度计（100℃）、滴液漏斗（100mL）、集热式磁力搅拌器、水浴、酸式滴定管、碱式滴定管（25mL、50mL，最小刻度 0.1mL）、量筒（25mL、250mL）、移液管（5mL、25mL）、核磁共振氢谱仪、DMSO-d6（氘代试剂）、分析天平、表面皿。

（4）实验步骤

① 醇解法制备聚乙烯醇（PVA）

a. 在磨口锥形瓶中加入 15g 干燥的聚乙酸乙烯酯、100mL 甲醇，搅拌，加热回流，使聚合物 PVAc 充分溶解。然后冷却至 30℃，用滴液漏斗缓慢滴加（约 0.5 滴/s）15mL NaOH/甲醇溶液（5%），控制反应温度不超过 45℃。

b. 当醇解度达到 60% 时，聚合物从溶解状态转变为不溶解状态，体系出现胶团（应仔细观察反应体系，当胶团出现时要加速搅拌，打碎胶团，以免胶团内部的聚合物因无法与试剂接触而不能充分醇解）。1.5h 后再加入 10mL NaOH/甲醇溶液，继续搅拌反应 0.5h，之后升温至 65℃，继续反应 1h。

c. 反应结束后，将产品聚乙烯醇抽滤分离，依次用蒸馏水、甲醇各洗涤三次（15mL/次）。产品 PVA 放在表面皿上，分散开，50℃ 真空干燥至恒重。

② 滴定法测定聚乙烯醇（PVA）的醇解度

根据国标（GB/T 12010.2—2010）测定方法：称取 PVA 试样 1.000g（准确至 1mg），移入锥形瓶内，加入 200mL 蒸馏水、三滴酚酞。加热，使试样溶解（若 PVA 溶液呈碱性，则加入 5.00mL 0.1mol/L 硫酸标准溶液；在试样溶解过程中，锥形瓶要敞开，让挥发性有机物逸出）。取下锥形瓶，冷却后用 NaOH 标液（1.000mol/L）滴定至粉红色。再准确加入 20.00mL NaOH 标液（0.500mol/L），盖紧瓶塞，充分摇匀。室温下放置 2h 后准确加入 20.00mL 硫酸标液（0.500mol/L）中和，过量的硫酸用 NaOH 标液（0.100mol/L）滴定至粉红色，30s 内不褪色为终点，记录滴定试样消耗的 NaOH 标液体积。同时，用 200mL 蒸馏水做空白实验，记录滴定空白消耗的 NaOH 标液体积。

a. 记录试样质量（m，g），滴定空白消耗的 NaOH 标液体积（V_0，mL），滴定试样消耗的 NaOH 标液体积（V_3，mL）。残留乙酸根含量（x_4，%）、聚乙烯醇试样纯度（x_5）按式(7-1)、式(7-2)进行计算：

$$x_4 = \frac{0.06005(V_3 - V_0)c}{mx_5} \times 100 \tag{7-1}$$

$$x_5 = 100 - (x_1 + x_2 + x_3) \tag{7-2}$$

式中，c 为 NaOH 标液浓度，mol/L；0.06005 为与 1.00mL NaOH 标液（$c_{NaOH} = 1.000mol/L$）相当的以克表示的乙酸的质量；x_1 为挥发分，%；x_2 为 NaOH 含量，%；x_3 为乙酸钠含量，%。x_1、x_2、x_3 需按国标方法 GB/T 12010.2—2010《塑料 聚乙烯醇材料（PVAL）第 2 部分：性能测定》测定。为节约时间，本实验假定挥发分、NaOH 和乙酸钠已在醇解后被蒸馏水和甲醇洗涤除去，这三项数值为零。

b. 醇解度（x_6，%）（mol/mol）按下式计算：

$$x_6=\frac{已醇解量}{纯试样量}\times100=100-\frac{未醇解量}{纯试样量}\times100=100-\left[\frac{\dfrac{x_4}{60.05}}{\dfrac{x_4}{60.05}+\dfrac{100-\dfrac{x_4}{60.05}\times86.09}{44.05}}\right]\times100$$

$$(7\text{-}3)$$

式中，60.05 为乙酸的摩尔质量，g/mol；86.09 为聚乙酸乙烯酯链节的摩尔质量，g/mol；44.05 为聚乙烯醇链节的摩尔质量，g/mol。

③ 定量核磁共振氢谱法测聚乙烯醇醇解度

称取 2mg 聚乙烯醇样品，放入核磁管中，加入适量 DMSO-d6 溶剂使样品完全溶解。测定溶液 ^{1}H NMR 谱图，内标为 TMS。

注意：醇解产物聚乙烯醇的结构中主要含乙酸乙烯酯与乙烯醇两个结构单元。以 303K 时的氢谱（^{1}H NMR）为例，除溶剂 DMSO 质子峰、TMS 质子峰和残余水峰外，其他各谱峰分别对应 PVA 中各类质子：δ 2.05 为乙酸乙烯酯单元中 CH_3 质子（H_1），δ 5.20~4.70 为乙酸乙烯酯单元中 CH 质子（H_2），δ 3.98~3.35 为乙烯醇单元中 CH 质子（H_4），δ 4.70~4.00 为乙烯醇单元中 OH 质子（H_5），δ 1.90~1.10 为 CH_2 质子（H_3）。在 ^{1}H NMR 中，当参数设置合理时，化学环境不同的 H 峰面积只与 H 原子数目成正比，因此在不需引入任何校正因子的情况下，即可直接采用共振峰的面积代表相应的氢原子相对数目。假定乙酸乙烯酯单元中 CH 质子峰（H_2）的积分面积为 a，乙烯醇单元中 CH 质子峰（H_4）的积分面积为 b，则根据定义，聚乙烯醇的醇解度（x_6）等于试样中乙烯醇单元的摩尔分数（%），即

$$x_6=\frac{100b}{a+b} \qquad (7\text{-}4)$$

(5) 实验数据记录

实验名称：＿＿＿聚乙酸乙烯酯的醇解反应制备聚乙烯醇＿＿＿

姓名：＿＿＿＿＿＿　班级组别：＿＿＿＿＿＿　同组实验者：＿＿＿＿＿＿

实验日期：＿＿年＿＿月＿＿日；室温：＿＿℃；湿度：＿＿；评分：＿＿

（一）聚乙酸乙烯酯的醇解

聚乙酸乙烯酯：＿＿g；甲醇：＿＿mL；温度：＿＿℃；5% NaOH/甲醇溶液：＿＿mL

（二）滴定法测定聚乙烯醇醇解度及计算

V_0：＿＿mL；V_3：＿＿mL；x_5：＿＿；c：＿＿mol/L；残留乙酸根含量（x_4）：＿＿%；醇解度（x_6）：＿＿%（mol/mol）

（三）定量核磁共振氢谱法测定醇解度及计算

化学位移 δ_{DMSO}：＿＿；δ_{TMS}：＿＿；δ_{H_2O}：＿＿；不同环境 H 的化学位移：＿＿（峰面积 A：＿＿）；醇解度（x_6）：＿＿

(6) 问题与讨论

① 聚乙烯醇的醇解度（PVAc 的转化率）一般有 78%、88%、98% 三种水平，如"聚乙烯醇 1788"表示聚合度为 1700，醇解度为 88%。查阅资料，了解相关规则。

② 查阅资料，总结在实际生产、生活中常用的 PVA 产品。

③ 影响醇解度的因素有哪些？实验中需要控制哪些因素才能获得较高的醇解度？

④ 采用定量核磁共振氢谱计算醇解度，可否使用乙烯乙酸酯单元的甲基氢质子积分面积计算？请写出计算公式。

实验 7-2 聚乙烯醇的甲醛化反应合成胶水

(1) 实验目的

① 掌握由聚乙烯醇制备聚乙烯醇缩甲醛胶水的方法。

② 了解聚乙烯醇与甲醛的缩合反应机理。

(2) 实验原理与相关知识

聚乙烯醇（PVA）因水溶性很好，使其实际应用受到限制。将 PVA 分子中含有的大量羟基，通过醚化、酯化、缩醛化等化学反应来减小羟基含量，从而可降低水溶性，增加实际应用价值，如可用作胶黏剂、海绵等。合成胶水又称有机胶水，用于文化办公用品的市售合成胶水主要有聚乙烯醇类、聚丙烯酰胺等。聚乙烯醇类胶水由聚乙烯醇（PVA）和适量甲醛（CH_2O）缩合后得到聚乙烯醇缩甲醛（PVF）。聚乙烯醇缩甲醛胶水最初只是代替糨糊及动植物胶、文具胶等来使用，20 世纪 70 年代开始用于民用建设，此后又应用于壁纸、玻璃、瓷砖等的粘贴，目前作为胶黏剂也广泛应用于内外墙涂料、水泥地面涂料的基料等。

PVA 与甲醛在 H^+ 的催化作用下发生缩合反应得到 PVF：

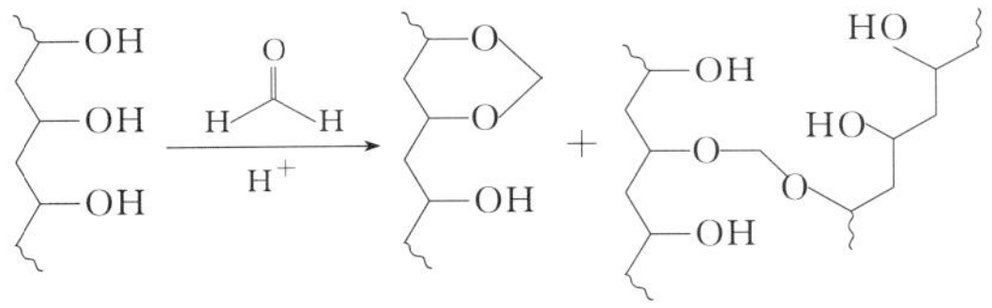

一般来说，聚合度增大，水溶液黏度增大，成膜后的强度和耐溶剂性提高。缩合反应是分步进行：

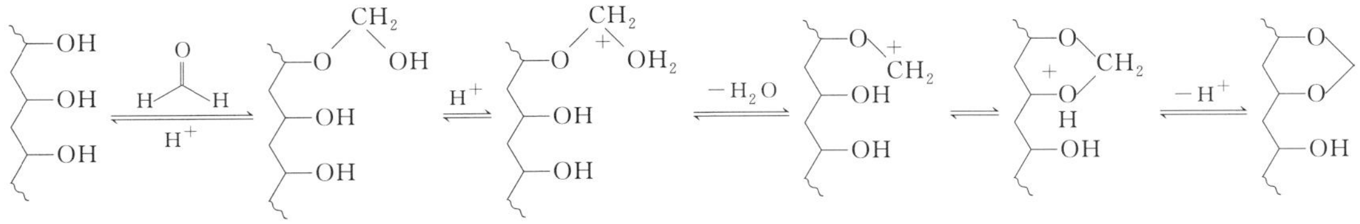

甲醛在 H^+ 存在下质子化，首先与聚乙烯醇羟基加成形成半缩醛，然后，半缩醛羟基在 H^+ 作用下脱水转化成碳正离子，碳正离子继续与羟基作用得到缩醛。

在制备聚乙烯醇缩甲醛（PVF）时，控制缩醛度在较低水平，分子中含有大量羟基、乙酰基和醛基，具有较强的胶黏性，可用于涂料、胶黏剂，用来粘接金属、木材、皮革、玻璃、陶瓷、橡胶等。控制缩醛度在 35% 左右，得到具有较好耐水性和力学性能的维尼纶纤维，又称为"合成棉花"。

本实验通过聚乙烯醇的甲醛化反应制备合成胶水，即聚乙烯醇缩甲醛胶水。

(3) 试剂与仪器

聚乙烯醇（实验 7-1 制备）、甲醛水溶液（37%）、盐酸溶液（2.4mol/L）、NaOH 水溶液（8%）、去离子水。

三颈烧瓶（250mL）、电动搅拌器、加热浴、锥形瓶（1000mL）、温度计（200℃）、量筒（25mL）、移液管（1mL、5mL）、天平、纸板、木板。

（4）实验步骤

① 在 250mL 三颈烧瓶中加入 8g 聚乙烯醇（PVA）、68g 去离子水，水浴加热至 95℃，搅拌。待聚乙烯醇全部溶解后，将温度降至 85℃，加入 2.4mol/L 盐酸溶液 0.5mL，调节反应体系的 pH 值约为 1～3，再加入 3mL 甲醛水溶液（37%），维持 90℃搅拌反应 40～60min。体系逐渐变稠，可取少许用纸试验其粘接性。当有满意的粘接性后立即加入 1.5mL 8% 的 NaOH 溶液，冷却后将无色透明黏稠的液体从三颈烧瓶中倒出，即得聚乙烯醇缩甲醛胶水。

② 分别取两片纸张、木板，测试所制备聚乙烯醇缩甲醛胶水的黏合性能，并与市售胶水进行对比。

（5）实验数据记录

实验名称：____聚乙烯醇的甲醛化反应合成胶水_____

姓名：_____ 班级组别：_____ 同组实验者：_____

实验日期：____年____月____日；室温：____℃；湿度：____；评分：____

聚乙烯醇：____ g　　　　　　去离子水：_____mL

盐酸溶液（1∶4）：_____mL　　8% NaOH 溶液：_____mL

胶水 pH 值：_____　　　　胶水色泽：_____

（6）问题与讨论

① 如何加速聚乙烯醇的溶解？

② 实验最后加入 NaOH 的作用是什么？

③ 工业上生产胶水时，为了降低游离甲醛的含量，常在 pH 值调整至 7～8 后加入少量尿素，发生脲醛化反应。请写出脲醛化反应的方程式。

④ 由于 PVF 胶水中含有缩甲醛单元，在一定条件下会游离出甲醛分子，引起居室内甲醛超标，因此环保胶的开发受到关注。请查阅资料，了解聚乙烯醇环保胶的主要原料与结构组成。

实验 7-3　乙酰化改性合成乙酸纤维素

（1）实验目的

① 加深对聚合物化学反应原理的理解。

② 掌握乙酸纤维素的合成技术。

（2）实验原理与相关知识

葡萄糖（D-Glu）是一个六碳糖，其第 5 个碳原子上的羟基与醛基形成半缩醛，产生两种构型，即 β-葡萄糖（β-D-Glu）和 α-葡萄糖（α-D-Glu）。其中，β-葡萄糖最稳定。葡萄糖构成了两类重要的天然高分子，即纤维素与淀粉。由 β-葡萄糖分子间通过 1,4-苷键缩合而成的纤维素（cellulose），是大自然在长期的进化过程中筛选出来的最稳定多糖类化合物。淀粉（starch）的结构单元则是 α-葡萄糖。D-葡萄糖链式结构、环式结构及与淀粉、纤维素的关系见图 7-1。

纤维素是最丰富、可再生的资源，然而，其分子内与分子之间强烈的氢键限制了大量的

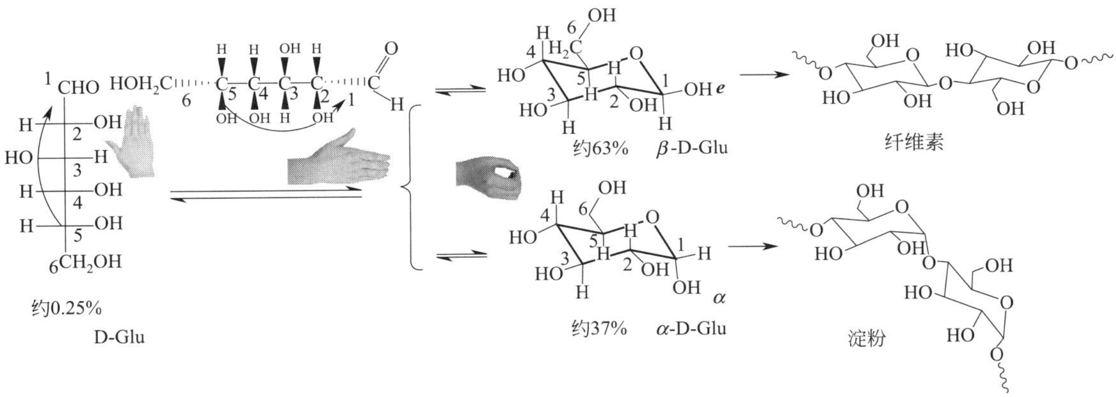

图 7-1　D-葡萄糖链式结构、环式结构及与淀粉、纤维素的关系

应用。通过改性，不但能够破坏其氢键，提高溶解性，而且能赋予其功能。

纤维素高分子链上有大量羟基（—OH），链之间容易生成氢键，使高分子链间有很强作用力，从而不溶于有机溶剂，加热亦难熔化，从而限制了其应用。难溶于有机溶剂的纤维素，若通过羟基乙酰化改性（图 7-2），减少高分子链间氢键作用，使它可溶于丙酮或其他有机溶剂，从而扩展其应用范围。由于葡萄糖单元上有三个羟基，乙酸纤维素（cellulose acetate，CA）的结构与性质因其乙酰基含量的不同而有较大差异，纤维素结构单元的每个羟基若都酰化就是三乙酸纤维素，它溶于二氯甲烷和甲醇混合溶剂，不溶于丙酮。若 2.5 个羟基酰化，产物就是常见的乙酸纤维素，溶于丙酮，用处最大。

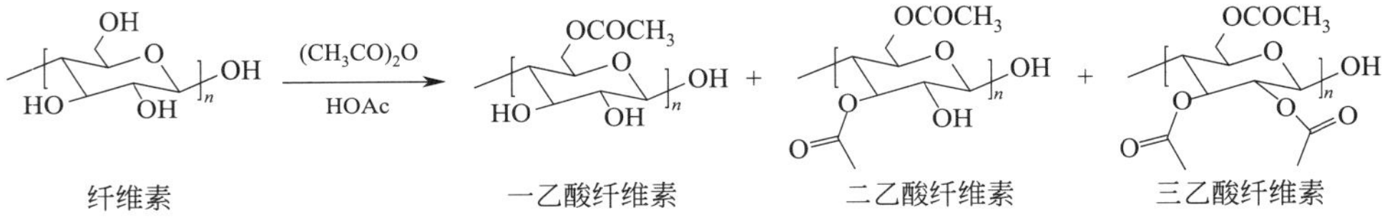

图 7-2　乙酸纤维素的乙酰化改性

本实验以乙酸酐为乙酰化试剂，乙酸为催化剂，合成乙酸纤维素。

(3) 试剂与仪器

脱脂棉、乙酸酐、冰醋酸、乙酸溶液（80％）、浓硫酸、丙酮、苯、甲醇、水。

烧杯（100mL）、培养皿（或表面皿）、玻璃棒、吸滤瓶、布氏漏斗、水浴锅、温度计、天平、移液管。

(4) 实验步骤

① 纤维素的乙酰化改性

将 2.5g 脱脂棉放入烧杯（100mL），加入 17.5mL 冰醋酸、12.5mL 乙酸酐，将棉花浸润后滴加 0.1mL（2～3 滴）浓硫酸。盖上培养皿（或表面皿），于 50℃ 水浴加热。每隔 15min 用玻璃棒搅拌，使纤维素酰基化。约 1.5～2h 后，反应物成均相糊状物，说明棉花纤维素的羟基均被乙酸酐酰化，用它分离出三乙酸纤维素和制备二乙酸纤维。

② 三乙酸纤维素的分离

取上述糊状物的一半倒入另一烧杯，加热至 60℃，搅拌下，慢慢加入 6.3mL 已预热至 60℃ 的乙酸溶液（80％），以破坏过量的乙酸酐（不要加太快，以免三乙酸纤维沉淀出来）。

保持温度（60℃）15min，搅拌下慢慢加入 6.3mL 水，再以较快速度加入 50mL 水，松散的白色三乙酸纤维素即沉淀出来。抽滤，滤出的三乙酸纤维素分散于 75mL 水中，倾去上层水，并反复洗至中性。再滤出三乙酸纤维素，用瓶盖将水压干，于 105℃ 干燥，称重。

三乙酸纤维素产物溶于二氯甲烷-甲醇混合溶剂（9∶1，体积比）中，不溶于丙酮及沸腾的苯-甲醇混合溶剂（1∶1，体积比）。

③ 二乙酸纤维素的分离

将另一半糊状物加热至 60℃。准备 12.5mL 乙酸溶液（80%），加入 0.035mL（1～2滴）浓硫酸，预热至 60℃。在搅拌下慢慢倒入糊状物，于 80℃ 水浴加热 2h，使三乙酸纤维素部分水解。之后的加水、洗涤、抽滤等操作与三乙酸纤维素制备相同，得到二乙酸纤维素。

二乙酸纤维素产物溶于丙酮及 1∶1 苯-甲醇混合溶剂。

（5）实验数据记录

实验名称：＿＿＿乙酰化改性合成乙酸纤维素＿＿＿＿＿＿＿＿＿＿＿＿＿＿＿＿＿＿＿

姓名：＿＿＿＿＿＿＿＿　班级组别：＿＿＿＿＿＿＿＿＿＿　同组实验者：＿＿＿＿＿＿＿＿＿

实验日期：＿＿＿年＿＿月＿＿日；室温：＿＿＿℃；湿度：＿＿＿＿；评分：＿＿＿＿＿＿

（一）纤维素的乙酰化

脱脂棉：＿＿＿g；冰醋酸：＿＿＿mL；浓硫酸：＿＿＿mL；温度：＿＿＿℃；乙酸酐：＿＿＿mL

（二）三乙酸纤维素的分离

三乙酸纤维素：＿＿＿＿＿＿＿g

（三）二乙酸纤维素的分离

二乙酸纤维素：＿＿＿＿＿＿＿g

（6）问题与讨论

① 乙酸纤维素最早用作照相胶片的片基，它还有哪些用途？

② 计算本实验的产率，并列出溶解度实验结果。

实验 7-4　羧甲基纤维素钠的合成

（1）实验目的

① 学习多糖羧甲基化的原理和方法；了解羧甲基纤维素钠取代度的测定方法。

② 掌握羧甲基纤维素钠合成技术；了解其羧基结构性能特点和应用领域。

（2）实验原理与相关知识

纤维素（cellulose）是自然界蕴藏量最丰富的天然高分子，是人类最宝贵的天然可再生资源，由 D-葡萄糖以 β-1,4-糖苷键组成。纤维素分子式为 $(C_6H_{10}O_5)_n$（$n=300～15000$），不溶于水及一般有机溶剂。改性是改变其结构、性质及拓展应用领域的有效方法。羧甲基纤维素钠（CMCNa）是纤维素在碱性条件下，以氯乙酸（$ClCH_2COOH$）为改性剂，脱去 HCl 后形成醚键（O—C）的一种纤维素衍生物（图 7-3），是一种阴离子型水溶性的纤维素醚。CMCNa 无嗅无味、无毒、生物相容、对光热稳定，溶于水形成中性或微碱性透明溶液，黏度随温度升高而降低，有增稠、成膜、黏结、水分保持、胶体保护、乳化及悬浮等作用，用途非常广泛。

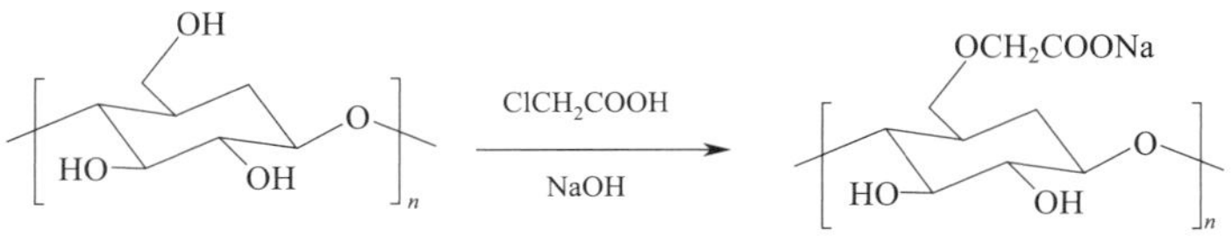

图 7-3　羧甲基纤维素钠的合成

羧甲基纤维素钠的生产方法，根据反应介质可分为水媒法、溶媒法两大类。其中，溶媒法副反应少（有机溶剂在反应过程中传热迅速、传质均匀，可有效减少纤维素的水解逆反应），醚化剂利用率高，所得到的产品纯度高、黏度高，主要用于生产高品质的羧甲基纤维素产品。CMCNa 的技术指标主要有聚合度（DP）、取代度、纯度、含水量及水溶液的黏度、pH 值等。取代度（DS）是指每个纤维素大分子葡萄糖环上的羟基被羧甲基取代的平均数目。作为关键指标，决定了 CMCNa 的性质和用途，如：取代度提高，水溶性、黏度及抗盐性能也有所提高。在食品工业中，相关标准要求食品添加剂羧甲基纤维素钠产品中取代度范围为 0.20~1.50。

本实验以溶媒法制备羧甲基纤维素钠（CMCNa），并测定其取代度（DS）。

（3）试剂与仪器

纤维素、异丙醇、甲醇、乙醇、氢氧化钠、一氯乙酸、乙酸、蒸馏水、$CuSO_4$ 溶液（0.05mol/L）、EDTA 标准溶液（0.05mol/L）、NH_4Cl 缓冲溶液（pH＝5.2，10g NH_4Cl 溶于 1L 水中）、紫脲酸铵指示剂（0.1g 紫脲酸铵与 10g NaCl 研匀）、盐酸溶液。

三颈烧瓶（250mL）、电动搅拌器、锥形瓶（100mL）、烧杯（100mL）、温度计（200℃）、量筒（20mL）、容量瓶（250mL）、移液管、滴定管、天平。

（4）实验步骤

① 羧甲基纤维素钠（CMCNa）的制备

在带有搅拌加热装置的三颈烧瓶（250mL）中，依次加入 10.00g 纤维素、20mL 异丙醇。充分搅拌 10min，升温至 35℃后，加入 3.37g NaOH。继续搅拌 45min 后，依次加入 14mL 一氯乙酸的异丙醇溶液（5.77mol/L）和 3.16g NaOH。升温至 45℃后，反应 100min。然后，用乙酸中和反应混合物，并用 80%甲醇水溶液洗涤至无氯离子为止，过滤后 50℃真空干燥至恒重，得到羧甲基纤维素钠（CMCNa），计算产量、产率。

② CMCNa 取代度（DS）的测定

准确称取 0.5000g 羧甲基纤维素样品于 100mL 烧杯中，加入 1mL 乙醇，湿润样品后，再加入 50mL 水和 20mL NH_4Cl 缓冲溶液，用 0.1mol/L HCl 或 0.1mol/L NaOH 溶液将聚合物溶液 pH 值调节至 7.5~8.0。然后，将溶液转移至 250mL 容量瓶中，准确加入 50.00mL $CuSO_4$ 溶液，摇匀，放置 15min。稀释至刻度，过滤，准确量取滤液 100.00mL，用紫脲酸铵作指示剂，用 EDTA 标准溶液滴定至终点（黄色变成紫色）。相同条件下，滴定硫酸铜空白溶液。

记录滴定硫酸铜所消耗 EDTA 标准溶液的体积（V_b，mL），滴定滤液所消耗 EDTA 标准溶液的体积（V_c，mL），EDTA 标准溶液的浓度（c，mol/L）。按下式计算 —CH_2COONa 物质的量（n_{-CH_2COONa}）和取代度（DS）：

$$n_{-CH_2COONa} = (V_b - V_c)c \times 2 \times 2.5 \tag{7-5}$$

$$DS=\frac{162n_{-CH_2COONa}}{(1-W_{water})M_{CMCNa}-80n_{-CH_2COONa}} \tag{7-6}$$

式中，c 为 EDTA 标准溶液的浓度，mol/L；2 为羧甲基纤维素钠和 EDTA 分别与 Cu^{2+} 络合的物质的量之比；2.5 为羧甲基纤维素钠溶液体积（250.00mL）与滴定滤液体积（100.00mL）之比；W_{water} 为羧甲基纤维素钠的含水量，%；M_{CMCNa} 为羧甲基纤维素钠样品的质量，g；80 为脱水葡萄糖单元上一个羟基被—CH_2COONa 基团取代净增的摩尔质量；162 为脱水葡萄糖单元的摩尔质量。

（5）实验数据记录

实验名称：＿＿＿＿羧甲基纤维素钠的合成＿＿＿＿

姓名：＿＿＿＿＿＿＿＿＿　班级组别：＿＿＿＿＿＿＿＿＿　同组实验者：＿＿＿＿＿＿＿＿

实验日期：＿＿＿年＿＿＿月＿＿＿日；室温：＿＿＿℃；湿度：＿＿＿；评分：＿＿＿＿

（一）羧甲基纤维素钠（CMCNa）的制备

纤维素：＿＿＿g；各试剂（异丙醇、甲醇、一氯乙酸、氢氧化钠等）加入量：＿＿＿＿＿；温度：＿＿＿℃；时间：＿＿＿min；羧甲基纤维素钠：＿＿＿g（收率：＿＿＿%）

（二）取代度（DS）测定及计算

V_b：＿＿＿mL；V_c：＿＿＿mL；c：＿＿＿mol/L；W_{water}：＿＿＿%；M_{CMCNa}：＿＿＿g；n_{-CH_2COONa}：＿＿＿mol；DS：＿＿＿＿＿＿

（6）问题与讨论

① 本实验采用铜盐沉淀法测定羧甲基纤维素钠的取代度。查阅资料，列举取代度测定的常用其他方法（至少两种），并说明其测定原理（含铜盐沉淀法）。

② 改性纤维素，除乙酸纤维素（CA）、羧甲基纤维素（CMC）之外，还有甲基纤维素（MC）、乙基纤维素（EC）、羟乙基纤维素（HEC）、羟丙基纤维素（HPC）等，请查阅它们的合成方法。

实验 7-5　纤维素区位选择接枝聚合物的合成

（1）实验目的

① 学习纤维素区位选择接枝技术；学习纤维素接枝聚合技术。

② 熟悉 ATRP 聚合技术；学习多糖类天然高分子的保护与脱保护技术。

（2）实验原理与相关知识

纤维素以其优良的可再生性与生物循环性被认为是世界上最有潜力的"绿色"材料之一。纤维素本身具有无毒无害、价格便宜、产量巨大的特点。但其自身也有熔点高、分解温度较低、溶解性差的缺点。通过接枝聚合，引入不同类型聚合物链，改善纤维素的不利因素，也可赋予其刺激（如温度、酸度、光、氧化还原）响应性；所制备的纤维素接枝共聚物也可以进一步进行自组装成胶束、微囊等聚集体，使其能够广泛应用。

纤维素接枝聚合物的合成方法有如下几种：

① 在引发剂（辐射）引发下，乙烯基单体聚合，典型引发剂有：氧化还原引发剂，如硝酸铈铵 [（NH_4）$_2Ce(NO_3)_6$]、硫酸铈铵、硫酸铈（Ⅳ）、Fenton 试剂（Fe^{2+}/H_2O_2）、乙酰丙酮钴（Ⅲ）配合物、Co(Ⅱ)-KS_2O_8、Na_2SO_3-（NH_4）$_2S_2O_8$ 等；自由基产生剂，如

偶氮二异丁腈（AIBN）、$K_2S_2O_8$（KPS）、$(NH_4)_2S_2O_8$（APS）、过氧化苯甲酰（BPO）等。其中氧化还原引发体系可在较低温度下进行，反应主要发生在纤维素的非晶区域。目前提出的聚合反应机理有数种。其一：纤维素侧链羟基（Cell—OH）生成氧自由基（Cell—O·），从而开始链增长，并认为在（2-, 3-, 6-）三种羟基中，活性依次为 6-OH＞2-OH＞3-OH。因此，产物为混合物。其二：氧化剂（Ce^{4+}）将 C_2—C_3 键断裂，生成 C_2 自由基，并开始链增长（图7-4）。

② 非乙烯基单体与功能侧基发生反应，如开环聚合（图7-4）。

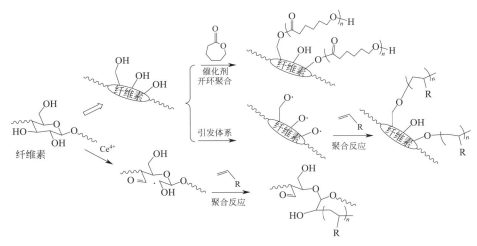

图 7-4 纤维素接枝聚合反应

③ 乙烯基单体可通过可控聚合方式进行接枝聚合，其中，ATRP 是一种较为成熟的方法，（甲基）丙烯酸甲酯、丙烯酸丁酯、甲基丙烯酸羟乙酯等单体已经成功接枝聚合于纤维素侧基。利用纤维素的空间位阻效应与不同羟基的反应活性，可实现区位选择性接枝聚合，典型反应见图7-5。首先，将纤维素（Cell）侧链羟基中的 6-OH 选择性地与 4-甲氧基三苯甲基氯（MT-Cl）反应，剩余羟基（2-OH、3-OH）进行甲基化改性，然后脱保护，使 6-OH 游离，进一步与 2-溴异丁酰溴（BrTBr）反应，引入 C-Br，最后采用 ATRP 反应，将

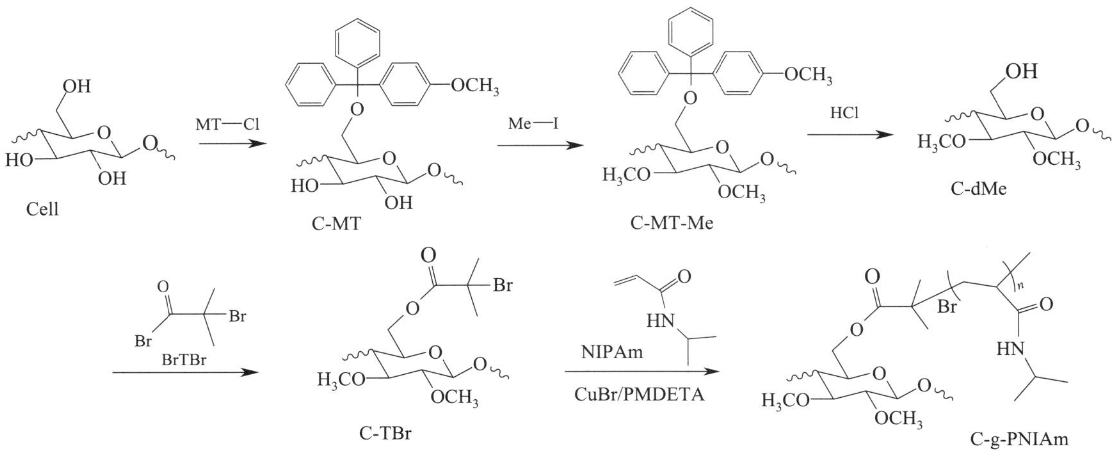

图 7-5 纤维素区位选择接枝聚合反应

N-异丙基丙烯酰胺（NIPAm）接枝聚合。通过中间体（C-TBr），不但可以区位选择性地将聚合物链接枝于 C$_6$，还可将不同类型聚合物接枝于纤维素。

（3）试剂与仪器

脱乙酰化纤维素（分子量为 3 万，真空干燥）、无水 *N*,*N*-二甲基乙酰胺（DMAc）、LiCl、无水吡啶、4-甲氧基三苯甲基氯（MT-Cl）、二甲亚砜（DMSO）、粉末状 NaOH、碘甲烷、2-溴异丁酰溴（BrTBr）、CuBr、*N*-异丙基丙烯酰胺（NIPAm）、脱氧气的 *N*,*N*-二甲基甲酰胺（DMF）、脱氧气的蒸馏水、浓盐酸、四氢呋喃（THF）、甲醇、丙酮、蒸馏水。

三颈烧瓶（500mL）、冷凝装置、搅拌装置、油浴、冷却浴、氮气通入装置、烧杯（1000mL、500mL）、舒仑克瓶（Schlenk flask，50mL）、滴液漏斗、温度计（200℃）、抽气装置、冷冻装置、样品瓶、核磁共振波谱仪（NMR）、红外光谱仪（IR）、热重分析仪（TG）、元素分析仪、差示扫描量热仪（DSC）、天平。

（4）实验步骤

① 纤维素选择接枝 4-甲氧基三苯甲基（C-MT）

在 500mL 三颈烧瓶上装配冷凝装置、搅拌与氮气通入装置、油浴，将 10.0g（61.7mmol）纤维素（Cell）悬浮于 200mL 无水 *N*,*N*-二甲基乙酰胺（DMAc），升温至 120℃，搅拌 2h。生成浆状体，降温至 100℃，加入 15.0g（353.9mmol）LiCl，搅拌 15min。然后将混合物冷却至室温，搅拌过夜，得到无色黏稠状溶液。在溶液中加入 22.5mL（278.2mmol）无水吡啶（Py）、57.5g（186.2mmol）4-甲氧基三苯甲基氯（MT-Cl），将溶液加热到 70℃，并在氮气气氛下搅拌 4h。将反应混合物降至室温后慢慢倾入 1.0L 甲醇中，使产物析出，过滤，得到粗产物。将粗产物用 200mL 二甲基甲酰胺（DMF）溶解，然后在甲醇中再次沉淀，得到白色粉末状产物，即 6-*O*-(4-甲氧基三苯甲基)纤维素（C-MT），产量为 23.7g（Y：88.4%）。

② 甲基化改性纤维素接枝 4-甲氧基三苯甲基（C-MT-Me）

在 500mL 三颈烧瓶上装配冷凝装置、搅拌装置、油浴，取 8.7g（20mmol）6-*O*-(4-甲氧基三苯甲基)纤维素（C-MT）溶于 250mL 二甲亚砜（DMSO），70℃搅拌 2h，冷却至室温，将 20.0g（500mmol）粉末状 NaOH 分散于溶液中。将 16.6mL（267mmol）碘甲烷（Me-I）慢慢逐滴加入，然后将溶液室温搅拌 24h。再次加入 2.8mL（45mmol）碘甲烷（Me-I），并室温搅拌 2d。产物倾入 500mL 甲醇中，过滤，用甲醇洗涤，得到 6-*O*-(4-甲氧基三苯甲基)-2,3-二甲基纤维素（C-MT-Me），产量为 7.1g（Y：76.8%）。

③ 脱保护合成纤维素接枝二甲基（C-dMe）

在 1000mL 烧杯中，将 4.5g（9.7mmol）C-MT-Me 溶于 390mL 四氢呋喃（THF）中，室温下滴加 19.8mL 浓盐酸，继续在室温下搅拌 5h，产物用丙酮沉淀，过滤，用丙酮洗涤，40℃ 真空干燥，得到 2,3-二-*O*-甲基纤维素（C-dMe），产量为 1.3g（Y：70.5%）。

④ 纤维素接枝溴异丁基（C-TBr）

在 100mL 三颈烧瓶上装配冷凝装置与干燥管、滴液漏斗、搅拌装置、冷却浴，将 1.2g（6.3mmol）2,3-二-*O*-甲基纤维素（C-dMe）溶于 12.5mL 无水 *N*,*N*-二甲基乙酰胺（DMAc）和 10.6mL 吡啶（Py）混合溶液中，冰浴冷却，慢慢逐滴加入 29.0mL（126mmol）2-溴异丁酰溴（BrTBr）。混合液在室温下搅拌反应过夜。产物用乙醇沉淀、过滤，并用乙醇洗涤。粗品用 THF 溶解，乙醇再次沉淀，得到纤维素接枝溴异丁基（C-TBr），产量为 1.1g（Y：51%）。

⑤ 纤维素接枝聚合物（C-g-PNIPAm）的合成

a. Cu^I-PMDETA 络合物溶液的制备：在舒仑克瓶（50mL）中，加入 CuBr，密闭，抽气-反充 N$_2$，循环 4 次。加入 2.0mL 脱氧气的水、N,N,N',N',N''-五甲基二亚乙基三胺（PMDETA），生成 Cu^I-PMDETA 络合物［CuBr：PMDETA（摩尔比）为 1：1］，然后采用"冷冻-抽气-解冻"循环 4 次让体系脱气，得到 Cu^I-PMDETA 络合物溶液。

b. 在舒仑克瓶（50mL）中，加入大分子引发剂纤维素接枝溴异丁基（C-TBr）和 N-异丙基丙烯酰胺（NIPAm），烧瓶脱气，N$_2$ 清扫后，加入 4.0mL 脱氧气的 N,N-二甲基甲酰胺（DMF）。当 C-TBr 和 NIPAm 溶解后，混合物再次采用"冷冻-抽气-解冻"循环 4 次让体系脱气。脱气溶液在室温下搅拌，慢慢加入 1.0mL 新鲜制备的 Cu^I-PMDETA 络合物溶液［单体 NIPAm：大分子引发剂 C-TBr：Cu^I-PMDETA 络合物（摩尔比）为 200：1：2 或 400：1：4］，聚合反应 12h，产物用热的蒸馏水沉淀，过滤，热水洗涤，真空干燥，粗产物溶于 THF，热水再沉淀，50℃真空干燥，得到纤维素接枝聚合物（C-g-PNIPAm）。

⑥ 纤维素接枝聚合物（C-g-PNIPAm）及其中间体的表征与性能

a. 通过 NMR、元素分析、红外光谱、TGA 对纤维素接枝聚合物及其中间体进行结构表征。

b. 通过 DSC 分析 C-g-PNIPAm 在 30～40℃的相变现象。

c. 配制 C-g-PNIPAm 水溶液，观察其在室温（25℃）状态及逐步加热过程中（直至 50℃）的状态。

(5) 实验数据记录

实验名称：_____纤维素区位选择接枝聚合物的合成_____

姓名：_____ 班级组别：_____ 同组实验者：_____

实验日期：___年___月___日；室温：___℃；湿度：____；评分：_____

（一）纤维素选择接枝 4-甲氧基三苯甲基（C—MT）

条件：

产物形状：　　产量：　　（产率：　　%）

（二）甲基化改性

条件：

产物形状：　　产量：　　（产率：　　%）

（三）脱保护

条件：

产物形状：　　产量：　　（产率：　　%）

（四）纤维素接枝溴异丁基（C—TBr）

条件：

产物形状：　　产量：　　（产率：　　%）

（五）纤维素接枝聚合物（C—g—PNIPAm）的合成

条件：

产物形状：　　产量：　　（产率：　　%）

（六）纤维素接枝聚合物（C—g—PNIPAm）及其中间体的表征与性能

表征数据：

温敏性现象：

(6) 问题与讨论

① 纤维素难溶于一般的溶剂。研究表明，能使纤维素溶解或充分分散的溶剂有 NMMO（N-甲基吗啉氧化物）、铜氨溶液、DMAc/LiCl、离子液体等，请解释原因。

② 纤维素接枝共聚物具有刚性的六元糖环骨架及线型侧链，是一种典型的梳形聚合物。其拓扑结构与形态特点有单接枝、双接枝、接枝嵌段、蜈蚣、树枝等类型。请查阅资料，绘制这些结构。

③ 甲基纤维素、聚 N-异丙基丙烯酰胺（NIPAm）都是水溶性高分子，但产物纤维素接枝聚合物（C-g-PNIPAm）不溶于水，分析原因。

④ 查阅资料，总结纤维素接枝聚合物主要合成方法，并了解其溶解性能。

实验 7-6　表面接枝聚合改性二氧化硅微粒

(1) 实验目的

① 了解接枝聚合改性原理和方法。

② 学习二氧化硅微粒表面改性技术。

(2) 实验原理与相关知识

聚合物的主要形态有线型、支链型与体型三大类，其中，支链型聚合物由两种或两种以上高分子组成，称为接枝聚合物（graft polymers）或接枝共聚物（graft copolymers）。接枝共聚物是一种典型的梳形聚合物，其拓扑结构与形态特点有单接枝、双接枝、接枝嵌段、蜈蚣、树枝等多种类型。接枝聚合物的合成主要有三种模式：大分子单体通过聚合反应接枝（grafting through）、单体从主链聚合生长接枝（grafting from）、将大分子嫁接到主链上（grafting onto）。

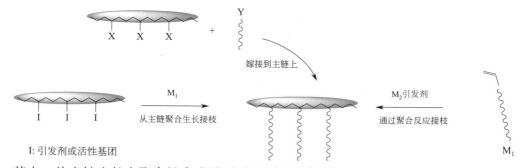

其中，从主链生长出聚合链合成需要引发剂或催化剂，如偶氮类与过氧类（引发自由基聚合）、—CH_2Cl 或硝酰基（控制自由基聚合）、—CH_2Cl（阳离子聚合）或卤素+Li（阴离子聚合）。

接枝聚合物是重要的功能高分子。在无机材料表面接枝有机高分子后，能大幅度改变无机材料的表面性质，从而大幅度拓宽其应用领域。本实验首先将二氧化硅微粒表面进行硅烷化改性，引入乙烯基，然后通过主链生长出聚合链进行接枝聚合反应，在其表面生成超亲水与生物相容性的聚乙烯吡咯烷酮（PVP）链：

(3) 试剂与仪器

二氧化硅微粒（或纳米粉）、N-乙烯基吡咯烷酮（VP）、乙烯基三甲氧基硅烷（VTMS）、二甲苯、KOH、氨水（58%）、H_2O_2（30%，质量分数）、HCl水溶液（1%）、蒸馏水。

圆底烧瓶（100mL）、三颈烧瓶（250mL）、磁力搅拌器、滴液漏斗（25mL）、冷凝管、天平、温度计（200℃）、水浴、量筒（10mL、20mL）、聚酯滤膜。

(4) 实验步骤

① 表面硅烷化改性二氧化硅

a. 取20g二氧化硅微粒用HCl水溶液（1%）浸泡，然后用蒸馏水浸泡、洗涤，抽干，110℃真空干燥脱除吸附水，得到酸化二氧化硅。

b. 在装配有冷凝管、电磁搅拌器、加热浴的圆底烧瓶中，加入10g洗净的酸化二氧化硅微粒，然后加入含10%乙烯基三甲氧基硅烷的无水二甲苯溶液（50mL），搅拌下升温至140℃反应，冷凝管保持在70℃（使缩合产物甲醇蒸出，但溶剂二甲苯与硅烷化试剂回流），反应5h后，微粒用二甲苯洗涤3次，50℃真空干燥过夜，得到硅烷化氧化硅。

c. 硅烷化氧化硅微粒在KOH水溶液（pH＝9.5）中浸泡3d使甲氧基完全水解。然后50℃真空干燥过夜，得到硅烷化二氧化硅微粒，称重。

② 二氧化硅微粒表面接枝高分子

在装配有冷凝管、N_2通入出口、滴液漏斗、电磁搅拌器、加热浴的三颈烧瓶（250mL）中，加入70mL蒸馏水、5g硅烷化二氧化硅微粒、30mL N-乙烯基吡咯烷酮，通入氮气，逐渐升温到70℃。然后，加入1.0mL H_2O_2（30%，质量分数）和0.4mL氨水（58%），保持搅拌下升温至80℃反应5h后，用聚酯滤膜过滤，并用蒸馏水多次洗涤，除去未接枝的PVP均聚物，真空干燥，得到PVP接枝改性二氧化硅微粒，称重。

③ 分析表征与性能测试

通过热分析（室温至800℃）比较二氧化硅原料、酸化二氧化硅、表面硅烷化改性二氧化硅及高分子改性的有机物含量。比较原料与产品在水中的分散性。

(5) 实验数据记录

实验名称：＿＿＿＿表面接枝聚合改性二氧化硅微粒＿＿＿＿＿＿＿＿

姓名：＿＿＿＿＿＿＿＿ 班级组别：＿＿＿＿＿＿＿＿ 同组实验者：＿＿＿＿＿＿＿＿

实验日期：＿＿＿年＿＿月＿＿日；室温：＿＿＿℃；湿度：＿＿＿；评分：＿＿＿

（一）表面改性条件

硅烷化二氧化硅微粒：＿＿＿g（产率：＿＿＿）

（二）接枝改性条件

PVP接枝改性二氧化硅微粒：＿＿＿g（产率：＿＿＿）

（三）改性效率

（6）问题与讨论

① 查阅资料，给出接枝共聚反应接枝效率和接枝率的计算公式。说明接枝效率和接枝率的主要影响因素及测定方法。

② 如何将接枝聚合物从二氧化硅微粒表面脱接枝？

实验 7-7 组装法合成水溶性高分子光敏材料

（1）实验目的

① 认识自组装技术与超分子聚合物；学习聚合物自组装的方式。

② 学习金属配合物与天然高分子的组装技术。

（2）实验原理与相关知识

通过聚合反应、高分子反应、接枝聚合反应等典型化学反应，可将相同或不同链结构单元通过共价键构筑在一起，得到不同用途的高分子材料。近年来，随着超分子化学的发展，发现通过组装技术可赋予高分子材料更多功能。其中，研究最多的是自组装（self-assembly）技术。自组装是物质的基本结构单元（小分子与大分子，纳米、微米及更大尺度的物质）在没有人为干涉的情况下，自发形成有序或者功能结构的过程。合成高分子（均聚物、嵌段聚合物、树状化聚合物等）、天然高分子（多糖、蛋白质、多肽）及胶体粒子等在溶液中实现自组装，依赖于分子间的弱相互作用，如静电相互作用、氢键、配位键、范德华力、亲水-疏水作用、电荷转移、π-π相互作用等。这些相互作用在超分子体系中，更多地体现出其独特的加和性与协同性，并在适当条件下体现出一定的方向性和选择性，它们总的相互作用不亚于化学键。

如：嵌段聚合物在一定条件下可自组装成形态多样的胶束、囊泡、纳米微球（线、棒、管、球）与微囊等形成特殊结构的聚集体，这些材料具备特定结构和功能，可应用于光学、电子、光电转换、信息、生物、医学等领域。

在生命体中，将金属卟啉（配合物）与蛋白质等生物高分子结合与组装，得到生物高分子结合体（conjugates），如具有光合作用的叶绿素、输氧功能的血红素及催化作用的氧化酶。模拟这类自组装模式，可将卟啉与高分子结合，所制备的卟啉与高分子结合体可用于人工光合成、人工氧载体、人工酶及光动力治疗等诸多领域。

本实验将难溶性的锌卟啉（ZnTpHPP）与牛血清白蛋白（BSA）结合，制得一类新型水溶性生物高分子金属卟啉配合物（ZnTpHPP-BSA）。

（3）试剂与仪器

中位-四（4-羟基苯基）卟啉配体（H_2TpHPP）、乙酸锌、牛血清白蛋白（BSA，$M_w = 67000$，AR）、二甲基甲酰胺（DMF）、三乙醇胺（TEOA）、甲基紫精（MV^{2+}）、无水乙醇、蒸馏水、磷酸盐缓冲液（PBS：$[PO_4^{3-}] = 0.01mol/L$、pH 7.4）、中性硅胶柱（200～300 目）。

圆底烧瓶（250mL）、三颈烧瓶、冷凝装置、搅拌装置、油浴、冷却浴、烧杯（100mL、1000mL）、温度计（200℃）、过滤装置、柱状具盖瓶（结合瓶，10mL）、透析袋（MWCO：3500，使用前需处理）、旋转蒸发仪、摇床、真空干燥箱、紫外-可见分光光度计、电泳仪、圆二色光谱仪、荧光光谱仪、天平。

（4）实验步骤

① 锌卟啉配合物（ZnTpHPP）的合成

在 250mL 三颈烧瓶上装配冷凝装置、搅拌装置、加热浴，加入 0.678g（0.001mol）H₂TpHPP 和 30mL DMF，搅拌溶解。另取 1.10g（0.005mol）乙酸锌溶于 20mL DMF 中，加入上述三颈烧瓶中，加热回流 45min，冷却，加入 2 倍体积的冷水，冰水浴过夜，抽滤，得紫色晶体，旋干，40℃真空干燥 5h，得锌卟啉配合物（ZnTpHPP），计算产量（产率）。

② 锌卟啉-蛋白质结合体（ZnTpHPP-BSA）的合成

a. 取 0.335g BSA 溶于 5mL PBS 缓冲溶液中，配制 BSA/PBS 溶液（[BSA]＝1mmol/L），0～10℃保存。另取 9.3mg ZnTpHPP 溶于 5mL 乙醇中，得到 ZnTpHPP/EtOH 溶液（[ZnTpHPP]＝2.5mmol/L）。

b. 取 0.5mL BSA/PBS 溶液到结合瓶中，加入 2.5mL PBS 溶液后，缓慢加入 1mL ZnTpHPP/EtOH 溶液（摩尔比：BSA∶ZnTpHPP＝1∶5）。在黑暗中缓慢振荡 12h 后取 3mL 混合物移入透析袋中，用 500mL PBS 溶液进行透析除去乙醇，控温在 0～10℃，更换 PBS 二次。得到白蛋白结合锌卟啉（ZnTpHPP-BSA）溶液，计算 BSA 与 ZnTpHPP 浓度。

③ 锌卟啉-蛋白质结合体的表征与性能

a. 通过 UV-Vis、圆二色谱（CD）、非变性聚丙烯酰胺凝胶电泳（Native-PAGE）对锌卟啉-蛋白质结合体的结构进行表征。

b. ZnTpHPP-BSA 的光敏性：以 TEOA 为还原剂，以 BSA-ZnTpHPP 为光敏剂，采用荧光法考察甲基紫精（MV²⁺）对 ZnTpHPP-BSA 的荧光猝灭及二者之间的电子转移情况。

（5）实验数据记录

实验名称：＿＿＿组装法合成水溶性高分子光敏材料＿＿＿

姓名：＿＿＿＿＿＿＿＿ 班级组别：＿＿＿＿＿＿＿ 同组实验者：＿＿＿＿＿＿＿

实验日期：＿＿＿年＿＿月＿＿日；室温：＿＿＿℃；湿度：＿＿＿；评分：＿＿＿

（一）锌卟啉配合物（ZnTpHPP）的合成

条件：

产物形状：＿＿＿产量：＿＿＿（产率：＿＿＿%）

（二）锌卟啉-蛋白质结合体（ZnTpHPP-BSA）的合成

条件：

产物状态与体积：＿＿＿BSA 与 ZnTpHPP 浓度

（三）锌卟啉-蛋白质结合体的表征与性能

UV-Vis、CD、Native-PAGE 数据：

ZnTpHPP-BSA 的光敏性：

（6）问题与讨论

① 卟啉配体与锌配合物（ZnTpHPP）溶解性有何不同？

② 卟啉配合物在 UV-Vis 谱图中有何特征峰？

③ 查阅文献，总结 ZnTpHPP-BSA 还有何功能。

参考文献

[1] 周智敏，米远祝主编. 高分子化学与物理实验. 北京：化学工业出版社，2011.

［2］ 沈新元. 高分子材料与工程专业实验教程. 北京：中国纺织出版社，2010.

［3］ Stojanović Z，Jeremić K，Jovanović S，Lechner MD. A Comparison of Some Methods for the Determination of the Degree of Substitution of Carboxymethyl Starch. Starch-Starke，2005，57（2）：79-83.

［4］ Ifuku S，Kadla JF. Preparation of a thermosensitive highly regioselective cellulose/*N*-isopropylacrylamide copolymer through atom transfer radical polymerization. Biomacromolecules，2008，9（11）：3308-3313.

［5］ Joubert F，Musa OM，Hodgson DR，Cameron NR. The preparation of graft copolymers of cellulose and cellulose derivatives using atrp under homogeneous reaction conditions. Chem Soc Rev，2014，43（20）：7217-7235.

［6］ Gurdag G，Sarmad S. in "Polysaccharide Based Graft Copolymers"（Eds：Kalia S & Sabaa MW），"Chapter 2 Cellulose Graft Copolymers：Synthesis，Properties，and Applications"，ISBN：978-3-642-36565-2，Springer-Verlag Berlin Heidelberg，2013：15-57.

［7］ 闫强，袁金颖，康燕，应武. 纤维素接枝共聚物的合成与功能. 化学进展，2010，22（2/3）：449-457.

［8］ 卢生昌，巫龙辉，林新兴，吴慧，黄六莲，陈礼辉. ATRP 法均相改性纤维素的研究进展. 纤维素科学与技术，2016，24（4）：56-67.

［9］ Braun D，Cherdron H，Rehahn M，Ritter H，Voit B，in "Polymer Synthesis：Theory and Practice"（5th Ed），Synthesis of Macromolecules by Chain Growth Polymerization，Heidelberg，Springer，2013，7：149-258.

［10］ Nguyen V，Yoshida W，Jou J，Cohen Y. Kinetics of free-radical graft polymerization of 1-vinyl-2-pyrrolidone onto silica. Journal of Polymer Science Part A Polymer Chemistry，2002，40（1）：26-42.

［11］ Chaimberg M，Cohen Y. Free-radical graft polymerization of vinylpyrrolidone onto silica. Ind Eng Chem Res，1991，30（12）：2534-2542.

［12］ Feng H，Lu X，Wang W，Kang NG，Mays J. Block copolymers：synthesis，self-assembly，and applications. Polymers，2017，9（10）：494.

［13］ 翟文中，何玉凤，王斌，熊玉兵，宋鹏飞，王荣民. 聚合物 Janus 微粒材料的制备与应用. 化学进展，2017，29（1）：127-136.

［14］ Zhao L，Qu R，Li A，Ma R，Shi L. Cooperative self-assembly of porphyrins with polymers possessing bioactive functions，Chem Commun，2016，52：13543-13555.

［15］ 朱永峰，何玉凤，王荣民，李岩，宋鹏飞. 白蛋白锌卟啉结合体光解水产氢性能. 科学通报，2011，56（17）：1360-1366.

（金淑萍，王荣民，张振琳）

Chapter 03

第三篇
功能高分子材料合成与性能综合实验

第8章 ▶▶ 功能高分子材料表征与加工技术

以合成塑料、合成橡胶、合成纤维、涂料及黏合剂等为代表的通用高分子材料已经实现了大规模生产与广泛应用,深刻改变了人类的生活方式。在此基础上,带有特殊物理、力学、化学或生物功能的高分子材料,其性能和特征都已超出原有通用高分子材料。表征其结构和性能,研究其加工、生产技术,将推动功能高分子材料的应用。

本书第二篇(第5~7章)中有关高分子材料合成的基础实验技术,也是功能高分子材料合成所需的基本技能与技术。这里,在对功能高分子材料进行简单介绍的基础上,总结可用于功能高分子材料表征与加工的一些常用技术与方法,为开展功能高分子材料的研究开发奠定基础。

8.1 功能高分子材料简介

功能高分子材料一般指具有传递、转换或储存物质、能量和信息作用的高分子及其复合材料。具体来说,功能高分子材料指在原有力学性能的基础上,还具有特定功能(如选择分离性、化学反应活性、催化性、导电性、磁性、光敏性、能量转换性或生物活性等)的高分子材料,简称功能高分子(functional polymers),也称为特种高分子(specialty polymers)、精细高分子(fine polymers)。

功能高分子材料是 20 世纪 60 年代发展起来的新兴领域材料,是高分子材料渗透到电子、生物、能源等领域后涌现出的新材料。由于其具有轻、强、耐腐蚀、原料丰富、种类繁多、制备简便、易于分子设计等特点,其研究和发展十分迅速。

功能高分子材料学是高分子材料学科领域发展最为迅速,并与化学、物理、生物等紧密联系的一门学科。

材料的性能和功能是通过其不同层次的结构反映出来的。不同的功能高分子材料因其展现的功能不同，依据的结构层次也有所不同。影响的结构层次包括材料的化学组成、功能团的种类、聚集态结构、超分子组装结构等。

8.1.1　功能高分子材料分类

按照功能可将功能高分子材料分为如下四类：

①化学功能：离子交换树脂、螯合树脂、感光性树脂、氧化还原树脂、高分子试剂、高分子催化剂、高分子增感剂、分解性高分子等。②物理功能：导电性高分子（包括电子型导电高分子、高分子固态离子导体、高分子半导体）、高介电性高分子（包括高分子驻极体、高分子压电体）、高分子光电导体、高分子光伏材料、高分子显示材料、高分子光致变色材料等。③复合功能：高分子吸附剂、高分子絮凝剂、高分子表面活性剂、高分子染料、高分子稳定剂、高分子相溶剂、高分子功能膜和高分子功能电极等。④生物、医用功能：抗血栓、控制药物释放和生物活性等。

目前功能材料的研究主要集中在以下方面：吸附分离功能材料、反应性功能材料、光电功能材料与能源材料、液晶材料、生物医用功能材料、环境敏感与智能材料等。

8.1.2　吸附分离功能高分子材料

高分子吸附材料包括高分子吸附性树脂、高吸水性高分子、高吸油性高分子等。高分子分离材料包括各种分离膜、缓释膜和其他半透性膜、离子交换树脂、高分子螯合剂、高分子絮凝剂等。

离子交换树脂是最早工业化的功能高分子材料。经过各种官能化的聚苯乙烯树脂，含有氢离子（H^+）结构，能交换各种阳离子的称为阳离子交换树脂；含有氢氧根离子（OH^-）结构，能交换各种阴离子的称为阴离子交换树脂。离子交换树脂主要应用在清除离子、离子交换、酸碱催化反应等方面。螯合树脂可通过选择性螯合作用，实现对各种金属离子的浓缩和富集。因此，其广泛应用于分析检测、污染治理、环境保护和工业生产等领域。

物理吸附功能高分子根据其极性大小可分为非极性、中极性和强极性三类。该类功能高分子的吸附性主要靠范德华力、氢键和偶极作用进行，主要应用于水的脱盐精制、药物提取纯化、稀土元素的分离纯化、蔗糖及葡萄糖溶液的脱盐脱色等。

8.1.3　高分子催化剂和高分子试剂

以化学功能为主的功能高分子材料称为化学功能高分子材料。化学功能涉及共价键、离子键、配位键等价键的生成与断裂反应。最常见的是反应性高分子（reactive polymers），包括高分子催化剂（如高分子固相合成试剂、固定化酶等）、高分子试剂和高分子染料。也包括具有离子交换功能的离子交换树脂，对各种阳离子有络合吸附作用的螯合聚合物，光化学性聚合物，具有氧化还原能力的聚合物，高分子试剂和高分子催化剂，降解型高分子等。

催化生物体内多种化学反应的生物酶属于高分子催化剂，反应在常温、常压下进行，催化活性极高，几乎不产生副产物。目前，人们试图用人工合成的方法模拟酶，将金属化合物结合在高分子配体上，开发高活性、高选择性的高效高分子催化剂。研究表明：高分子金属催化剂对加氢反应、氧化反应、硅氢加成反应、羰基化反应、异构化反应、聚合反应等具有很高的催化活性和选择性，而且易与反应物分离，可回收重复使用。化学功能高分子材料是固相合成的基础。

化学功能高分子材料的制备主要通过在高分子骨架上引入具有特定化学功能的官能团或者结构片段，也可将具有功能基团的小分子化合物进行高分子化，得到化学功能高分子材料。目前，活性功能基的引入有三种基本方法：①含功能基单体的聚合；②对聚合物载体进行功能化改性；③通过含功能基单体的聚合引入某种功能基，再通过化学改性将其转化为另一种功能基。

高分子材料经过功能化或者小分子功能材料经过高分子化以后，材料的溶解度一般均有下降，熔点提高。对于化学试剂，经过高分子化后稳定性增加，均相反应转变成多相反应，产物与试剂和催化剂的分离过程简化，同时还产生许多小分子材料所不具备的其他性质。

8.1.4　电性能高分子材料

电性能高分子包括导电聚合物、能量转换型聚合物、电致发光和电致变色材料以及其他电敏感性材料等。

导电功能高分子材料可分为结构型导电高分子和复合型导电高分子。其主要应用在发光二极管、抗静电、导电性应用、电磁屏蔽与隐身等领域中。聚乙炔、聚对苯硫醚、聚吡咯、聚噻吩、聚苯胺、聚苯基乙炔等是目前研究较多的导电高分子材料。采用该类材料制作电功能器件较无机材料制作，具有分子结构可以设计（种类繁多）、可以加工成任意形状（可弯曲、大面积）等优势。复合型导电高分子材料是以有机高分子材料为基体，加入一定数量的导电物质（如炭黑、石墨、碳纤维、金属粉、金属纤维、金属氧化物等）组合而成。该类材料兼有高分子材料的易加工特性和金属的导电性。与金属相比较，导电性复合材料具有加工性好、工艺简单、耐腐蚀、电阻率可调范围大、价格低等优点。

与金属和半导体相比较，导电高分子的电学性能具有如下特点：①通过控制掺杂度，导电高分子的室温电导率可在绝缘体-半导体-金属态范围内变化。目前最高的室温电导率接近铜的电导率（可达 $10^5\,\mathrm{S/cm}$），而质量仅为铜的 1/12。②导电高分子可拉伸取向。沿拉伸方向电导率随拉伸度而增加，而垂直拉伸方向的电导率基本不变，呈现强的电导各向异性。③尽管导电高分子的室温电导率可达金属态，但它的电导率-温度依赖性不呈现金属特性，而服从半导体特性。④导电高分子的载流子既不同于金属的自由电子，也不同于半导体的电子或空穴，而是用孤子、极化子和双极化子概念描述。其应用主要有电磁屏蔽、电子元件（二极管、晶体管、场效应晶体管等）、微波吸收材料、隐身材料等。

8.1.5　光功能高分子材料

光功能高分子材料指在光的作用下能够产生物理（如光导电、光致变色）或化学变化（如光交联、光分解）的高分子材料，或者在物理或化学作用下表现出光特性（化学荧光）的高分子材料，也称为光敏性高分子。光功能高分子材料主要有：光导电高分子材料、光致变色高分子材料、高分子光致刻蚀剂、高分子荧光和磷光材料、高分子光稳定剂、高分子光能转化材料和高分子非线性光学材料等。

光功能高分子材料在电子工业和太阳能利用等方面具有广泛应用前景：①现代社会是信息社会，光导纤维是目前主要的通信器材，并且发展迅速。因此，今后应重点开发低光损耗、长距离光传输的高分子光纤制品。②光导高分子在光照时电阻率明显下降，可以利用该特性来制备复印机、激光打印机中的关键部件，节约硒材料。③功能高分子材料在太阳能转换中的研究也是前沿领域。

8.1.6　生物医用高分子材料

生物医用高分子材料是生物医用材料的一个重要组成部分，是一类用于诊断、治疗和器官再生的材料，具有延长病人生命、提高病人生存质量的作用。其主要有医用高分子、药用高分子材料两大类。

目前，医用高分子材料制成的人工器官中，比较成功的有人工血管、人工食道、人工尿道、人工心脏瓣膜、人工关节、人工骨、整形材料等。已取得重大研究成果，但还需不断完善的有人工肾、人工心脏、人工肺、人工胰脏、人工眼球、人造血液等。另有一些功能较为复杂的器官，如人工肝脏、人工胃、人工子宫等，也正处于研究开发之中。药用高分子材料（pharmaceutical polymers）指药品生产和制造加工过程中所使用的高分子材料，按用途可分为高分子药物、药用高分子辅料、药品包装用高分子材料三大类。

8.1.7　环境敏感与智能高分子材料

在外界刺激因素（温度、压力、离子、活性物质、声波、电场、磁场和溶剂等）影响下，智能材料能产生有效响应，使自身的一些性质（如相态、形状、光学性能、力学性能、电学性能、体积、表面积等）随之发生变化。智能材料的构想来源于仿生，它的目标就是想研制出一种材料，使其成为具有类似于生物的各种功能的"活"的材料。智能材料代表了材料科学的最活跃和最先进的发展方向。

智能高分子材料（也称为刺激响应性高分子、环境敏感性高分子）是一类当受到外界环境的物理、化学乃至生物信号变化刺激时，其某些物理或化学性质会发生突变的高分子。其主要包括高分子记忆材料，信息存储材料，光、磁、pH、温度、压力感应材料等。

由蛋白质、多糖、核酸等生物高分子所构筑的生物体系，能够精确地响应外界环境微小的变化，而行使其相应的生物学功能（如单个细胞的生命活动）。许多合成高分子也具有类似的外界刺激响应性质，而且已经被广泛研究用于智能或仿生体系，特别是在生物医学方面，可用于药物控制释放、生物分离、生物分子诊断、生物传感器和组织工程等领域。

常见的刺激响应型高分子材料有温度敏感、pH 敏感、光敏感、电敏感、生物活性分子敏感型等，以及混合敏感型。水凝胶是生物医用材料最广泛的应用形式之一，它是由水溶性的高分子通过物理或化学交联，并吸收从 $10\%\sim20\%$ 到数千倍于自身质量的水分而成的凝胶材料。含智能响应高分子的水凝胶，能够响应外界环境的刺激，呈现收缩-溶胀的体积变化，或者溶胶-凝胶（Sol-Gel）的相转变，能够用于组织工程、生物传感器和药物控制释放等。

8.1.8　其他高性能高分子材料

目前，在高分子材料研究领域，已突出功能高分子材料的开发，特别是高性能工程用功能高分子材料的制备，如高分子液晶、耐高温高分子、高强高模量高分子、阻燃性高分子和功能纤维等。而且也开发了多种新型的功能高分子材料，如自降解高分子、自修复高分子、自响应高分子材料等。

8.2 高分子材料的表征技术及方法简介

随着当代科学技术既高度分化又高度综合的发展，高分子科学的发展离不开仪器分析，尤其是现代仪器分析。现代仪器分析为我们认识高分子材料结构与性能奠定了坚实基础。近年来，现代仪器分析取得了长足进步。随着我国经济迅速发展及对科技开发投入力度加大，越来越多的科研、教育及生产部门拥有先进的仪器分析手段。作为使用者，首先需要了解现代仪器分析方法的基本原理与用途。

仪器分析分为基础仪器分析和现代仪器分析。现代仪器分析又分为波谱分析、光谱分析、电化学分析、色谱分析、电镜分析、放射化学分析等。现代仪器分析不但能够提高定性分析结果，而且能够提供更多更全的信息，即从常量到微量分析，从微量到微粒分析，从痕量到超痕量分析，从组成到形态分析，从总体到微区分析，从表现分布到逐层分析，从宏观到微观结构分析，从静态到快速反应追踪分析，从破坏试样到试样无损分析，从离线到在线分析等。

电磁波与人类的生活密切相关，电磁波的利用程度也代表着科技的发展水平。图 8-1 总结了人类生活与仪器分析中常用的电磁波频率与波长。现代仪器分析方法中，光谱（波谱）分析最常用，如红外光谱、紫外-可见吸收光谱、核磁共振波谱、光电子能谱等，从内层电子、价电子、共用电子及原子核相关层面，为高分子材料提供了非常重要的结构信息。

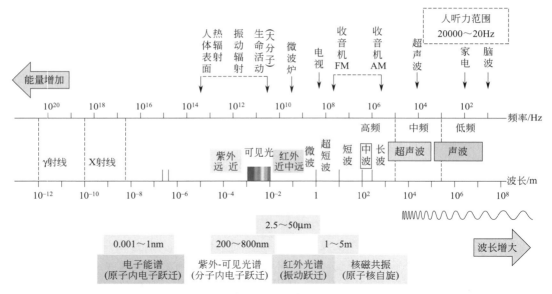

图 8-1　人类生活与仪器分析中常用电磁波的频率与波长

这里将在高分子材料结构与性能表征中常用的仪器分析手段进行对比介绍（表 8-1），相关仪器分析方法的中英文概念、基本原理及典型实例简介如下：

（1）红外光谱　红外光谱（infrared spectroscopy，IR）是高分子材料中应用最广泛的检测技术，主要用来检测物质具有的化学键及官能团。组成聚合物的化学键（官能团）的振动频率因原子或官能团不同而有差异。用红外光照射分子时，其化学键可发生有差异的振动吸收，在红外光谱上将处于不同位置，从而可获得分子中含有的化学键（官能团）的信息。红外光谱法的主要特点是特征性好、样品范围广，主要用于定性鉴别，属于无损检测，且用量少。高分子中官能团所处的环境及官能团的相互作用都会引起谱带的位移、分裂或产生新的特征吸收。这种情况在有序、有规律的结构中表现得比较明显。利用高分子的这些特征红外谱带，如构象谱带、立构规整性谱带、构象规整性谱带和结晶谱带等，可以对聚合物进行同分异构体、立体异构体等的分析，对高分子材料的键接方式、立体规整性、支化度、结晶度和取向度进行表征。

（2）紫外-可见吸收光谱　紫外-可见吸收光谱（ultraviolet-visible spectroscopy，UV-Vis）是材料在吸收 200～800nm 波长范围的光子所引起分子中电子能级跃迁时产生的吸收光谱，属于电子光谱，它们都是由于价电子的跃迁而产生的。紫外光谱的研究对象大多是具有共轭双键结构的分子。共轭程度较高的体系在可见光区（380～780nm）有吸收，灵敏度取决于产生光吸收分子的摩尔吸光系数。

漫反射光谱（diffuse reflectance spectrum，DRS）指物质的反射能力（漫反射率）随入射光波长而变化的谱图。紫外-可见漫反射光谱（UV-Vis DRS）是以 $BaSO_4$ 为参比测定粉末状固体样品，光束入射至粉末状的晶粒后，发生反射、折射吸收后由粉末表层朝各个方向反射出来，检测到漫反射光谱。其根本原因是电子跃迁。

（3）核磁共振波谱　核磁共振波谱（nuclear magnetic resonance spectroscopy，NMR）研究原子核对射频辐射的吸收。其中，应用量广泛的是氢谱（^{1}H NMR）和碳谱（^{13}C NMR），较常用的还有 F、P、N 等核磁共振谱。NMR 氢谱（^{1}H NMR）：不同化学环境中的 H 原子，其峰的位置（化学位移）与吸收峰裂分数目不同。峰强（面积）之比代表不同环境 H 的数目比。在定性方面，核磁共振波谱不仅能给出基团的种类，而且能够提供基团在分子中的位置信息；在定量方面，核磁共振谱更加可靠。高分辨 ^{1}H NMR 能根据磁耦合规律确定核及电子所处环境的细小差别，是研究高分子构型和共聚物序列分布等结构问题的有力手段。根据化学位移和耦合常数可以确定高分子的结构，还可以根据峰面积与共振核数目成比例的原则，进行定量计算，比如共聚物的组成、共聚物序列结构、高分子立构规整性的测定和端基的分析都可以用 ^{1}H NMR 进行研究。^{13}C NMR 在定性方面具有其独特的优点，尤其在高分子立构规整性、支化结构等方面的表征。

（4）光电子能谱　光电子能谱（photoelectron spectroscopy）也称为电子光谱化学分析（electron spectroscopy for chemical analysis，ESCA）。根据光源的不同，光电子能谱可分为紫外光电子能谱（ultraviolet photoelectron spectrometer，UPS）、X 射线光电子能谱（X-Ray photoelectron spectrometer，XPS）、俄歇电子能谱（auger electron spectrometer，AES）。其中，X 射线光电子能谱（XPS）应用较为广泛。X 射线为激发光源，激发处于原子内壳层的电子。不同元素的同一内壳层（如 1s）的结合能各有不同，相同原子与内壳层电子的结合能还与其价态及化学环境有关。因此，不同环境的内层电子的光电子峰（结合能）发生位移。

（5）X 射线衍射　X 射线衍射（X-Ray diffraction，XRD）也称 X 射线衍射相分析（phase analysis of X-ray diffraction），是利用晶体形成的 X 射线衍射，对物质进行内部原子在空间分布状况的结构分析方法。将具有一定波长的 X 射线照射到结晶性物质上时，X 射线因在结晶内遇到规则排列的原子或离子而发生散射，散射的 X 射线在某些方向上相位得到加强，从而显示与结晶结构相对应的特有的衍射现象。通常定量分析的样品细度应在 $45\mu m$ 左右，即应过 325 目筛。

人们已经积累了数十万种晶体结构数据，建立了五种主要的晶体学数据库。①剑桥结构数据库（The Cambridge Structural Database，CSD）收集含碳化合物（包括有机物、有机金属化合物及无机含碳化合物，如碳酸盐等）的结构数据。②蛋白质数据库（The Protein Data Bank，PDB）有 10 多万个生物大分子的三维结构数据。③无机晶体结构数据库建立在德国，有约 3 万多个无机化合物的结构（不含 C—C 和 C—H 键的化合物）。④NRCC 金属晶体学数据文件（The National Research Council of Canada Crystallographic Data File, NRCC）建立在加拿大，约有 1.1 万个金属合金、金属间物相及部分金属氢化物和氧化物的数据。⑤粉末衍射数据文件（The Powder Diffraction File）汇集有数万种单相物质的粉晶衍射资料，储存了各化合物的晶面间距 d_{hkl} 和相对强度、晶胞、空间群和密度等数据，主要用于物质的鉴定。

（6）质谱法 质谱法（mass spectrometry，MS）是测量离子质荷比（质量/电荷比）的分析方法。首先，使样品中各组分电离，生成带电荷的原子、分子或分子碎片；然后，利用电场和磁场将运动的离子（带电荷的原子、分子或分子碎片，由分子离子、同位素离子、碎片离子、重排离子、多电荷离子、亚稳离子、负离子和离子-分子相互作用产生的离子）按它们的质荷比分离后进行检测。

质谱仪可以分为有机质谱仪、无机质谱仪。有机质谱仪根据应用特点不同分为：气相色谱-质谱联用仪（GC-MS）、液相色谱-质谱联用仪（LC-MS）、基质辅助激光解吸飞行时间质谱仪（MALDI-TOFMS）、傅里叶变换质谱仪（FT-MS）。无机质谱仪包括：火花源双聚焦质谱仪、感应耦合等离子体质谱仪（ICP-MS）、二次离子质谱仪（SIMS）。

（7）凝胶电泳 凝胶电泳（gel electrophoresis）通常用于分析用途，但也可以作为制备技术。放置在电场当中的待测样品分子以一定的速度移向适当的电极，电泳分子在电场作用下的迁移速度（电泳的迁移率）同电场强度、电泳分子本身所携带的净电荷数成正比，也与支持介质（如琼脂糖凝胶、聚丙烯酰胺胶等）的摩擦系数成反比。固定其他因素，可将分子大小不同、构成或形状有差异的蛋白质（或核酸）分子进行分离。

凝胶电泳不但广泛用于生物化学、分子生物学和遗传学，还应用于生物高分子材料、天然高分子材料的分离与改性。其主要类型有：①琼脂糖凝胶电泳（agarose gel electrophoresis），通常用于分离大的 DNA 或者 RNA。②聚丙烯酰胺凝胶电泳（polyacrylamide gel electrophoresis，PAGE），主要有两大类，即在十二烷基硫酸钠（SDS）环境下的变性聚丙烯酰胺凝胶中进行的 SDS-PAGE，非变性聚丙烯酰胺凝胶电泳（Native-PAGE）。其中，Native-PAGE 在电泳的过程中，蛋白质能够保持完整状态，并依据蛋白质的分子量大小、蛋白质的形状及其所附带的电荷量而逐渐呈梯度分开。③毛细管电泳。④酶谱法。⑤变性梯度胶凝电泳（denaturing gradient gel electrophoresis，DGGE）。

SDS-PAGE 方法中，蛋白质的迁移率主要取决于它的分子量，而与所带电荷和分子形状无关。凝胶电泳通常用于分析，也可以作为制备技术，在采用某些方法［如质谱（MS）、聚合酶链式反应（PCR）、克隆技术、DNA 测序或者免疫印迹］检测之前部分提纯分子。

（8）凝胶渗透色谱 凝胶渗透色谱（gel permeation chromatography，GPC）又称尺寸排阻色谱（size exclusion chromatography，SEC），它是基于体积排阻的分离机理，通过具有分子筛性质的固定相，用来分离分子量较小的物质，并且还可以分析分子体积不同、具有相同化学性质的高分子同系物（聚合物在分离柱上按分子流体力学体积大小被分离开），也广泛用于小分子化合物。分子量相近而化学结构不同的物质，不可能通过凝胶渗透色谱法达到完全分离纯化的目的。凝胶色谱不能分辨分子大小相近的化合物，分子量相差需在 10%以上才能得到分离。

（9）小角激光光散射 聚合物光散射方法就是利用聚合物对光的散射现象来获得其内部结构状况的信息。目前，常用到的仪器类型有：小角激光光散射（small angle light scattering，

SALS)、多角度激光光散射仪（multi-angle light scatter detector，MALS）（美国布鲁克海文仪器公司）、18 角度激光光散射-凝胶色谱系统（GPC/SEC-MALS）（美国 Wyatt 公司）。

（10）激光粒度仪　该仪器根据颗粒能使激光产生散射这一物理现象测试粒度的分布。由于激光具有很好的单色性和极强的方向性，所以一束平行的激光在没有阻碍的无限空间中将会照射到无限远的地方，并且在传播过程中很少发生发散的现象。

（11）电子显微镜　以电子束为光源的扫描电子显微镜（scanning electron microscope，SEM）、透射电子显微镜（transmission electron microscope，TEM）可以看到亚显微结构或超微结构。电子束的波长要比可见光和紫外光短得多，TEM 的分辨力可达 0.2nm。TEM是把经加速和聚集的电子束投射到非常薄的样品上，电子与样品中的原子碰撞而改变方向，从而产生立体角散射，形成明暗不同的影像。SEM 利用聚焦得非常细的高能电子束在试样上扫描，激发出各种物理信息。通过对这些信息的接受、放大和显示成像，获得对测试试样表面形貌的观察。

（12）热分析方法　热分析方法主要有热重分析（thermogravimetric analysis，TG 或TGA）、差热分析（differential thermal analysis，DTA）、差示扫描量热法（differential scanning calorimetry，DSC）。TG（热重分析）在实际的材料分析中经常与其他分析方法（如 DTA、DSC）联用（TG/DTA、TG/DSC），进行综合热分析，全面准确分析材料。热重分析法的重要特点是定量性强，能准确地测量物质的质量变化及变化的速率。可以说，只要物质受热时发生质量的变化，就可以用热重分析法来研究其变化过程。差热分析广泛应用于测定物质在热反应时的特征温度及吸收或放出的热量，包括物质相变、分解、化合、凝固、脱水、蒸发等物理或化学反应。差热分析（DTA）测量物质和参比物的温度差与温度或者时间的关系，用于测定物质在热反应时的特征温度及吸收或放出的热量，包括物质相变、分解、化合、凝固、脱水、蒸发等物理或化学反应。差示扫描量热法（DSC）测量输入到试样和参比物的功率差（如以热的形式）与温度的关系，可以测定多种热力学和动力学参数。差示扫描量热仪记录的曲线称为DSC 曲线，它以样品吸热或放热的速率，即热流率 dH/dt（单位 mJ/s）为纵坐标，以温度 T或时间 t 为横坐标，可以测定多种热力学和动力学参数，例如比热容、反应热、转变热、相图、反应速率、结晶速率、高聚物结晶度、样品纯度等。

表 8-1　高分子材料的现代仪器分析表征技术

表征技术	在高分子材料表征中的主要用途（对聚合物样品的要求）
IR （红外光谱）	对主要的特征官能团（如羰基、羟基、氨基、甲基等）进行定性表征（固、液体；制成薄膜或KBr 压片）
UV-Vis（紫外-可见吸收光谱） DRS（紫外-可见漫反射光谱）	UV-Vis 采用透射方式，常用于含共轭基团聚合物的定性表征与定量分析（样品为溶液或薄膜）。 DRS 可用于研究固体样品的光吸收性能，催化剂表面过渡金属离子及配合物的结构、氧化状态、配位状态、配位对称性等
NMR （核磁共振波谱）	氢谱（^1H NMR）可获得有机物化合物的精确结构，可测定聚合物的分子量。碳谱（^{13}C NMR）可分析各碳原子的化学位移，推断碳原子所属官能团（要求被检测材料纯度高，样品可溶于氘代试剂，如 D_2O、$CDCl_3$，固体核磁数量较少）
XPS （X 射线光电子能谱）	鉴别化学元素与价态变化；定性分析、定量分析；探索固体表面的组成结构（成分分析）、化学状态和表面键合等信息。常用于表面分析，探测深度为表面几个至十几个原子层
XRD （X 射线衍射）	可通过相分析（结晶度、结晶取向、结晶粒度、晶胞参数等），测定、鉴别具有特定化学组成和晶体结构的无机、有机高分子材料。通过与含晶体结构的已知（或标准）材料的衍射峰的比较，定性检测材料的组成或充分分析（送检样品可为粉末状、块状、薄膜及其他形状，厚度均匀）

表征技术	在高分子材料表征中的主要用途(对聚合物样品的要求)
MS(质谱法) TOF MS (飞行时间质谱)	可获得小分子的分子量,并能分析其残基组成。对于混合物,可结合分离技术(GC-MS、LC-MS),快速分析其组成与结构。 TOF MS 可检测线型高分子的分子量。蛋白质、多糖等天然高分子材料可用基质辅助激光解吸-飞行时间质谱仪(MALDI-TOFMS)检测(可直接检测固体样品)
GE(凝胶电泳) Native-PAGE (非变性聚丙烯酰胺凝胶电泳) SDS-PAGE (变性聚丙烯酰胺凝胶电泳)	可将分子大小不同、构成或形状有差异的蛋白质(或核酸)分子进行分离。SDS-PAGE 用于测定分子量,也可以作为制备技术。SDS-PAGE 与 Native-PAGE 用于测定蛋白质的分子量(对比标样,测定可溶性蛋白质)
GPC (凝胶渗透色谱)	分离测定聚合物的分子量和分子量分布;分离分子量的范围从几百万到 100 以下(样品要在适当的溶剂中可溶)
SALS (小角激光光散射)	可用于表征天然高分子、合成高分子的绝对分子量及其分子量分布,可以与 GPC 联用
激光粒度仪	通过颗粒的衍射或散射光的空间分布(散射谱)来分析颗粒大小,测定聚合物纳米、微米颗粒粒径
TEM(透射电镜) SEM(扫描电镜)	在微米、纳米尺度上获得聚合物微粒的体相与表面形貌(SEM 样品应先喷金膜,通常直接用导电双面胶贴在铝样品座上即可;TEM 样品载在金属微栅上使用的,要求样品很好分散,明暗分明,必要时加显色剂)
TG(热重分析) DTA(差热分析) DSC(差示扫描量热法)	获得材料热分解温度、相态变化区间等信息。DSC 测量输入到试样和参比物的功率差(如以热的形式)与温度的关系,可以测定多种热力学和动力学参数,如比热容、反应热、转变热、相图、反应速率、结晶速率、高聚物结晶度、样品纯度等

另外,高分子材料中主要元素含量(如 C、H、N)可用元素分析仪测定,部分元素分析仪可测定 S、P 元素。重金属的定量检测技术有:紫外可见分光光度法(UV-Vis)、原子吸收光谱法(atomic absorption spectroscopy,AAS,原子吸收法)、原子荧光光谱法(atomic fluorescence spectrometry,AFS,原子荧光法)(根据被测元素的基态原子对特征辐射的吸收程度进行定量分析)、电感耦合等离子体发射光谱法(inductively coupled plasma atomic emission spectrometry,ICP,电感耦合等离子体法)、X 射线荧光光谱分析(X-Ray fluorescence,XRF,X 荧光光谱)、电感耦合等离子质谱法(ICP-MS)。

其他大型仪器在高分子材料结构与性能中应用较少,如气相色谱(gas chromatography,GC)主要用于可汽化样品的分离检测。高效液相色谱(high performance liquid chromatography,HPLC,高压液相色谱、高速液相色谱)以液体为流动相,采用高压输液系统,将具有不同极性的单一溶剂或不同比例的混合溶剂、缓冲液等流动相泵入装有固定相的色谱柱,在柱内各成分被分离后,进入检测器进行检测,从而实现对试样的分析。HPLC 用于可溶高分子的分离检测。荧光分光光度计可分析和测试和类微生物、氨基酸蛋白质、核酸及多种临床药物。

8.3 高分子材料成型加工方法

高分子材料成型加工(polymer process)是将高分子材料的原料转化成具有一定形状和性能及使用价值商品的工程技术。它是通过成型设备来完成高分子材料原材料的塑化、变形、定型以及分子链结构、凝聚态结构等物理和化学变化,最终成为高分子材料制品的过程。纤维、橡胶、塑料等天然或合成高分子材料的成型加工,为人们提供了种类繁多的实用材料。大部分高分子材料在流变行为、力学行为和溶液特性等与成型或加工过程相关的性质上有着共同的特性，都存在玻璃化转变、高弹态和熔融转变，都可以利用熔融状态（或溶液状态、高弹态）进行成型或加工。

一种高分子材料制品可采用多种成型加工方法，在不同类型的成型设备上，用不同的工艺进行加工。因此，优化成型工艺流程十分必要，其中，掌握高分子材料的成型过程控制原理是关键。高分子材料成型加工过程控制原理是以诱导、影响物理和化学反应方式、机理的因素作为可控变量，遵循材料工艺-结构-性能的关系，有目的地控制成型制品的产量、质量、能耗的理论。例如：普通挤出过程的控制原理涉及固体-液体-固体的物态变化，涉及的原理为固体、液体输送理论，固-液转化理论，聚合物加工条件-结构-性能关系理论，成型控制理论，所有这些理论即为普通挤出过程的控制原理。反应挤出过程的控制原理除以上物态变化外，还有组分之间的化学反应。因此，还应考虑化学反应热量、分子结构变化对上述变化的影响。高分子材料成型加工方法主要有挤出成型、注射成型、中空成型、压制成型、浇注成型、压延成型等。这些方法可用于功能高分子材料的成型加工，但在成型加工过程中应考虑功能基的稳定性。

8.3.1　挤出成型

挤出成型亦称挤压模塑或挤塑，即借助螺杆或柱塞的挤压作用，使受热熔化的塑料在压力推动下，强行通过口模而成为具有恒定截面的连续型材的一种成型方法。挤出成型是塑料成型加工中很重要的基本成型工艺方法，工艺可分为干法和湿法。挤出法几乎能成型所有的热塑性塑料，也可加工某些热固性塑料。生产的制品有管材、板材（或片材）、薄膜、电线电缆包覆、橡胶轮胎胎面条、内胎胎筒、密封条等。挤出产品约占整个塑料消耗量的 50%。挤出设备可以用于塑料的塑化造粒、着色和共混等。挤出成型除直接成型塑料制品外，还可以与其他成型方法（如压延、热成型、固相成型、压制、泡沫塑料成型、吹塑成型等）相结合，成为生产复杂结构和形状或具有特殊使用性能制品的成型方法。

8.3.2　注射成型

注射成型也称注射模塑或注塑，是高分子材料成型最具实用性的方法。其工艺自身的特点是适应性强、周期短、产率高，易于自动化控制。其突出的优势是可一次成型外形复杂、尺寸精确，甚至带有金属嵌件的制品，因而广泛应用于塑料制品生产中。至今，除极少数的品种外，几乎所有的热塑性塑料都可以采用这一成型加工方法。我国高分子材料加工行业普遍采用的成型方法是注射成型，其面对的生产对象大都是空间感强、立体式的材料形状，在塑料生产方面具有诸多的优势，受到了企业的广泛关注和应用。

塑料的注射成型是将粒状或粉状塑料在注射机的料筒内加热熔化，当呈流动状态时，在柱塞或螺杆加压下熔融塑料被压缩并向前移动，进而通过料筒前端的喷嘴以很快速度注入温度较低的闭合模具内，经过一定时间冷却定型后，开启模具即得制品。这种成型方法是一种间歇操作过程。

8.3.3　中空吹塑成型

中空吹塑成型（又称吹塑成型）是将树脂通过普通的挤出或注塑成型制成型坯，再把型坯直接或间接（将冷却后的预制型坯预热至吹塑温度）置于吹塑模型中，经压缩空气吹胀，使型坯紧贴模具型腔，再冷却定型，得到与模具内腔几何形状相同的塑料中空制品的过程。

吹塑成型的原理是利用热塑性塑料应力-应变特性，即在高弹态易于产生大的形变，而在玻璃态难以变形，基本保持原来的形状，将塑料制成一定形状或与制品相似形状的熔体型坯，调节型坯温度至易于变形的温度，用压缩空气胀大型坯至模具型腔内壁，冷却吹胀型坯，得到所需几何形状的中空制品。吹塑成型过程一般分为三个阶段：型坯制备、吹胀和冷却定型。

吹塑成型可生产各种瓶、壶、桶和儿童玩具等，吹塑成型制品产量仅次于注射制品产量。最常用的塑料是聚乙烯、聚氯乙烯、聚丙烯、聚苯乙烯等，也有用聚酰胺、纤维素、聚碳酸酯等。吹塑成型的主要加工模式是挤出吹塑、注塑吹塑和拉伸吹塑，是目前常用的三种吹塑方法。目前，生产塑料中空制件的成型方法已从基本的中空吹塑成型发展到新型的中空吹塑成型、辅助注射成型、熔芯注射成型、二次加工组装成型等复杂的中空制件成型。

8.3.4 压制成型

压制成型是塑料成型加工技术中历史最久的方法之一，主要用于热固性塑料的成型。根据材料的性状和成型加工工艺的特征，又可分为模压成型和层压成型。

模压成型（即压缩模塑）是将粉状、粒状、碎屑状或纤维状的塑料放入加热的阴模模槽中，合上阳模后加热使其熔化，并在压力作用下使物料充满模腔，形成与模腔形状一样的模制品，再经加热（使其进一步发生交联反应而固化）或冷却（对热塑性塑料应冷却使其硬化），脱模后即得制品。模压成型生产过程的控制、使用的设备和模具较简单，较易成型大型制品。热固性塑料模压制品具有耐热性好、使用温度范围宽、变形小等特点。其缺点是生产周期长，效率低，较难实现自动化，不能成型复杂形状的制品。

层压成型是以片状材料作填料，通过压制成型方法获得层压材料。填料通常是片状的纸、布、玻璃布、木材厚片等，胶黏剂是各种树脂溶液或液体树脂，例如酚醛树脂、不饱和聚酯树脂、环氧树脂等。层压成型主要包括填料的浸胶、浸胶材料的干燥和压制等过程。利用该技术可生产板状、管状、棒状和其他一些形状简单的制品。

8.3.5 浇注成型

浇注成型（也称铸塑成型）是一种由金属铸造技术演变而来的最简单的塑料成型工艺。浇注过程是将流体或粉状原料在常压下，注入成型模具，经物理或化学作用固化定型，得到与模具型腔相似的制品。与其他塑料成型工艺的最显著区别在于成型压力低。按浇铸成型模具结构及操作方式，浇注成型方法分为静态浇注成型、嵌注、离心浇注、流延浇注、搪塑和滚塑等。聚甲基丙烯酸甲酯、聚苯乙烯、碱催化聚己内酰胺、有机硅树脂、酚醛树脂、环氧树脂、不饱和聚酯和聚氨酯等都常用静态浇注成型方法生产各种型材和制品，如有机玻璃是最典型的浇注产品。

用透明塑料进行嵌铸用于保存生物或医学标本、工艺美术品、精密电子装置等；离心铸塑可生产管状物、空心制品、齿轮、轴承等；流延浇铸用于生产薄膜；搪塑可生产玩具或其他中空（如安置塑料）制品；滚塑用于生产大型容器等。成型压力低和成型设备结构简单，使浇铸技术对制品的尺寸限制较小，模具可以制作得较为复杂，可制造超大型制品。

8.3.6 压延成型

压延成型是热塑性塑料的一种成型方法，是将已塑化的热塑性塑料，通过一系列辊筒间隙，使物料承受挤压和延展作用，成为具有一定厚度、宽度与表面光洁的薄膜或片状制品。

如果把薄膜与引入的布基等复合，就成为人造革和其他复合制品，此法称为压延涂层法。用作压延成型的塑料大多数是热塑性非晶体塑料，其中以聚氯乙烯用得最多。塑料压延成型是在橡胶压延工艺的基础上发展分支出来的。

压延成型具有较大的生产能力（可连续生产，也易于自动化）、较好的产品质量（质量优于吹塑薄膜和挤出薄膜），还可制取复合材料（人造革、涂层纸等）、印刻花纹等。但所需加工设备庞大，精度要求高，辅助设备多。同时，制品的宽度受压延机辊筒最大工作长度的限制。

8.3.7　3D 打印技术

近年来发展迅速的 3D 打印技术，已成为成型加工行业的"新宠儿"。该技术是通过机械、物理、化学等方法来构造物体三维制件的快速成型方法。它是一种以数字模型文件为基础，运用粉末状金属或塑料等可黏合材料，通过逐层打印的方式来构造物体的技术。3D 打印技术发展迅速，应用领域逐渐增多，涉及的主要工艺包括光固化打印、选择性激光烧结打印、熔融沉积打印等。该技术在珠宝、鞋类、工业设计、建筑、工程和施工、汽车、航空航天、牙科和医疗产业、教育、地理信息系统、土木工程、枪支以及其他领域都有所应用。3D 打印技术可以充分应用在高分子材料的成型技术中，实现结构复杂的一体化高分子材料器件制备。常见 3D 打印高分子材料有聚酯、聚碳酸酯、聚酰胺、聚乙烯、聚丙烯等，广泛用于机械制造、医疗、建筑、汽车制造等行业。

8.3.8　高分子材料成型加工新技术

随着树脂种类和高分子材料应用领域的不断扩大，高分子材料成型加工方法正在日新月异发展，不但对传统工艺（如注射成型、挤出成型、压制成型、压延成型、中空成型、浇铸成型等）进行创新，而且发展到新型的用于特殊原料、特殊性能和复合结构制品的成型方法，以及有效控制聚合物聚集态结构的成型技术。例如：加工热固性高分子材料的反应注塑成型，专门用于超高分子量聚乙烯和聚四氟乙烯等高黏度热塑性高分子材料的粉末烧结成型，局部中空制品的辅助程序，低内应力制品的注射-压缩成型，多层结构高分子材料的共注塑和共挤出成型，以及振动保压成型技术。

除上述常见的高分子材料成型加工方法外，还有辐射加工、微波加工、表面涂层新技术（热喷涂、化学镀）、焊接成型与固相成型、静电纺丝、热成型、微孔塑料成型、冷压烧结成型和计算机辅助技术等高分子加工成型新技术。

以辐射加工为例，辐射加工是利用 γ 射线和加速器产生的电子束辐照被加工物体，使其品质或性能得以改善。目前，辐射加工在高分子材料辐射改性、食品辐照保藏、卫生医疗用品的辐射消毒等方面，已有一些国家实现了工业化和商业化。特别是高分子辐射改性方面，产品最多。其中，聚乙烯绝缘层的辐射交联，已应用于电线、电缆的制造工艺中，产品耐热、耐腐蚀性能好，可提高设备的可靠性，并使之小型化，已广泛用于航天、通信、汽车、家用电器等工业中的配线材料。辐射接枝可以改善层压制品的粘接性。例如，聚乙烯粉末辐照后与丙烯酸进行接枝，将接枝物压成薄膜再与铝箔层压，可做瓶盖等。在制造轮胎时，将生胶片进行辐照预处理使之发生轻度交联，最后得到的轮胎的力学性能和压缩后的回复率显著提高。与化学交联相比，辐照交联的优点有：①不仅可用于天然橡胶，而且也适用于各种合成橡胶；②交联度容易调节；③交联分布均匀。

我国在高分子合成材料方面取得了很大的进步，相关行业的生产活动也在不断发展壮大，高分子材料成型加工技术被运用于汽车等工业生产活动之中。高分子合成材料行业已经发展成为我国的重要经济类产业，是国民经济发展的重要组成部分。由于高分子材料具有的特性，通过对高分子材料系统性（包括高分子材料的成型过程以及控制对策）研究，可促进高分子材料工业化发展。

参考文献

[1] 焦剑，雷渭媛主编.高聚物结构、性能与测试.北京：化学工业出版社，2003.
[2] 汪昆华，罗传秋，周啸.聚合物近代仪器分析.北京：清华大学出版社，1991.
[3] 朱诚身.聚合物结构分析.第二版.北京：科学出版社，2010.
[4] 张美珍，等.聚合物研究方法.北京：中国轻工业出版社，2006.
[5] 张兴英，李齐方.高分子科学实验.第二版.北京：化学工业出版社，2007.
[6] 王贵恒.高分子材料成型加工原理.北京：化学工业出版社，2011.
[7] 吴智华，杨其.高分子材料成型工艺学.成都：四川大学出版社，2010.
[8] 周达飞，唐颂超.高分子材料学-高分子材料成型加工.第二版.北京：中国轻工业出版社，2006.
[9] 林权，崔占臣.高分子化学.北京：高等教育出版社，2015.
[10] 温变英.高分子材料成型加工新技术.北京：化学工业出版社，2014.
[11] 陈硕平，易和平，罗志虹，诸葛祥群，罗鲲.高分子3D打印材料和打印工艺.材料导报，2016，30（4）：54-59.

（张振琳，王荣民，马恒昌）

第9章 ▶▶ 涂料用高分子材料的合成与性能

涂料（paint or coating）是一种材料，这种材料可以用不同的施工工艺涂覆在物件表面，形成黏附牢固、具有一定强度、连续的固态薄膜。因早期的涂料大多以天然油脂、树脂（如桐油、松香、生漆等）为主要原料，故又称"油漆"。涂料的主要成分为成膜物、颜填料、溶剂和助剂。其中，成膜物是决定涂膜性能的主要因素。

涂料属于有机化工高分子材料，所形成的涂膜属于高分子化合物类型。按照现代通行的化工产品的分类，涂料属于精细化工产品。现代的涂料正在逐步成为一类多功能性的工程材料，是化学工业中的一个重要行业。涂料主要有保护、装饰、掩饰产品缺陷和其他特殊功能（绝缘、防锈、防霉、耐热等），具有提升产品价值等作用。

20世纪初，随着高分子化学的建立与发展，涂料进入合成树脂时代，各种高分子化合物研制成功并投入使用，相继出现了以丙烯酸树脂、环氧树脂、氨基树脂、硝基树脂、聚酯、聚氨酯、有机硅树脂、氟碳树脂等不同类型高分子为成膜物的功能涂料。表9-1罗列了常见涂料用高分子材料。涂料的应用非常广泛，根据用途，主要有建筑涂料、木器涂料、汽车涂料、船舶涂料、铁道涂料、航空涂料、预涂卷材涂料、电泳涂料、道路标线涂料、地坪涂料、塑料涂料等；根据功能，主要有防腐蚀涂料、防火涂料、绝缘涂料、氟树脂涂料等。

表 9-1 常见涂料用高分子材料简介

成膜物品种	成膜物主要来源、成分、特点
松香树脂	以松胶为原料加工的非挥发性天然树脂，制成的清漆干燥性、硬度、耐水性均有提高
丙烯酸树脂	丙烯酸共聚物（或聚丙烯酸酯）：由丙烯酸酯类和甲基丙烯酸酯类及其他烯类单体共聚得到，可合成不同类型、不同性能和不同应用场合的丙烯酸树脂。其对光的主吸收峰处于太阳光谱范围之外，所制涂料具有优异的耐光性及抗户外老化性能
醇酸树脂	由多元醇、邻苯二甲酸酐和脂肪酸或油缩合而成的油改性聚酯树脂。醇酸树脂固化成膜后，有光泽和韧性，附着力强，并具有良好的耐磨性、耐候性和绝缘性等。饱和聚酯树脂指由直链结构多元酸和多元醇合成的具有线型结构的饱和聚酯树脂，柔韧性好
聚氨酯	聚氨基甲酸酯：由有机二异氰酸酯或多异氰酸酯与二羟基或多羟基化合物加聚而成，主链上含有重复氨基甲酸酯基团（—NHCOO—）。除氨酯键外，可含有酯键、醚键、脲甲酸酯键、异氰尿酸酯键、双键以及丙烯酸酯成分等，近似嵌段共聚物
环氧树脂	分子结构中含有环氧基团的高分子化合物，可与多种类型固化剂发生交联，形成不溶不熔的网状高聚物。固化后的环氧树脂具有良好的物理、化学性能，它对金属和非金属材料的表面具有优异的粘接强度，介电性能良好，制品尺寸稳定性好，硬度高，柔韧性较好，对碱及大部分溶剂稳定
酚醛树脂	苯酚与甲醛缩聚而得，也叫电木（电木粉），具有良好的耐酸性能、力学性能、耐热性能。因选用的催化剂不同，可分为热固性和热塑性两类
氨基树脂	以含氨基的化合物与醛类（甲醛为主）缩合，生成的羟甲基（—CH_2OH）与脂肪族一元醇（部分或全部）醚化得到的一种多官能团的化合物（如脲醛树脂、三聚氰胺树脂）。用其交联的漆膜具有优良的光泽、硬度、耐水及耐候性等，可用于汽车修补用涂料
聚脲树脂	脲甲醛树脂（UF）：尿素与甲醛反应得到的聚合物。加工成型时发生交联，制品为不溶不熔的热固性树脂。固化后的脲醛树脂呈半透明状，耐弱酸、弱碱，绝缘性能好，耐磨性极佳，价格便宜；遇强酸、强碱易分解，耐候性较差

续表

成膜物品种	成膜物主要来源、成分、特点
氯化聚烯烃树脂	烃类聚合物中的部分 H 被 Cl 取代的脂肪烃树脂,如氯化橡胶、过氯乙烯、氯化聚丙烯、氯化乙烯-乙酸乙烯共聚物等。极性较大的 C—Cl 键使其具有优良的耐候性、耐臭氧、耐化学介质(酸、碱、盐)性及一定的耐脂肪烃溶剂等,广泛用于防腐涂料
氟碳树脂	氟碳树脂是指以含 F 烯烃(如氟乙烯)为单体,经过均聚或共聚得到的聚合物,具有不黏附性、不湿润性,广泛应用于厨房用具、纺织、造纸等工业用机械的高级卷材涂料,以及用于各种罐类、输送管线、泵类、反应釜、换热器及精密器械等的涂装及衬里方面
有机硅树脂	聚有机硅氧烷通常是用硅烷(如甲基三氯硅烷、甲基苯基二氯硅烷)在有机溶剂存在下水解得到的酸性水解物,并经水洗除酸、缩聚后形成高交联网络结构。其具有优异的热氧化稳定性、电绝缘性能,以及卓越的防水、防锈、耐候性能,但耐溶剂性能较差

20 世纪末,环境保护备受世人关注,涂料朝着节能、省资源、无污染的方向发展,水性涂料、粉末涂料、高固体分涂料及辐射固化涂料等环保涂料相继出现。进入 21 世纪,功能与智能材料异军突起,并向各行业渗透,智能涂料也受到广泛关注。研制涂料的出发点也不仅仅限于保护性、装饰性,而是逐步朝着生态、功能与智能方向发展。

由于绝大部分成膜物为高分子化合物,是决定涂膜性能的主要因素,因此,涂料的功能化与智能化首先应从制备功能化或刺激/响应性高分子材料入手。

实验 9-1 丙烯酸酯共聚物乳液的合成与性能测试

(1) 实验目的

① 熟悉乳液聚合的原理与技术;掌握丙烯酸酯共聚物乳液的设计、合成方法。

② 学习丙烯酸树脂的改性思路与配方调整方案。

(2) 实验原理与相关知识

丙烯酸酯共聚物 (acrylate copolymer) 在水性涂料中应用最多,具有防腐、耐碱、耐水、成膜性好、保色性佳、低污染等优良性能,并且容易配成施工性良好的涂料,涂装工作环境好,使用安全。其广泛应用于防腐、内外墙、木器、纸品、路标等领域。

丙烯酸树脂是由(甲基)丙烯酸酯、(甲基)丙烯酸及其他不同类型单体共聚得到的丙烯酸酯共聚物:

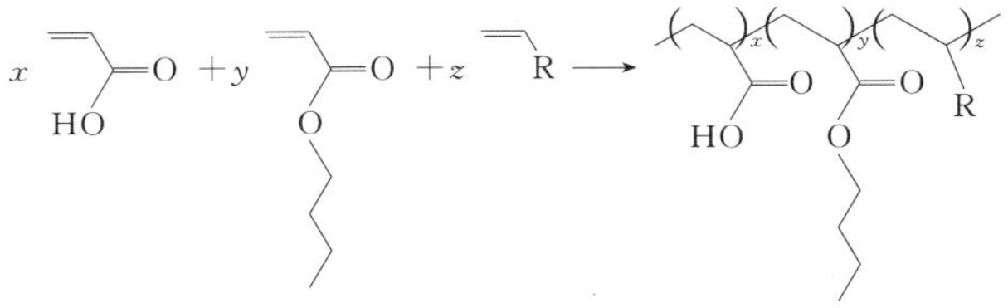

丙烯酸树脂按制备工艺可分为水稀释型丙烯酸树脂、丙烯酸树脂乳液两大类。其中,丙烯酸树脂乳液最为常见,所制备的树脂乳液也称为胶乳(latex)或乳胶。单体结构决定了丙烯酸树脂的性能,因此,丙烯酸树脂配方的关键是单体的选择。几种典型丙烯酸乳液配方如表 9-2 所示。其中,纯丙乳液性能最好,但价格较高,多用于高层建筑的外墙涂料。苯丙、乙丙乳液的成本较低,多用于内墙涂料。

表 9-2　不同类型丙烯酸酯共聚物乳液配方　　　　　　　　　单位：g

组分	纯丙乳液	乙丙乳液	苯丙乳液	氟改性苯丙乳液
丙烯酸丁酯（BA）	23	23	23	23
丙烯酸乙酯（EA）	23	—	—	—
丙烯酸（AA）	1	—	1	1
甲基丙烯酸（MAA）	—	2	—	—
苯乙烯（St）	—	—	23	23
乙酸乙烯酯	—	75	—	—
甲基丙烯酸六氟丁酯	—	—	—	3
APS（引发剂）	0.24	0.4	0.24	0.24
乳化剂（emulgator）	2.5（OP-10）	3（OP-10）	0.7（OP-10）	0.7（OP-10）
	1（SDS）	1（SDS）	0.5（SDS）	0.5（SDS）
保护胶体	—	1（PMAANa）	—	—
NaHCO₃（缓冲剂）	0.22	0.3	0.22	0.22
水（分散剂）	50	120	50	50

注：1. 引发剂为过硫酸钾（KPS）或过硫酸铵（APS）；缓冲剂为 NaH_2PO_4 或小苏打。

2. OP 为聚氧乙烯烷基酚醚类非离子型系列乳化剂，其中，"10"代表（—CH_2CH_2O—）重复单元数量。

3. 十二烷基苯磺酸钠（SDS）又称 AS 或 K12，属阴离子表面活性剂。

4. PMAANa 为聚甲基丙烯酸钠。

引入硬单体苯乙烯的丙烯酸酯类乳液体系，称为苯乙烯-丙烯酸酯乳液（简称苯丙乳液），由于其具有较高的性价比，在胶黏剂、造纸施胶剂及涂料等领域应用广泛。苯丙乳液可通过增加特殊结构的单体，大幅度改善其性能与功能，如：①有机硅改性苯丙乳液明显提高其耐候性、保光性、弹性和耐久性等。②氟改性苯丙乳液是一种集高、新、特于一身的性能优异的涂料，享有"涂料王"的美称。③环氧树脂改性苯丙乳液既具有环氧树脂高强度、耐腐蚀、附着力强的优点，又具有苯丙乳液的耐候性、光泽好等特点，其涂膜的硬度、耐污染性及耐水性优良。④阳离子苯丙乳液不仅有利于带负电荷表面的中和、吸附和黏合，而且还具有杀菌、防尘和抗静电作用。⑤功能性单体改性苯丙乳液进一步提高和完善了苯丙乳液的性能，研究日趋活跃，而对体系功能性单体的研究是其中的热点之一。

本实验练习涂料用苯丙乳液、氟改性苯丙乳液的制备、表征，以及涂料用聚合物乳液性能测试技术。

（3）试剂与仪器

丙烯酸正丁酯（BA）、丙烯酸（AA）、苯乙烯（St）、甲基丙烯酸六氟丁酯、壬基酚聚氧乙烯醚（OP-10）、十二烷基硫酸钠（SDS）、过硫酸铵（APS）、氨水、碳酸氢钠、乙二醇、四氢呋喃（THF）、蒸馏水。

四颈烧瓶（250mL）、球形冷凝管、滴液漏斗、水浴锅、电动搅拌器、载玻片、索式提取器、烘箱、数显旋转式黏度计（BGD526）、界面张力仪、纱布、成膜温度测定仪、粒径分析仪、红外光谱仪、差示扫描量热仪、接触角测量仪。

（4）实验步骤

① 苯丙乳液的合成

在四颈烧瓶（250mL）上安装加热、搅拌装置，按照苯丙乳液配方（表 9-2）用量，依次将 SDS、OP-10、蒸馏水加入四颈烧瓶，搅拌溶解，加入适量碳酸氢钠，升温至 60℃。将引发剂 APS 配成 2% 溶液，先加入 1/2 APS 溶液、15%（质量分数）的混合单体，加热慢速升温，温度控制在 70～75℃。若无显著的放热反应，则逐步升温至 80～82℃，将余下的混合单体缓慢且均匀滴加，同时滴加剩余引发剂（也可分 3～4 次加入），1.5～2h 滴完，再保温 1h。升温至 85～90℃，保温 0.5～1h。冷却，用氨水调节 pH 值为 9～9.5。出料（若有沉淀时用纱布过滤），得到苯丙乳液。

注意：a. 可按照表 9-2 配方合成氟改性苯丙乳液；b. 若几组同时实验，可用不同配方进行对比，注意观察不同配方合成的乳液性状，比较其性能。

② 乳胶膜的制备

将乳液均匀地涂在载玻片上，晾干成膜（必要时在烘箱中烘干），得到共聚物乳胶膜。取下乳胶膜后在索式提取器中用 THF 抽提 24h，得到纯化的高分子乳胶膜。

其中，共聚物乳胶膜可用于测定玻璃化转变温度（T_g）、接触角、吸水率；纯化的高分子乳胶膜可用于测定红外光谱。

③ 乳液性能测定与表征

a. 稳定性测试：ⅰ. 聚合稳定性。聚合过程中如果出现乳液分层、破乳，有粗粒子及凝聚现象发生，则视为不稳定。ⅱ. 稀释稳定性。用水将乳液稀释到固体质量分数为 10%，密封静置 48h，观察乳液是否分层，如果不分层，表明乳液的稀释稳定性合格。ⅲ. 储存稳定性。将一定量的乳液置于阴凉处密封，室温保存，定期观察乳液有无分层或沉淀现象，如无分层或沉淀，表明乳液具有储存稳定性。ⅳ. 钙离子稳定性。取少量乳液与质量分数为 5% 的氯化钙溶液按质量比 1：4 混合、摇匀，静置 48h 后观察乳液，如果不凝聚、不分层、不破乳，表明乳液的钙离子稳定性合格。

b. 乳液黏度：用旋转黏度计测定。

c. 固体含量：按照 GB/T 1725—2007 方法测定。

d. 吸水率：按 GB/T 1733—1993《漆膜耐水性测定法》测定。

e. 乳液的界面张力的测定：用自动界面张力仪测定。

f. 乳液 Zeta 电位和乳液粒径测定：用 Zeta 电位及粒径分析仪测定。

g. 乳液最低成膜温度的测定：按照 GB/T 9267—2008，用最低成膜温度测定仪测定。

h. 红外光谱（FT-IR）分析：将纯化的高分子乳胶膜采用 FT-IR 分析。

i. 玻璃化转变温度（T_g）测定：用差示扫描量热仪（DSC）测定共聚物乳胶膜。

j. 接触角的测定：将共聚物乳胶膜干燥后，用接触角测量仪测定乳胶膜与水的接触角。

(5) 实验数据记录

实验名称：___丙烯酸酯共聚物乳液的合成与性能测试___

姓名：_____　班级组别：_____　同组实验者：_____

实验日期：____年____月____日；室温：____℃；湿度：____；评分：_____

（一）乳液聚合配方与聚合条件

苯丙乳液配方：

丙烯酸丁酯（BA）：____g；丙烯酸（AA）：____g；苯乙烯（St）：____g；引发剂：____g；乳化剂：____g；NaHCO$_3$：____g；水：____g

聚合条件：

氟改性苯丙乳液：

丙烯酸丁酯（BA）：____g；丙烯酸（AA）：____g；苯乙烯（St）：____g；甲基丙烯酸六氟丁酯：____g；引发剂：____g；乳化剂：____g；NaHCO$_3$：____g；水：____g

聚合条件：

功能改性苯丙乳液配方：

聚合条件：

（二）丙烯酸酯共聚物结构表征

IR 数据：_____；T_g：_____；接触角：_____粒径：_____

（三）共聚物乳液性能

参照实验步骤③设计与记录。

(6) 问题与讨论

① 为何要将乳化剂 SDS 与 OP-10 复合使用？碳酸氢钠在本实验中有何作用？

② 进行乳液聚合时要严格控制反应温度和时间，为什么？

③ 总结制备涂料用丙烯酸酯共聚物乳液中的关键因素。

④ 查阅资料，总结制备功能性苯丙乳液的方法与技术。比较改性后苯丙乳液的性质。

实验 9-2　水性涂料的制备与漆膜基本性能测试

(1) 实验目的

① 熟悉水性涂料的制备技术。

② 学习水性涂料与涂膜（漆膜）基本性能的测试方法。

(2) 实验原理与相关知识

涂料是一种流动状态或粉末状态的物质，能够均匀地覆盖和良好地附着在物体表面形成固体薄膜。其基本性能包括涂料的流动性和黏度、细度、固体分含量、储存稳定性等。其施工性能包括干燥时间、遮盖力、厚度、流平性、流挂性、打磨性、重涂性等。

涂料因其功能、应用领域不同，所需检测的性能有所不同。如：合成树脂乳液内墙涂料根据国家标准（GB/T 9756—2018）需要检测容器中的状态、施工性、低温稳定性、干燥时间（表干）、涂层外观、对比率（白色和浅色）、耐碱性、耐水性、耐洗刷性等；内墙涂料用树脂膜需要检测的基本性能则包括外观、表干、实干、硬度、附着力等参数。

涂料涂刷后干燥固化，得到涂料膜（涂膜或漆膜）。其主要性能包括基本物理机械性能、外观光泽性、耐水性、耐汽油性、耐化学性、耐洗刷性、耐盐雾性、耐湿热性、抗霉菌性、耐候性等。涂膜的物理机械性能用以判断涂膜受碰撞和摩擦等外力作用后的抗损坏程度，包括附着力、硬度、冲击强度、柔韧性、杯突试验、耐磨性、抗石击性等。

漆膜附着力指漆膜与被涂物表面物理和化学力的作用结合在一起的坚牢程度，是涂膜的最主要的性能之一。这种附着强度的产生是涂膜中聚合物的极性基团与被涂物表面极性基团相互结合所致。附着力测量方法有切痕法、剥离法、划圈法等几种。其中，划圈法较为普遍，已列入漆膜检验国家标准（GB 1720—1979），按螺纹线划痕范围中的漆膜完整程度评定，以级表示。漆膜附着力等级与测定仪如图 9-1 所示。

附着力分为 7 个等级：以样板上划痕上侧为检查的目标，依次标出 1、2、3、4、5、6、7，按顺序检查各部位漆膜完整程度，如某一部位有 70% 以上为完好，则认为该部位是完好的，否则认为坏损。例如：凡第 1 部位内漆膜完好者，则此漆膜附着力最好，为 1 级；第 1 部位漆膜坏损而第 2 部位完好者，则为 2 级，余者类推。7 级的附着力最差，漆膜几乎全部脱落。

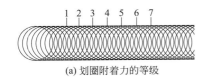

(a) 划圈附着力的等级

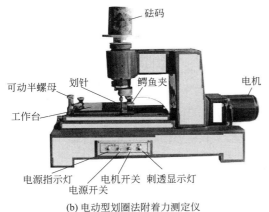

(b) 电动型划圈法附着力测定仪

图 9-1　附着力等级与测定仪

涂膜的制备是进行各种涂膜检验的首要步骤，要正确地评定涂膜的性能，首先必须制备均匀且厚度一定的漆膜试板。由于涂料品种及实验的表面类型繁多，并没有统一的制备漆膜的方法，如刷涂、喷涂、浸涂等方法，其实质都是为了将油漆均匀涂布于各种材料表面上，制成漆膜以供检验涂膜的性能。

本实验以前述实验制备的苯丙乳液为成膜物，首先制备水性涂料，其次制备漆膜（涂料膜），然后进行漆膜的附着力、耐洗刷等基本性能测试。

（3）试剂与仪器

苯丙乳液（成膜物）。助剂：10％六偏磷酸钠水溶液（分散剂）、丙二醇（成膜助剂）、苯甲酸钠（防霉剂）、羧甲基纤维素（增稠剂）、磷酸三丁酯（消泡剂）。颜料：钛白粉（二氧化钛，白色颜料）。填料：滑石粉（硅酸镁）、大白粉（碳酸钙）、蒙脱土、高岭土。马口铁块，玻璃板。

高速分散机（BGD 740/1）（或研磨仪）、电动漆膜附着力测定仪（BGD155/2）、涂料耐洗刷仪（BGD526）、分散杯（塑料杯或不锈钢杯）、天平、高速搅拌机。

（4）实验步骤

① 水性涂料制备

在分散杯（塑料杯或不锈钢杯）中，将 12g 10％六偏磷酸钠水溶液（分散剂）、6.5g 丙二醇（成膜助剂）、0.08g 苯甲酸钠（防霉剂）分散于 50g 水中，开动高速搅拌机，逐渐加入 45g 钛白粉、20g 滑石粉、15g 碳酸钙、5g 蒙脱土、5g 高岭土。快速搅拌分散均匀，缓慢加入 0.5g 磷酸三丁酯（消泡剂），继续搅拌 30min。然后在慢速搅拌下，加入 100g 苯丙乳液，搅拌直至均匀。必要时，添加少量消泡剂、增稠剂（0.15g），得到水性白色苯丙涂料。

若加入少量彩色颜料，如蓝色颜料（铁蓝、群青）、红色颜料（氧化铁红、甲苯胺红）、黄色颜料（铅铬黄、氧化铁黄）、绿色颜料（铅铬绿、酞菁绿）、黑色颜料（石墨、铁黑、苯胺黑）等，可得到彩色涂料。

② 漆膜制备

漆膜用丙苯涂料按 GB 1727—92（漆膜一般制备法）标准制备，也可采用相同方法制备乳液膜。

③ 漆膜附着力测定

a. 仔细阅读漆膜附着力测定仪使用说明。

b. 检查钢针是否锐利，针尖距工作台面约 3cm。将针尖的偏心位置（即回转半径）调至标准回转半径。方法：松开卡针盘后面的螺栓和回转半径调整螺栓，适当移动卡针盘后，依次紧固上述螺栓，划痕与标准圆划线图比较，直至与标准回转半径 5.25mm 的圆滚线相同，调整完毕。

c. 将样板正放在试验台上（漆膜朝上），用压板压紧。

d. 酌加砝码，使针尖接触到漆膜，按顺时针方向均匀摇动手轮，转速以 80～100r/min 为宜，圆滚线标准图长为（7.5±0.5）cm。

e. 向前移动升降棒，使卡针盘提起，松开固定样板的有关螺栓，取出样板，用漆刷除去划痕上的漆屑，以 4 倍放大镜检查划痕并评级。

注意：一根钢针一般只使用 5 次；试验时针必须刺到涂料膜底，以所画的图形露出板面为准。

④ 耐洗刷性测定

按 GB/T 9266—2009 涂层耐洗刷性的测定方法进行：取三块洁净的玻璃板，单面涂刷一道 C06-1 铁红醇酸底漆封底，在（105±2）℃下烘烤 30min，干漆膜厚度（30±3）μm，然后涂刷待测涂料两道，其干涂膜总厚度为（45±5）μm，在（23±2）℃、RH（50±5）％的条件下干燥 7d，在涂料耐洗刷仪上进行刷洗，记录刷洗次数。

（5）实验数据记录

实验名称：＿＿＿水性涂料的制备与漆膜基本性能测试＿＿＿

姓名：＿＿＿＿＿＿＿　班级组别：＿＿＿＿＿＿＿＿　同组实验者：＿＿＿＿＿＿＿＿

实验日期：＿＿＿年＿＿月＿＿日；室温：＿＿＿℃；湿度：＿＿＿＿；评分：＿＿＿

（一）漆膜附着力测定结果

（二）漆膜耐洗刷性测定结果

（三）水性涂料其他基本性能

（6）问题与讨论

① 查阅资料，总结内墙涂料基本性能及其检测方法。

② 简述其他测定漆膜附着力的方法。

实验 9-3 　无皂双亲性丙烯酸酯共聚物乳液及调湿涂料的制备

（1）实验目的

① 学习涂料用双亲性高分子的合成；熟悉功能水性涂料的制备技术。

② 学习水性涂料与涂膜（漆膜）性能的测试方法；了解功能涂料发展方向。

（2）实验原理与相关知识

空气湿度是一个与人们生活和生产密切相关的重要环境参数。过高和过低的湿度都会对人体、建筑物及生产过程造成不同程度的损伤。当室内相对湿度过低时（RH＜30％），人体会出现皮肤干裂、嗓子干哑、眼睛干涩等不良反应。同时，过低的湿度还有可能产生静电。湿度过大时（RH＞70％），会加快霉菌的生长，从而影响食品的加工和保存；引起金属表面锈蚀，导致电器绝缘性能下降；造成盥洗室、卫生间壁面出现结露现象，严重时会引起墙体涂料的脱落，影响美观及房屋的能耗和使用寿命；人体也会感到呼吸不舒服，甚至出现过敏反应。

随着科技发展，人们生活水平提高，人们对居住条件的安全性、舒适性的要求也越来越高。室内热湿环境作为影响居住条件舒适性的一个关键因素，已经受到人们一定关注。调湿涂料是具有吸、放湿特性的功能涂料，其吸-放湿机理如下：

它与一般的调湿材料相比，有效利用室内空间，但又不占用室内空间是它最大的优势，因此具有广阔的市场利用前景。

本实验首先合成无皂两亲性丙烯酸共聚物乳液（EF-AAC），然后制备内墙用水性调湿涂料，并测试其调湿性能。

（3）试剂与仪器

丙烯酸丁酯（BA）、甲基丙烯酸甲酯（MMA）、丙烯酸（AA）、甲基丙烯酸-β-羟丙酯（HPMA）、己二酸二酰肼（ADH）、过硫酸钾（KPS）、$NaHCO_3$、消泡剂（3016♯）、硅藻土（CD02、CD05）、钛白粉、滑石粉、蒙脱土、高岭土、膨润土、马口铁片、玻璃板、氨水、蒸馏水、天平。

三颈烧瓶（250mL）、冷凝管、滴液漏斗、温度计、电动搅拌器、加热浴、烧杯、高速分散机（BGD740/1）、电动漆膜附着力测定仪（BGD155/2）、涂料耐洗刷仪（BGD526）、调湿测试箱（42L）、温湿度自动记录仪（S500）、滤纸。

（4）实验步骤

① 无皂双亲性丙烯酸共聚物乳液（EF-AAC）制备

在装有电动搅拌器、温度计、冷凝管和滴液漏斗的三颈烧瓶中加入部分蒸馏水，将 $NaHCO_3$ 溶解于水中，升温至 85℃。取 1/3 KPS（1%，质量分数）水溶液加入到三颈烧瓶中。按配方量称取单体（AA、MMA、BA、HPMA），混合后加入滴液漏斗，再取 1/3 KPS 水溶液加入另一滴液漏斗，和混合单体同时滴加，约 4h 滴完，中途再添加一次 KPS 水溶液，然后在此温度下保持反应 2h 后，降温至 50℃，用氨水调节 pH＝7～8，100 目筛过滤，封装，编号，即得到 EF-AAC 乳液。

② 水性调湿涂料制备

称取配方量的颜填料分散于 144g 水中，然后按配方量添加 24g 无皂双亲性丙烯酸共聚物乳液（EF-AAC）和交联剂（ADH），搅拌均匀后，在高速分散机上安装 1 号转子（直径 5cm）对混合液进行搅拌，转速 1000r/min，分散 30min 后，换 3 号转子（直径 5cm，塑料转子），将转速调至 200r/min，分散 10min 后。慢慢加入消泡剂，搅拌 20min，用 10% 的氨水调节 pH＝7～8，测黏度、固体分，200 目筛过滤，封装，出料，即得无皂双亲丙烯酸酯乳液调湿涂料（EF-AAC-C）。

③ 涂料调湿功能测试

将配好的涂料涂刷于玻璃板上和水泥板上，并干燥成膜。准确称量空白玻璃板、涂刷后湿涂膜玻璃板和干涂膜玻璃板的质量。

a. 增湿性能：首先，将 6 块涂覆有功能涂料的水泥板浸入蒸馏水中，保持 30min 左右，使其饱和吸水，得到吸水涂料板，并称其吸水前后的质量。其次，测试并记录调湿测试箱内起始空气温度和湿度。然后，把 6 块饱和吸水的涂料板放入调湿箱内，定时测定箱内温湿度的变化，作增湿曲线。

b. 降湿性能：先用盛水的表面皿或烧杯放入调湿箱，关闭箱门，将调湿箱内的空气湿度（RH）调至 90％以上，并稳定一段时间。记录起始温湿度，然后把 6 块已称重的干燥涂料板（水泥板）放入箱内，定时测定箱内温湿度的变化，作降湿曲线图，即湿度随时间变化曲线。

c. 吸水率：按 HG/T 3856—2006 规定，首先在玻璃板表面涂刷功能涂料，并准确称量玻璃板在涂刷涂料前后的质量。然后，将涂有涂料的玻璃板放入烘箱，在 100℃下烘至恒重，取出，浸入（25±1）℃的蒸馏水中 48h 后取出，迅速用滤纸吸干涂膜表面水分，称量，吸水率（ΔM）按下式计算：

$$\Delta M = \frac{M_2 - M_1}{M_1 - M_0} \times 100\% \tag{9-1}$$

式中，M_0 为玻璃板的质量，g；M_1 为玻璃板＋干燥后的涂膜的质量，g；M_2 为玻璃板＋吸水后的涂膜的质量，g。

d. 放水性：将饱和吸水后的涂层试板从水中取出，迅速用滤纸吸干涂膜表面水分，立即称量。然后，放置在温度（23±2）℃、湿度（40±5）％的环境中，定时测定失水后质量，并作释水曲线图。

④ 共聚物表征与漆膜基本性能测试

参照实验 9-1、实验 9-2 的方法，进行测试与表征。

（5）实验数据记录

实验名称：＿＿＿无皂双亲性丙烯酸酯共聚物乳液及调湿涂料的制备＿＿＿

姓名：＿＿＿＿＿＿　班级组别：＿＿＿＿＿＿＿　同组实验者：＿＿＿＿＿＿

实验日期：＿＿＿年＿＿＿月＿＿＿日；室温：＿＿＿℃；湿度：＿＿＿＿；评分：＿＿＿＿

（一）无皂双亲性丙烯酸酯共聚物乳液及调湿涂料主要参数

制备共聚物乳液主要参数：

制备调湿涂料主要参数：

（二）水性涂料调湿功能

绘制调湿箱中湿度随时间的变化曲线

（6）问题与讨论

① 查阅调湿涂料相关资料，总结制备调湿涂料的主要方法。

② 查阅资料，总结用于制备水敏感涂料（调湿涂料）的乳液有哪些类型。

③ 在资料调研的基础上，设计用于制备调湿涂料的新型聚合物体系。

参考文献

[1]　倪才华，陈明清，刘晓亚. 高分子材料科学实验. 北京：化学工业出版社，2015：102-104.

[2]　刘国杰. 涂料树脂合成与工艺. 北京：化学工业出版社，2012：265-270.

[3]　虞莹莹. 涂料工业用检验方法与仪器大全. 北京：化学工业出版社，2007：89.

[4]　李青山. 材料科学与工程实验教程——高分子分册. 北京：冶金工业出版社，2012：185.

[5]　仓里. 涂料工艺. 北京：化学工业出版社，2005：110-119.

[6]　沈新元. 高分子材料加工原理. 北京：中国纺织出版社，2009：482-119.

[7]　郭静. 高分子材料专业实验. 北京：化学工业出版社，2015：204.

[8]　Wang RM，Wang J，Wang X，He Y，Zhu Y，Jiang M. Preparation of acrylate-based copolymer emulsion and its hu-

midity controlling mechanism in interior wall coatings. Prog Org Coating，2011，71（4）：369-375.

［9］ Zhang S，Wang R-M，He Y，Song P，Wu Z. Waterborne Polyurethane-Acrylic Copolymers Crosslinked Core-Shell Nanoparticles for Humidity-Sensitive Coatings. Prog Org Coating，2013，76（4）：729-735.

［10］ Wu Z，Zhai W，He Y，Song P，Wang RM. Silicylacrylate Copolymer Core-Shell Emulsion for Humidity Coatings. Prog Org Coating，2014，77（11）：1841-1847.

［11］ Zhai W，Wu Z，Wang X，Song P，He Y，Wang RM. Preparation of Epoxy-acrylate Copolymer@Nano-TiO$_2$ Pickering Emulsion and Its Antibacterial Activity. Prog Org Coating，2015，87：122-128.

（王荣民，张振琳）

第 10 章 ▶▶ 吸附性高分子材料的合成与性能

吸附材料是指能有效地从气体或液体中吸附某些成分的固体物质，也称吸附剂、吸收剂。吸附材料具有脱除、纯化、分离等功能，主要包括有机吸附剂（高分子吸附材料）、无机吸附剂（如活性氧化铝）、天然（如硅藻土、白土等）和人工合成吸附材料（如硅胶、分子筛、活性炭）等种类。高分子吸附材料又称为高分子吸附剂、吸附树脂。目前，高分子吸附材料应用广泛，如废水处理（除去废水中的酚、苯胺、染料等有害有机物、金属离子）、食品加工（糖液脱色、活性成分提取）、药剂分离和提纯（天然产物和生物化学制品的分离与精制、草药有效成分的提取等）、血液净化（如安眠药吸附，血液透析吸附肌酐、尿素、尿酸等）、有机物分离纯化、化工制备与产品纯化、气体色谱及凝胶渗透色谱柱的填料（分析技术）等。其特点是容易再生，可以重复使用。若配合阴、阳离子交换树脂，可以达到极高的分离净化水平。

广义的高分子吸附材料包括离子交换树脂、吸附树脂及高分子分离膜。其中，离子交换树脂是指具有离子交换基团的高分子化合物，其本质上属于反应性聚合物。利用官能团上的功能基团（如 H^+、Na^+、OH^-）与料液中的阴、阳离子发生置换反应，从而达到净化或纯化分离的目的。根据官能团类型，离子交换树脂主要有四种基本类型：强酸性阳离子树脂（$-SO_3H$）、弱酸性阳离子树脂（$-COOH$）、强碱性阳离子树脂（$-N^+R_3$、$-NR_3OH$）、弱碱性阳离子树脂（$-NH_2$、$-NHR$、$-NR_2$）。在实际使用中，常将这些树脂转变为其离子形式运行，以适应各种需要。例如常将强酸性阳离子树脂与 NaCl 作用，转变为钠型树脂再使用。工作时钠型树脂放出 Na^+，与溶液中的 Ca^{2+}、Mg^{2+} 等阳离子交换吸附，除去这些离子，即进行硬水软化。去离子水就是通过离子交换树脂除去水中的离子态杂质而得到的近于纯净的水。

吸附树脂是在离子交换树脂基础上发展起来的一类具有特殊吸附功能的高分子化合物。其种类繁多，可根据非极性、中极性、极性、强极性将吸附树脂分类。按树脂形态与孔结构可分为球形树脂（大孔、凝胶、大网）、离子交换纤维与吸附性纤维、无定性颗粒吸附剂三大类。

不同结构高分子材料在吸附过程中，与被吸附物的作用力（即吸附机理）有所不同，主要有离子交换、范德华力、静电作用、氢键、络合作用和化学反应等。因此，要根据不同的被吸附成分，选择相应的吸附剂，典型原则：①无机酸、碱、盐可被极性吸附剂吸附；②水溶性差的有机物在水中易被吸附；③当吸附树脂与被吸附有机物之间能形成氢键时，可在非极性溶剂中进行吸附；④吸附剂可能会对多种有机物均有吸附，但吸附程度有所不同。另外，要选择适当的脱附方法进行洗脱或解吸，从而得到分离提纯的活性成分，并使吸附树脂得以再生、重复使用。

高分子吸附材料中，已经有诸多商品化的离子交换树脂、吸附树脂及高分子分离膜等，相关信息可通过查阅参考文献获得。由于高分子吸附材料的结构与性能可根据实际用途进行选择或设计，因此新型高分子吸附材料还在不断涌现。在设计、制备高分子吸附材料时，除考虑形态与形貌外，高分子材料的骨架与官能团至关重要，这是由于单体的变化和单体上官能团的变化可赋予树脂各种特殊的性能。

本章通过介绍几种新型高分子吸附材料的制备、表征及性能测试方法的实验，为开展该领域的相关研究奠定基础。

实验 10-1 磺化聚(苯乙烯-乙烯基咪唑)的制备与吸附性能

（1）实验目的

① 学习高分子吸附材料的制备方法及其吸附性能测试方法。

② 学习烯类单体沉淀聚合的原理与技术；了解高分子吸附材料的性质与用途。

③ 学习扫描电镜、粒径分析仪的使用方法。

（2）实验原理与相关知识

聚苯乙烯（PSt）、聚丙烯酸（酯）是构成离子交换树脂骨架的两大类合成高分子材料。其中，聚苯乙烯微球具有比表面积大、吸附性强、力学性能好、反应性强、表面活性大以及可回收等特点。大粒径、单分散并具有多孔结构的聚苯乙烯微球也可用作催化剂载体，其催化活性强，副反应少，重复利用率和选择性高。

按聚合体系的溶解性，聚合反应可以分成均相聚合和非均相聚合两大类。单体、溶剂、聚合物之间相溶性不好而产生相分离的聚合，为非均相聚合。本体聚合中，当聚合物因溶解性差而析出时，成为非均相的沉淀聚合；溶液聚合中，聚合物不溶于溶剂从而沉析出来，也称沉淀聚合（或称淤浆聚合）。沉淀聚合过程分为两个阶段：①成核阶段。在两相界面上形成低聚物。当低聚物的浓度达到一定限度就从溶剂中析出，凝聚成核。②在聚合过程中，交联剂的部分双键参与聚合反应，残余双键悬挂在微球表面，它们继续从溶液中捕获单体或者可溶性低聚物，使微球逐步增大。聚合的任何阶段都在微球表面存在部分交联，且可溶胀的凝胶层，这一表面凝胶层起到了体积排斥稳定微球的作用。

在制备聚苯乙烯系吸附材料时，引入适当的单体或官能团，可大幅度改善其性能。咪唑（imidazole）环具有优异的生物相容性和浓缩、递送蛋白质的功能。烷基化反应可使咪唑阳离子化，成为导电率高、化学惰性、热稳定性优异、挥发性极低的离子液体。N-乙烯基咪唑（N-vinyl imidazole，VIm）是一种重要的功能单体，可制备离子液体、高导电高分子、微波吸收材料、CO_2 捕获剂等诸多功能高分子材料。咪唑环也可与其他乙烯基单体共聚，得到的共聚合物可应用于生物和工程领域。

本实验以苯乙烯（St）、N-乙烯基咪唑（VIm）为共聚单体，以乙醇/水为溶剂，以水溶性过硫酸钾为引发剂，通过沉淀聚合反应，制备球形共聚物粒子 [P(St-Vim)]，用浓硫酸进一步磺化，制备一类新型聚苯乙烯基吸附材料 SP(St-Vim)：

（3）试剂与仪器

苯乙烯（St）、N-乙烯基咪唑（VIm）、$K_2S_2O_8$（重结晶纯化）、$NaHSO_3$、乙醇/水（60/40，体积比）、浓硫酸、蒸馏水、亚甲基蓝（MB）。

减压蒸馏装置、萃取装置、有色玻璃瓶、烧杯（250mL）、加热搅拌器（搅拌子）、容量瓶、移液管、锥形瓶、圆底烧瓶（100mL）、回流冷凝管、温度计（200℃）、水浴、恒温摇床、紫外-可见分光光度计、激光粒度分析仪、场发射扫描电子显微镜、天平。

（4）实验步骤

① 单体的纯化

N-乙烯基咪唑的纯化：减压蒸馏（192℃/760mmHg，83℃/7mmHg，60℃/1mmHg，1mmHg＝133.322Pa）。苯乙烯的纯化方法见第 2 章。注意：减压蒸馏时通入 N_2 或加入对苯二酚，可减少单体的自聚合。

② 聚（苯乙烯-co-N-乙烯基咪唑）[P(St-VIm)]的合成

采用沉淀聚合法制备聚（苯乙烯-co-N-乙烯基咪唑）：将 1.00mL 苯乙烯和 0.10mL N-乙烯基咪唑单体加入到 27.5mL 乙醇/水（60/40，体积比）混合溶剂中。搅拌下通入氮气 30min，加入相对于单体质量 2% 的过硫酸钾和 1.3% 的亚硫酸氢钠。继续通氮气 30min，置于 30℃ 的恒温水浴中反应 12h。反应结束后，离心分离，弃去上清液，下层沉淀以无水乙醇洗涤后离心，重复 3 次。45℃ 真空干燥，得到白色固体产物，即 P(St-VIm)。

③ 磺化聚（苯乙烯-co-N-乙烯基咪唑）[SP(St-VIm)]的合成

称取一定量干燥的 P（St-VIm）于 100mL 圆底烧瓶中，加入相同质量的浓硫酸。搅拌下升温至 85℃，进行磺化反应 4h。取出产品，水蒸气蒸馏除去可能残留的单体（直至馏出液中无油状物），用蒸馏水洗涤至中性，烘干，研磨，得到棕黄（褐）色磺化聚（苯乙烯-co-N-乙烯基咪唑）[SP(St-VIm)]粉末，保存。

④ SP(St-VIm) 的形貌表征与粒度分析

聚合物用 SEM 进行形貌观察。微球的尺寸分布采用激光粒度分析仪分析。

⑤ SP(St-VIm) 的吸附性能

以亚甲基蓝（MB）为染料分子模型，考察所制备高分子吸附材料的吸附性能。

a. 染料溶液的配制与标准曲线的绘制

准确称取 0.25g 亚甲基蓝，在 50mL、60℃ 的蒸馏水中溶解，冷却到室温，将溶液转移到 1.00L 的容量瓶中，定容得到浓度为 0.25g/L 的亚甲基蓝溶液，避光保存。

准确移取配制好的 0.25g/L MB 溶液 0.0mL、0.5mL、1.0mL、1.5mL、2.5mL、3.5mL、4.5mL 和 5.5mL 分别于 250mL 的容量瓶中，用蒸馏水稀释至刻度线，充分摇匀，配制成浓度为 0.0mg/L、0.5mg/L、1.0mg/L、1.5mg/L、2.5mg/L、3.5mg/L、4.5mg/L 和 5.5mg/L 的亚甲基蓝标准溶液。室温（25℃）下用紫外-可见分光光度计测定不同浓度亚甲基蓝溶液 662nm 波长下的吸光度。以溶液浓度 [MB] 为横坐标，吸光度值（A）为纵坐标绘制标准曲线，拟合曲线得拟合函数（要求 $R^2＝0.999$）。

b. SP(St-VIm) 对亚甲基蓝的吸附性能

配制质量浓度为 2.5g/L 的亚甲基蓝溶液。在盛有 20mL 亚甲基蓝溶液的锥形瓶（50mL）中，加入 0.50g SP(St-VIm)。放入恒温（25℃）摇床，进行静态吸附，每隔 5～10min 取上层清液，用 UV-Vis 测定溶液 662nm 处的吸光度。以标准曲线计算溶液浓度和吸附百分数，绘制树脂恒温静态吸附动力学曲线。

(5) 实验数据记录

实验名称：___磺化聚（苯乙烯-乙烯基咪唑）的制备与吸附性能___

姓名：_____ 班级组别：_____ 同组实验者：_____

实验日期：____年__月__日；室温：_____℃；湿度：_____；评分：_____

（一）单体的纯化

苯乙烯减压蒸馏时的压力：_____mmHg；温度：_____℃；苯乙烯收率：_____g；

N-乙烯基咪唑减压蒸馏时的压力：_____mmHg；温度：____℃；NVIm 收率：____g

（二）聚合反应

试剂用量：_____聚合条件：_____产量（产率）：_____

（三）磺化反应

反应条件：_____产量（产率）：_____

（四）吸附实验

不同吸附时间下的吸光度值：_____

MB 浓度与时间的关系曲线：

(6) 问题与讨论

① 聚合物微球粒径的大小受何因素控制？

② 沉淀聚合与悬浮聚合的区别是什么？

③ 静态吸附与动态吸附的区别是什么？

实验 10-2 磁性壳聚糖复合材料合成与吸附性能

(1) 实验目的

① 了解壳聚糖的性质与用途；学习磁性壳聚糖复合材料的合成原理与方法。

② 学习重金属离子的吸附原理和静态吸附实验。

(2) 实验原理与相关知识

甲壳素（chitin）广泛存在于蟹、虾、藻类、真菌等低等动植物中，含量极其丰富，但不溶于水和普通有机溶剂，限制了其应用范围。壳聚糖（chitosan，CS，脱乙酰甲壳素）是一种经甲壳素部分脱乙酰化制得的碱性多糖。壳聚糖可溶于大多数稀酸，如盐酸、乙酸、苯甲酸溶液，其应用范围也相应扩大。壳聚糖是氨基葡萄糖为单元结构的线型高分子，是自然界含量最多的碱性多糖，分子量从数十万至数百万不等。壳聚糖大分子链上分布着许多羟基、氨基，还有部分的 N-乙酰基，这些基团的存在使壳聚糖表现出许多独特的化学性质。壳聚糖及其衍生物在纺织、印染、造纸、医药、食品、化工、生物、农业等众多领域具有许多应用价值，越来越受到人们的关注。

作为一类亲水性生物高分子，壳聚糖具有无毒、生物可降解性、生物相容性、多功能性、高化学反应性，在水处理方面也有极其重要的应用，是一种性能优良、开发应用前景广阔的新型水处理材料。壳聚糖对金属离子具有良好的络合、吸附性能，这是由于：①聚合物中羟基的亲水性；②存在大量吸附功能基（酰氨基、氨基和羟基）；③这些吸附功能基有良好的化学反应性，易于改性；④聚合物链有良好的灵活性。

研究表明：当处理完重金属离子或有机染料等污染物之后，需要通过复杂的处理方法将壳聚糖或改性壳聚糖从废水中分离出来，经济成本较高，而且壳聚糖能溶于弱酸中，稳定性较差。采用磁性材料与壳聚糖复合，得到磁性壳聚糖复合物，不仅能够提高其稳定性，而且很容易将其分离，并且有良好的吸附性能。

本实验将壳聚糖（CS）与磁性物质（Fe_3O_4）结合，制备磁性壳聚糖复合材料（M-CS），并将其作为高分子吸附材料，应用于处理水中重金属铬（Ⅵ）离子的脱除。

（3）试剂和仪器

壳聚糖、$FeCl_3 \cdot 6H_2O$(AR)、$FeSO_4 \cdot 7H_2O$(AR)、NaOH(AR)、盐酸（AR）、二苯碳酰二肼（AR）、硫酸（AR）、磷酸（AR）、乙酸（AR）、丙酮、氨水（25%）、重铬酸钾（$K_2Cr_2O_7$、GR）、蒸馏水。

三颈烧瓶（250mL）、磨口锥形瓶（250mL）、容量瓶（1000mL、500mL）、氮气袋、电动搅拌器、pH 计、水浴恒温振荡器、真空干燥箱、超声仪、紫外-可见分光光度计、电子天平、恒压滴液漏斗。

（4）实验步骤

① 纳米四氧化三铁磁粉的制备

在三颈烧瓶（250mL）上配置电动搅拌器、氮气入口、恒压滴液漏斗及加热浴。取 2.3g 六水合三氯化铁，溶解于 50mL 蒸馏水中，再加入 1.3g 七水合硫酸亚铁，在搅拌和氮气保护下将温度升至 70℃，将 20mL 氨水滴加到三颈烧瓶，反应 1h。温度升至 85℃并保温 1h，用磁铁把产物分离，并用蒸馏水和乙醇分别清洗数次，最后将产物置于 40℃真空干燥箱中干燥 24h，即得到干燥的 Fe_3O_4 纳米磁粉。

② 磁性壳聚糖复合材料（M-CS）的制备

准确称取 0.50g 壳聚糖放入三颈烧瓶中（250mL），加入 50mL 4%（体积分数）乙酸溶液，搅拌至壳聚糖完全溶解。加入 0.50g 的 Fe_3O_4，室温下充分磁力搅拌 30min，然后加入 50mL NaOH 溶液（1mol/L），抽滤，用蒸馏水将复合物洗至中性，60℃真空干燥，即得到磁性壳聚糖复合材料（M-CS）。

③ 磁性壳聚糖（M-CS）对重金属离子的吸附性能

a. 重金属离子 Cr(Ⅵ) 的标准曲线

第一步，配制铬（Ⅵ）离子标准溶液（100mg/L、5mg/L）：准确称取 110℃下干燥 2h 的 $K_2Cr_2O_7$(GR) 0.2829g（含 Cr 100mg），用蒸馏水溶解后，移入 1000mL 的容量瓶中，用蒸馏水稀释至标线，摇匀，得到 Cr(Ⅵ) 标准溶液（100mg/L），备用（现配现用）。然后，取 25.00mL 的铬（Ⅵ）离子标准溶液（100mg/L）置于 500mL 容量瓶中，用蒸馏水稀释至标线，摇匀，得到 5mg/L 的 Cr(Ⅵ) 标准溶液（现配现用）。

第二步，配制显色剂：称取 2g 二苯碳酰二肼，溶于 50mL 丙酮中，加水稀释至 100mL，摇匀。储于棕色瓶，置于冰箱中（色变深后，不能使用）。

第三步，用二苯碳酰二肼分光光度法测定铬（Ⅵ）离子浓度，绘制标准曲线：向一系列 50mL 比色管中分别加入 1.00mL、2.00mL、4.00mL、6.00mL、8.00mL、10.00mL 的 5mg/L 铬（Ⅵ）离子标准液，用水稀释至标线，加入 0.5mL 硫酸（体积比 1:1）和 0.5mL 磷酸（体积比 1:1），摇匀。加入 2mL 显色剂，摇匀，5～10min 后，在 540nm 波长处。用 1cm 的比色皿，以蒸馏水作参比空白对照，测定吸光度，将测得的吸光度减去空白实验的吸光度后，绘制吸光度与 Cr(Ⅵ) 浓度的标准曲线。

b. 磁性壳聚糖对重金属离子 Cr(Ⅵ) 的吸附实验

称取研磨好的复合材料（M-CS）50mg，加入到含 50mL 的铬（Ⅵ）离子溶液（浓度：

50mg/L）的锥形瓶（250mL）中，在恒温振荡器中振荡吸附。用二苯碳酰二肼分光光度法测定磁性壳聚糖复合材料吸附后铬（Ⅵ）离子的浓度。根据以下公式，可以计算复合材料对铬（Ⅵ）离子的吸附量 q（mg/g）。

$$q = \frac{c_0 - c}{m} v \qquad (10\text{-}1)$$

式中，c_0 为 Cr（Ⅵ）初始浓度，mg/L；c 为吸附后的 Cr（Ⅵ）浓度，mg/L；m 为复合材料的质量，g；v 为溶液的体积，L。

（5）实验数据记录

实验名称：　<u>　磁性壳聚糖复合材料合成与吸附性能　</u>

姓名：<u>　　　　　　　</u>班级组别：<u>　　　　　　</u>同组实验者：<u>　　　　　</u>

实验日期：<u>　</u>年<u>　</u>月<u>　</u>日；室温：<u>　　</u>℃；湿度：<u>　　</u>；评分：<u>　　</u>

（一）纳米四氧化三铁磁粉的制备

六水合三氯化铁：<u>　　　</u>g；七水合硫酸亚铁：<u>　　　</u>g；氨水：<u>　　　</u>mL；

温度：<u>　　</u>℃；开始通 N_2 时间：<u>　　　　</u>；反应时间：<u>　　</u>min；产量<u>　　</u>g

（二）磁性壳聚糖（M-CS）的制备

壳聚糖：<u>　　　</u>g；4%（体积分数）乙酸溶液：<u>　　　</u>mL；温度：<u>　　</u>℃；搅拌时间：<u>　　</u>min；产量：<u>　　　</u>g

（三）磁性壳聚糖（M-CS）对重金属离子的吸附

标准曲线：

不同浓度下的吸光度值：

吸附前、后 Cr（Ⅵ）的浓度：<u>　　　</u>mg/L；去除率：<u>　　　</u>；吸附容量：<u>　　　</u>

（6）问题与讨论

① 查阅资料，为什么壳聚糖可以吸附重金属离子？合成磁性壳聚糖时为什么要先加乙酸，再加入氢氧化钠溶液？

② 配制铬（Ⅵ）离子标准溶液时，为什么先配制成 100mg/L，再稀释到 5mg/L？

③ 二苯碳酰二肼分光光度法测定 Cr 离子浓度的原理是什么？

实验 10-3　高分子吸油材料的合成与性能

（1）实验目的

① 学习合成高分子吸油材料的方法；熟悉原子转移自由基聚合技术。

② 学习吸油性能的测试方法；了解吸油材料主要类型与应用领域。

（2）实验原理与相关知识

近年来，随着石油用量的增加，在石油开采和运输过程中产生的泄漏及含油废水、油性有机化合物的排放造成的水资源污染问题越来越严重，已引起人们的广泛关注。吸油材料因对油及油性有机物均具有良好的亲和性，具有吸附油污高效、使用方便、应用范围广等特点，已成为油污或含油水体处置的重要技术之一。吸油材料按组成一般可以分为无机吸油材料和有机吸油材料，而有机吸油材料又可以分为天然高分子吸油材料和合成高分子吸油材料。无机吸油材料的使用历史较长，包括沸石、二氧化硅、珍珠岩、蛭石、碳气凝胶、黏土、硅藻土、膨润土和石墨等。这类材料一般呈颗粒状并具有疏松多孔的结构，是最为常见的吸附材料，它们一般成本较低、制备工艺较简单、比表面积较大、吸油倍率较高，然而仍然存在很多的问题，如浮力差，重复利用性差，且大多数无机矿物类的吸油材料都是粉末或者颗粒，因而导致原位处理比较困难，所以想要使无机矿物吸油材料具有良好的应用，通常都需要改性。天然高分子吸油材料主要包括麦秆、玉米芯、木质纤维、棉纤维、皮革纤维、木棉纤维、羊毛、洋麻、药渣、菜籽粕、乳草绒和泥炭藓等。这些废料中因存在很多的天然纤维素和半纤维，对污染物有一定的吸附效果。因其成本较低，生物可降解性好，不会对环境造成二次污染，已成为科学工作者的研究热点。但是天然高分子吸油材料一般油水选择性不好，浮力与重复利用性比较差。合成高分子吸油材料主要包括聚氨酯泡沫、三聚氰胺海绵、橡胶类材料、聚丙烯酸酯类、聚丙烯纤维、聚二甲基硅氧烷等。相比于天然吸油材料，合成高分子吸油材料是一类新型功能材料，具有吸油量大、保油能力强、油水选择性好等优点，尤其是智能型油水分离材料的出现，为解决油污染问题提供了更大的可能。

润湿性是固体材料表面的重要特性之一，决定材料表面润湿性能的因素为材料表面的化学组成和表面的微观几何结构。蜜胺海绵可通过表面修饰与高分子改性，制备出温度敏感性的海绵：

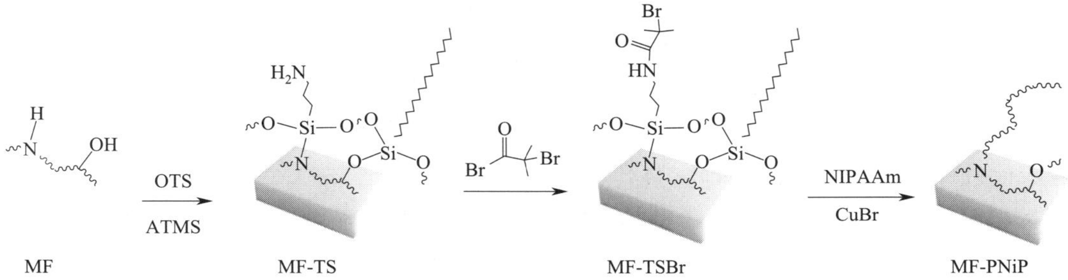

首先，通过十八烷基三氯硅烷（OTS）和（3-氨基丙基）三甲氧基硅烷（ATMS）进行表面改性，得到引入活性基团的改性海绵（MF-TS）。然后，通过氨基（—NH$_2$）与 2-溴异丁酰溴的反应，引入溴原子。进一步通过原子转移自由基聚合技术，将温敏性聚合物（聚 N-异丙基丙烯酰胺，PNIPAAm）引入材料表面，进而制备出温度敏感性的海绵接枝聚合物（MF-PNiP）。

本实验以蜜胺海绵（MF）为原料，通过表面修饰与接枝聚合，制备具有温度敏感性的海绵（MF-PNiP），并考察其吸油性能。

（3）试剂与仪器

蜜胺海绵（美耐绵，三聚氰胺缩醛海绵，MF）（1cm×1cm×2cm，8mg/cm^3）、十八烷基三氯硅烷（OTS）、（3-氨基丙基）三甲氧基硅烷（ATMS）、N,N,N',N'',N''-五甲基二亚乙基三胺（PMDETA）、2-溴异丁酰溴、N-异丙基丙烯酰胺（NIPAAm）、溴化亚铜（I）、甲苯、CH$_2$Cl$_2$（使用前干燥）、吡啶（使用前纯化）、甲醇、蒸馏水、正己烷、汽油、泵油、丙酮、花生油。

烧杯（50mL）、圆底烧瓶（50mL）、磁力搅拌器、冷却浴、通氮干燥器、恒温干燥箱、恒压滴液漏斗、镊子、剪刀、接触角仪、SEM、XPS、加热浴、天平、镊子、剪刀、数码相机。

（4）实验步骤

① 表面高分子改性的蜜胺海绵

a. 在盛有 10mL 甲苯的烧杯中，加入 30μL ATMS、30μL OTS。取一块含 30%（质量分数）水的蜜胺海绵（体积约 2cm³），浸泡于该甲苯溶液中 1.5h。取出海绵，用甲苯溶剂洗涤 5 次，以去除未反应的硅氧烷。115℃ 干燥 2h，得表面硅烷化改性海绵（MF-TS）。

b. 将圆底烧瓶（50mL）装配磁力搅拌器、冷却浴，加入 15mL 干燥的 CH_2Cl_2 与 0.3mL 纯化的吡啶，浸入改性海绵（MF-TS），在 0℃ 下搅拌，逐滴加入 30μL 的 2-溴异丁酰溴，搅拌 1h 后，室温放置 12h。取出海绵，用丙酮、甲苯洗涤，在 N_2 氛围下干燥，得到引发剂接枝海绵（MF-TSBr）。

c. 将圆底烧瓶（50mL）装配氮气出入口、加热浴，加入 2.5mL 蒸馏水和 2.5mL 甲醇，脱气 10min 后加入 0.016g 溴化亚铜、80μL PMDETA、0.2g NIPAAm。在氮气保护下，将引发剂接枝海绵（MF-TSBr）浸入，升温至 60℃ 反应 2h。取出海绵，用蒸馏水洗涤 3 次，在 N_2 氛围下干燥，得到高分子改性海绵（MF-PNiP）。

② 高分子改性海绵的表征与性能测试

a. 表征：采用 XPS 分析表面元素的变化；采用 SEM 观测表面微观性能。

b. 接触角测试：将制备好的材料裁成 10mm×20mm 的小块，置于接触角测量仪的载物平台上，利用仪器自带注射装置在薄片上滴 4μL 的蒸馏水，液体在样品上的图像通过计算机采集，采集图像之后由计算机软件自动分析，计算得出接触角数值（CA）。注意：接触角（θ）是润湿程度（疏水性）的重要量度。当接触角 θ＞90° 时，不润湿，即为疏水；反之，则为亲水。接触角越大，疏水性越强，疏水效果越好。接触角与疏水性能成正相关，是用来表征材料疏水性能的重要量化指标。

c. 温敏性测试：将制备好的海绵放置在温度 15～45℃ 的范围内，测试并记录其表面对水的接触角，并用接触角对不同温度作变化曲线。继续在温度 25℃ 和 45℃ 两点之间对所制备的海绵的接触角做循环测试，并用接触角对循环次数作变化曲线。注意：PNIPAAm 的润湿性可以在临界温度（约 32℃）亲水性和疏水性之间进行切换。

③ 高分子改性海绵的吸油性能测试

a. 吸油性能测试：选择不同的有机溶剂或油品（正己烷、汽油、泵油、花生油、甲苯、氯仿），在一定温度（37℃ 或 20℃）下，将海绵（质量 m_0，g）浸入各油品中直至吸附饱和，用镊子夹出悬挂滴干 5min，直至无油滴滴出，准确称量吸油后海绵质量（m_f，g），由式（10-2）计算吸油倍率 Q_m(g/g)，重复 3 次，计算平均吸油倍率。

$$Q_m(g/g) = \frac{m_f - m_0}{m_0} \times 100\% \tag{10-2}$$

b. 比较高分子改性海绵（MF-PNiP）对不同有机溶剂或油品的吸油倍率。

c. 考察温度（37℃、20℃）对高分子改性海绵（MF-PNiP）吸油性（氯仿）的影响：将一滴苏丹 I 染色的氯仿滴入一定体积的蒸馏水中，在 37℃ 下，将海绵小块用外力浸入上述混合液中，用数码相机记录海绵块吸收氯仿的过程；将吸收氯仿后的海绵放置于 20℃ 条件下，用数码相机记录不同时间点（0min、12min、180min、360min）海绵块释放出油的过程，对照两组数码照片。

（5）实验数据记录

实验名称：＿＿＿＿高分子吸油材料的合成与性能＿＿＿＿＿＿＿＿＿

姓名：＿＿＿＿＿＿＿　班级组别：＿＿＿＿＿＿＿　同组实验者：＿＿＿＿＿＿＿

实验日期：＿＿年＿月＿日；室温：＿＿＿＿℃；湿度：＿＿＿＿＿；评分：＿＿＿＿＿

（一）高分子吸油材料的合成

蜜胺海绵（MF-TS）质量：_____g；表面硅烷化改性海绵（MF-TS）质量：_____g；

MF-TSBr 质量：_____g；高分子改性海绵（MF-PNiP）质量：_____g

（二）高分子改性海绵性能测试

SEM 结果：　　　　　　　　　　　　　　XPS 结果：

接触角测试结果：　　　　　　　　　　　温敏性测试结果：

（三）高分子改性海绵的吸油性能

绘制材料对不同纯油吸油倍率的对比图：

对照材料吸油和释放油的数码照片：

（6）问题与讨论

① 查阅吸油材料相关资料，总结吸油材料的主要类型及特点。

② 在调研的基础上，总结高分子吸油材料在结构上有哪些特点。

③ 设计用于制备油水分离的新型高分子材料。

参考文献

[1]　Overberger C G，Smith T W. The Poly（1-methyl-5-vinylimidazole)-Catalyzed Hydrolysis of p-Nitrophenyl Acetate and 3-Nitro-4-acetoxybenzoic Acid. Macromolecules，1975，8：401-424.

[2]　Allen M H，Hemp S T，Smith A E，Long T E. Controlled radical polymerization of 4-vinylimidazole. Macromolecules，2012，45（9）：3669-3676.

[3]　戈成彪，康宏亮，董风英，孙云明，刘瑞刚. 室温沉淀聚合制备单分散聚苯乙烯微球. 高分子学报，2016，（1）：98-104.

[4]　李平，张建林，王爱勤. 壳聚糖及其衍生物在分析化学中的应用. 化学进展，2006，18（4）：468-473.

[5]　Zhou L，Wang YG，Liu Z. Carboxymethyl chitosan-Fe$_3$O$_4$ nanoparticles：preparation and adsorption behavior toward Zn^{2+} ions. Acta Phys-Chim Sin，2006，22（11）：1342-1346.

[6]　李建军，鲍旭，吴先锋，Nazrul I，刘银，乔尚元，余臻伟，朱金波. 磁性壳聚糖复合微球的制备及其 Cu^{2+} 吸附性能. 无机化学学报，2017，33（3）：383-388.

[7]　Zang L，Qiu J，Wu X，Zhang W，Sakai E，Wei Y. Preparation of magnetic chitosan nanoparticles as support for cellulase immobilization. Ind Eng Chem Res，2014，53（9）：3448-3454.

[8]　Lei Z，Zhang G，Deng Y，Yang C. Thermoresponsive Melamine Sponges with Switchable Wettability by Interface-Initiated Atom Transfer Radical Polymerization for Oil/Water Separation. ACS Appl Mater Interface，2017，9（10）：8967-8974.

[9]　Ge J，Zhao H，Zhu H，Huang J，Shi L，Yu S. Advanced sorbents for oil-spill cleanup：Recent advances and future perspectives. Adv. Mater，2016，28：10459-10490.

[10]　Zhou X，Zhang Z，Xu X，Men X，Zhu X. Facile fabrication of superhydrophobic sponge with selective absorption and collection of oil from water. Ind Engin Chem Res，2013. 52（27）：9411-9416.

[11]　何紫莹，郭三维，高慧敏，刘专，吴江渝. 高吸油树脂材料研究进展. 高分子材料科学与工程，2015，31（3）：179-183.

（金淑萍，冯辉霞，何玉凤）

第 11 章 ▶▶ 高吸水高分子材料的合成与性能

高吸水高分子（superabsorbent polymers，SAPs）是一类带有大量亲水基团的低交联结构的聚合物，具有高吸水功能与优良保水性能，也称为超吸水树脂（superabsorbent resin）、超溶胀高分子（super-swelling polymers）、高吸水保水剂。它能吸收比自身重几倍到几千倍的水，一旦吸水膨胀成为水凝胶，即使加压也很难把水分离出来，但经干燥以后可以恢复其吸水性能。SAPs 以其高吸液能力、高吸液速度和高保液能力，广泛应用于医药卫生（伤口外敷材料、卫生巾、护理垫、尿布、吸水纸等）、农业与园艺（风沙干旱地区造林保水剂、土壤改良剂）、工业（防潮剂、驱油剂、增稠剂）、能源（煤脱水、处理航空燃料）、建筑（水泥添加剂）、水处理等诸多领域，尤其成为卫生用品领域不可替代的理想产品。

高吸水性树脂在结构上应具有以下特点：①分子中具有强亲水性基团（如—COOH、—OH、—NH$_2$、—SO$_3$H），与水接触时，聚合物分子能与水分子迅速形成氢键，对水等强极性物质有一定的吸附能力。典型合成高分子有聚（甲基）丙烯酸（盐）、聚（甲基）丙烯酸羟基烷基酯、聚乙烯基吡咯烷酮、聚乙二醇（聚氧化乙烯）、聚丙烯酰胺、聚乙烯醇等。②聚合物通常为交联型结构，在溶剂中不溶，吸水后能迅速溶胀。水被包裹在呈凝胶状的分子网络中，不易流失和挥发。③聚合物应具有一定的立体结构和较高的分子量，吸水后能保持一定的机械强度。

根据原料来源、亲水基团的引入方式、交联方式等的不同，超吸水高分子材料有许多品种。习惯上按其原料来源分为淀粉类、纤维素类和合成高分子类三大类。前两者是在天然高分子中引入亲水基团制得，后者则是由亲水性单体的聚合或合成高分子化合物的化学改性制得。近年来，新型高吸水高分子材料的开发与应用研究还在不断深入，如以廉价蛋白质等天然高分子、聚氨基酸、回收废旧塑料等合成高分子基材，可合成不同类型的高吸水高分子材料。

本章练习几种超吸水高分子材料的制备与吸水性能测试方法。

实验 11-1 高吸水性低交联度聚丙烯酸钠的合成与吸水性

(1) 实验目的

① 掌握低交联度聚丙烯酸钠的合成技术；学习反相悬浮聚合的原理与方法。

② 学习高分子材料吸水性能的测试技术，认识其基本功能及用途。

(2) 实验原理与相关知识

合成超吸水性高分子材料通常是将一些水溶性高分子（如聚丙烯酸、聚乙烯醇等）进行轻微的交联而得到，这种交联既可以是单体在聚合过程中交联，也可以是将制备的高分子进行交联。其吸水性与聚合物结构的关系可用下式表示：

$$Q^{5/3} \approx \frac{\left\{\left[\left(\dfrac{i}{2V_u}\right)S^{1/2}\right]^2 + \dfrac{0.5-x_1}{V_1}\right\}}{V_E/V_0}$$ (11-1)

式中，Q 为吸水倍率；V_E/V_0 为交联密度；$(0.5-x_1)/V_1$ 为对水的亲和力；$i/2V_u$ 为固定在高分子上的电荷密度；S 为外部溶液中电解质的离子浓度。

一般来说，极性基团有利于提供其吸水性与保水性，但对盐溶液的吸水率仅为蒸馏水的 10% 左右，非极性基团则有较好的耐盐性。少量交联剂有利于吸水保水，但交联密度过大则吸水率下降，过少时则部分聚合物会溶于水，失去吸水能力。对于用亚甲基双丙烯酰胺交联的聚丙烯酸钠（PAAS）来说，聚丙烯酸的中和程度对吸水量也有很大影响。为便于控制反应条件和简化最终产物的后处理，这类反应特别适合在逆悬浮或"逆"乳液体系中进行，即聚合是从浓的单体水溶液开始的。

本实验以脂肪烃作为分散相，将单体水溶液与水溶性引发剂一起分散，用带有 —COOH、—SO₃H 及 —NH₂ 等亲水性官能团的可溶性聚合物作为悬浮稳定剂。采用分散聚合技术，制备高吸水性低交联度聚丙烯酸钠。

（3）试剂与仪器

丙烯酸（AA）、N,N-亚甲基双丙烯酰胺（MBA）、NaOH 溶液（20%）、斯盘 60（乳化剂）、$K_2S_2O_8$、正己烷、乙醇、氮气。

锥形瓶（100mL）、三颈烧瓶（250mL）、搅拌器、回流冷凝管、滴液漏斗、水浴装置、烘箱、烧杯、尼龙纱布、天平。

（4）实验步骤

① 低交联度聚丙烯酸钠的合成

a. 将 100mL 锥形瓶置于冰水浴中，加入 15mL 丙烯酸，冷却搅拌下，慢慢滴入 29mL 20% 的 NaOH 溶液，得到丙烯酸钠溶液（中和度 70%）。依次加入 0.015g N,N-亚甲基双丙烯酰胺（交联剂）、0.015g $K_2S_2O_8$（引发剂），充分搅拌，得到单体溶液。

b. 在三颈烧瓶（250mL）上装配搅拌器、滴液漏斗、回流冷凝管、通 N_2 装置。搅拌下，加入 0.9g 斯盘 60（乳化剂）、80mL 正己烷，持续通入 N_2，先升温至 45℃ 并保温 10min，然后滴加单体溶液（滴加速度为 3 滴/s）。滴加完毕后，温度升高至 70℃，搅拌（250r/min）反应 2h。冷却，将反应混合物倒入 250mL 烧杯中，静置分层，倾倒出上层正己烷（必要时进行过滤），分离出水凝胶部分，用乙醇洗涤，烘干，粉碎，得到低交联度聚丙烯酸钠（PAAS）粉末。

② 低交联度聚丙烯酸钠的吸水性测试

称取所制备的低交联度聚丙烯酸钠粉末样品 0.5g，放在 1000mL 烧杯中，加入 900mL 蒸馏水，溶胀 60min，同时轻微搅动（为能得到稳定的悬浮体系，应保持悬浮体系有良好的搅拌，否则聚合物会在瓶底结块）。然后，将凝胶液倒在已称重的尼龙纱布上过滤（用橡皮筋将尼龙纱布固定在烧杯口），让其自然滴滤 15min 后，连同纱布一起称重。吸水后聚合物质量（m_1）与粉末样品质量（m_0）的比值为聚合物吸水率（S，g 纯水/g 聚合物），代表该聚合物的吸水能力。

$$S(\text{g/g}) = m_1/m_0$$ (11-2)

将蒸馏水更换为自来水、生理盐水等，可获得该聚合物对不同水质的吸水性能。

(5) 实验数据记录

实验名称：___高吸水性低交联度聚丙烯酸钠的合成与吸水性___

姓名：_____ 班级组别：_____ 同组实验者：_____

实验日期：___年__月__日；室温：___℃；湿度：___；评分：___

（一）低交联度聚丙烯酸钠的合成

PAAS 粉末质量：___g

（二）吸水性测试

PAAS 吸水率：___（g 纯水/g）；___（g 自来水/g）；___（g 生理盐水/g）

(6) 问题与讨论

① 试比较逆悬浮聚合和普通悬浮聚合的异同点和各自的特点。

② 分析影响最终产物吸水性能的主要因素。

实验 11-2 淀粉接枝聚丙烯酸钠的合成与吸水性能

(1) 实验目的

① 掌握接枝聚合原理；学习制备超吸水性高分子材料的主要方法。

② 认识超吸水性树脂的结构特点与用途。

(2) 实验原理与相关知识

含大量羟基的多糖类天然高分子材料本身就具有一定的吸水性，如棉布、纸张、面粉等能吸收自重的 10～20 倍的水。将这些天然高分子（淀粉、纤维素）进行接枝聚合，引入大量亲水性基团，就能得到改性天然高分子吸水树脂。接枝的单体既可以是丙烯酸，又可以是丙烯腈接枝后再水解成亲水性的酰氨基、羧基或羧基负离子。若在接枝反应中加入少量可交联的单体，可得到具有网络结构的吸水树脂，其保水性和强度都会提高。

淀粉接枝聚丙烯酸钠（St-PAAS）的合成反应中，用过渡金属铈（Ce^{4+}）盐引发接枝的反应机理如下所示：

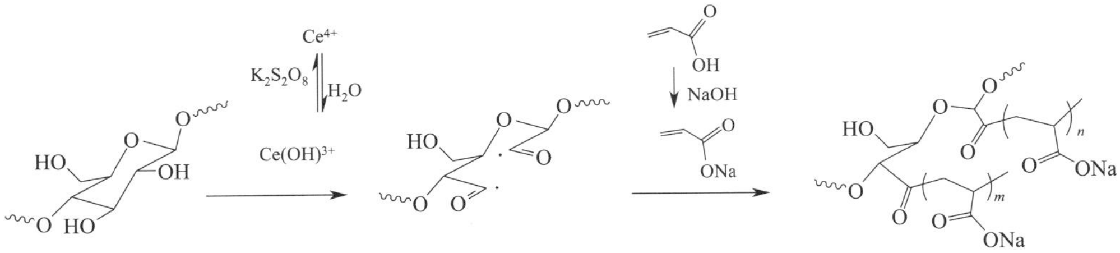

淀粉单糖基中的邻二醇结构被引发剂 $[Ce(OH)^{3+}]$ 氧化成二醛结构，醛基进一步氧化成酰基自由基引发单体聚合。过硫酸钾可以把 Ce^{3+} 氧化成 Ce^{4+}，因此加入过硫酸钾可提高引发效率，降低铈（Ce^{4+}）盐用量。

本实验用淀粉接枝聚丙烯酸，为避免羧基间氢键作用发生凝胶化，淀粉糊化后在碱性介质中进行接枝反应。

(3) 试剂和仪器

淀粉、丙烯酸（新蒸馏）、硝酸铈铵、过硫酸钾、氢氧化钠、无水乙醇、蒸馏水。

四颈烧瓶（250mL）、恒温水浴、搅拌器、回流冷凝管、温度计、注射器、滴液漏斗、表面皿、烧杯、滤纸、离心机、真空干燥箱、电子天平。

（4）实验步骤

① 淀粉接枝聚丙烯酸钠的合成

a. 在四颈烧瓶（250mL）上配置搅拌器、回流冷凝管、滴液漏斗、温度计、氮气通入装置及加热浴。加入 40mL 脱氧蒸馏水、4g 淀粉，N_2 保护下搅拌，水浴加热至 70～80℃，糊化 0.5h（淀粉糊化时要求有氮气保护）。然后，反应温度降至 35℃。

b. 搅拌下，加入 40mL 20% 的氢氧化钠水溶液，滴加 10g 丙烯酸（单体）。搅拌均匀后，加 2.5mL 硝酸铈铵水溶液（1%）和 2.5mL 过硫酸钾水溶液（0.4%），中速搅拌下，40℃聚合反应 3h（接枝共聚的温度不能太高，时间不能太长，否则接枝效率与接枝率都要下降）。将反应混合物倒入 300mL 无水乙醇中沉淀，离心分离，吸去上层清液，抽滤，用乙醇洗涤两次。将产物倒入表面皿中，50℃真空干燥，得到淀粉接枝聚丙烯酸钠（St-PAAS）固体，称量。

② 淀粉接枝聚丙烯酸钠的吸水性测试

将约 1g St-PAAS 加入盛满蒸馏水的 1000mL 烧杯中，放置 1h 后倒入 50 目过滤筛中，沥水至不滴水，再用滤纸吸去筛网处的水，称量吸水后树脂的质量（m_1），吸水前树脂的质量为 m_0，其吸水率按式（11-2）计算。

用同样方法测定 St-PAAS 对自来水、生理盐水的吸水率，并与低交联度聚丙烯酸钠进行比较。

（5）实验数据记录

实验名称：＿＿淀粉接枝聚丙烯酸钠的合成与吸水性能＿＿

姓名：＿＿＿＿＿＿　班级组别：＿＿＿＿＿＿＿　同组实验者：＿＿＿＿＿＿

实验日期：＿＿＿年＿＿月＿＿日；室温：＿＿＿＿℃；湿度：＿＿＿＿；评分：＿＿＿＿

（一）淀粉接枝聚丙烯酸钠的合成

St-PAAS 粉末质量：＿＿＿＿＿g

（二）吸水性测试

St-PAAS 吸水率：＿＿＿＿（g 纯水/g）；＿＿＿＿（g 自来水/g）；＿＿＿＿（g 生理盐水/g）

（6）问题与讨论

① 为什么操作中要严格控制淀粉的糊化和交联？

② 计算淀粉的接枝效率与接枝率。

③ 试述高吸水性树脂的吸水机理，分析高吸水性树脂对蒸馏水、自来水及生理盐水的吸水率的差别。

④ 查阅资料，总结新型超吸水树脂，如γ-聚谷氨酸（γ-PGA）、聚天冬氨酸类生物可降解超吸水树脂的最新研究成果。

⑤ 查阅资料，设计无机/有机复合型高吸水性树脂的制备方案。

实验 11-3　大豆蛋白基高分子水凝胶的合成与性能

（1）实验目的

① 学习蛋白质材料的改性技术；学习制备超吸水性高分子材料的方法。

② 熟悉吸水性能的测试方法；学习肥料缓释的测试技术。

（2）实验原理与相关知识

目前，部分商业化 SAPs 包括超溶胀水凝胶（super-swelling hydrogels）、超级吸湿材料

(superslurpers)、超吸水凝胶（super waterabsorbent gels）等。其亲水性是基于—OH、—COOH、—COO⁻、—CONH$_2$、—SO$_3$H 等水溶性基团。全球 SAPs 生产能力已经超过 350 万吨，其最大的市场是婴儿尿不湿和其他卫生用品，如成人尿不湿、医院吸水垫。

高吸水高分子在农业中有重要用途，它不但能用于保水保墒，还能用于农药化学品及营养素的缓释。将超吸水树脂与肥料结合，能改善植物的营养，缓和肥料对土壤环境的影响，减少蒸发，降低灌溉频次。肥料负载于水凝胶上的方式有两种：一种是在聚合过程中原位包埋；另一种是将干凝胶在肥料溶液中溶胀。前者的缺点是有可能影响聚合反应，从而影响水凝胶的性能，聚合过程也有可能影响被包埋肥料的性质。

大豆蛋白（soy protein，SP）是一种来源极其丰富的天然高分子。作为提取大豆油之后的副产物，大豆蛋白主要用于动物饲料（97.3%），而在工业中的应用只占不到 0.4%。大豆蛋白中带羟基的氨基酸（谷氨酸、天冬氨酸）占 30%，这有利于制备吸水树脂。

在本实验中，首先将大豆蛋白（SP）用甲基丙烯酸酐（MAh）改性，得到功能化蛋白（SP-MA），进一步通过接枝聚合，得到大豆蛋白超吸水凝胶，并考察研究尿素的包埋与释放性能。

（3）试剂和仪器

大豆分离蛋白（SPI）（蛋白质含量大于 90%，其中，赖氨酸含量为 6.2g/100g）、甲基丙烯酸酐（MAh，94%）、丙烯酸（AA）、N,N-亚甲基双丙烯酰胺（MBA，≥99.5%）、过硫酸钾（KPS，≥99.0%）、亚硫酸氢钠、氢氧化钾、蒸馏水。

圆底烧瓶（100mL）、磁力搅拌器、油浴、冰水浴、烧杯（100mL、10mL）、温度计、注射器、真空干燥箱、UV-Vis 电子天平、热分析仪、红外光谱、SEM。

（4）实验步骤

① 碱处理大豆蛋白（a-SP）的合成

在圆底烧瓶（100mL）上配置磁力搅拌器，加入 2.5g 大豆分离蛋白与 15g 蒸馏水，搅拌混合。将 0.225g KOH（SPI 的 9%，质量分数）溶于 2.5g 蒸馏水，然后加入上述 SP 混合液中。将烧瓶置于事先预热至 70℃的油浴中，并持续搅拌 1.5h，冷却至室温（约 30min），得到碱处理大豆蛋白（a-SP）溶液。

② 甲基丙烯酰改性大豆蛋白（SP-MA）的合成

在上述碱处理大豆蛋白（a-SP）溶液中加入 150mg 甲基丙烯酸酐（占 SPI 含量的 9%，质量分数），室温搅拌反应 30min。得到的甲基丙烯酰改性大豆蛋白（SP-MA），不经纯化（副产物为丙烯酸），立即用于下一步合成 SP-PAA 水凝胶。

③ 大豆蛋白接枝聚丙烯酸钾水凝胶（SP-PAA）的合成

首先，将 6.7g KOH 溶于 15.5g 蒸馏水中，在冰水浴中冷却，加入 7.5g 丙烯酸，得到丙烯酸钾溶液（AA-K）。其次，将丙烯酸钾溶液与 SP-MA 溶液混合，同时加入 3mL MBA

水溶液（MBA 为 75mg 或 37.5mg）。然后，加入 3mL KPS 水溶液（KPS 为 112.5mg），将反应体系 pH 值调至 7.0（滴入几滴浓 KOH 溶液）。

将反应体系用氮气鼓泡 2min。在搅拌下，将烧瓶置于事先预热至 70℃的油浴中，然后加入 1mL 亚硫酸氢钠水溶液（$NaHSO_3$ 为 21.6mg），搅拌直至凝胶化，继续在 70℃的氮气气氛中反应 30min。冷却后，取出凝胶，剪成碎片，70℃干燥，得到 SP-PAA 干凝胶，称量。

④ SP-PAA 结构表征与吸水性测试

a. 采用热分析仪、红外光谱、SEM 对产物进行结构表征，以及中间体 a-SP 和 SP-MA 的表征。还可先与邻苯二甲醛（OPA）试剂反应，然后测试 UV-Vis 光谱。

b. 吸水性测试采用实验 11-2 的方法。

⑤ SP-PAA 水凝胶对尿素（肥料）的缓释性能

a. 尿素负载：将预先称重的干凝胶在尿素溶液中浸泡 12h，然后将溶胀的水凝胶在 40℃下干燥 3d。称重，计算尿素负载率。

b. 尿素在水中的释放：将 0.5g 负载尿素的干凝胶置于盛有 1000mL 蒸馏水（释放介质）的烧杯中，每间隔 5（或 10)min，取出 2mL 溶液。尿素含量采用分光光度法检测，以对-二甲氨基苯甲醛为检测试剂（具体方法参见文献：Watt GW, Chrisp JD. Spectrophotometric method for determination of urea. Anal Chem，1954，26：452-453），并绘制释放曲线。

(5) 实验数据记录

实验名称：＿＿大豆蛋白基高分子水凝胶的合成与性能＿＿＿＿＿＿＿＿＿＿＿＿＿＿

姓名：＿＿＿＿＿＿＿＿　班级组别：＿＿＿＿＿＿＿＿　同组实验者：＿＿＿＿＿＿＿

实验日期：＿＿年＿＿月＿＿日；室温：＿＿＿＿＿℃；湿度：＿＿＿＿＿＿；评分：＿＿＿＿＿

（一）SP 的预处理与改性：

a-SP 的合成条件与反应现象：

SP-MA 的合成条件与反应现象：

（二）SP-PAA 水凝胶的合成：

合成条件与反应现象：

产量：

收率：

（三）吸水性测试

（四）释放性能测试

释放曲线：

(6) 问题与讨论

① 了解大豆蛋白结构特点，以及其谷氨酸、天冬氨酸含量。

② 一般情况下，羧酸酐的水解反应比酰胺化反应容易，本实验实现了水溶液中羧酸酐的酰胺化反应，查阅资料，并分析原因。

③ 负载有尿素的天然高分子材料，对保墒与对植物生长有何益处？

参考文献

[1]　钱喜云，童群义. 高吸水性树脂聚丙烯酸钠的制备及相关影响. 化工新型材料，2006, 34 (5)：46-48.

［2］ 余响林，饶聪，秦天，吴杰辉，胡甜甜．反相悬浮聚合法制备高吸水树脂研究进展．化工新型材料，2014，42（10）：20-21.

［3］ 张兴英，李齐方．高分子科学实验．第2版．北京：化学工业出版社，2007.

［4］ 宋荣君，李加民．高分子化学综合实验．北京：科学出版社，2017.

［5］ Abaee A，Mohammadian M，Jafari SM. Whey and soy protein-based hydrogels and nano-hydrogels as bioactive delivery systems. Trends Food Sci Techn，2017，70：69-81.

［6］ Sharma S，Dua A，Malik A. Polyaspartic acid based superabsorbent polymers. Eur Polym J，2014，59：363-376.

［7］ Guilherme M R，Aouada F A，Fajardo A R，Martins A F，Paulino A T，et al. Superabsorbent hydrogels based on polysaccharides for application in agriculture as soil conditioner and nutrient carrier：A review. European Polymer Journal，2015，72：365-385.

［8］ Liang R，Yuan H，Xi G，Zhou Q. Synthesis of wheat straw-g-poly（acrylic acid）superabsorbent composites and release of urea from it. Carbohydrate Polym，2009，77（2）：181-187.

［9］ Gao J，Yang Q，Ran F，Ma G，Lei Z，Preparation and properties of novel eco-friendly superabsorbent composites based on raw wheat bran and clays，Appl Clay Sci，2016，132-133：739-747.

［10］ Zhang J P，Zhang F S. A new approach for blending waste plastics processing：superabsorbent resin synthesis. J Cleaner Prod，2018，197：501-510.

［11］ Song W，Xin J，Zhang J. One-pot synthesis of soy protein（SP）-poly（acrylic acid）（PAA）superabsorbent hydrogels via facile preparation of SP macromonomer. Ind Crops Product，2017，100：117-125.

［12］ Liang R，Yuan H，Xi G，Zhou Q. Synthesis of wheat straw-g-poly（acrylic acid）superabsorbent composites and release of urea from it. Carbohydrate Polym，2009，77（2）：181-187.

（王荣民，何玉凤）

第 12 章 ▶▶ 高分子阻垢材料的合成与性能

随着工业生产迅速发展，工业用水日益增多，特别是用于水冷系统，其水量约占水总量的 80% 以上。工业循环冷却水在使用过程中，随着其浓缩倍数的提高，对设备的腐蚀和结垢加剧，导致设备效率降低与能耗增大。阻垢剂（scale inhibitor）是具有能分散水中的难溶性无机盐，阻止或干扰难溶性无机盐在金属表面的沉淀、结垢功能，并维持金属设备有良好传热效果的一类试剂。阻垢剂能提高热交换效率，减少能源消耗。其用于水处理还可减少排污，提高水的利用率。

阻垢剂是通过增溶作用、静电排斥作用、晶体畸变作用及分散作用实现其阻垢功能的。第一代阻垢剂使用了水溶性天然高分子（如木质素、单宁）及其衍生物（如磺化木质素、磺化单宁、改性淀粉、羧甲基纤维素），但其用量大，高温下易分解。第二代为含磷聚合物，其缺点是易生成磷酸钙水垢，引起水体富营养化。第三代阻垢剂以合成高分子为主，如丙烯酸类均聚物与共聚物、马来酸共聚物、磺酸类共聚物。

目前，越来越多的国家和地区的环保法日趋严格，促进着水处理技术迅速发展。循环水的高浓缩倍数运行已促使阻垢剂成为工业水处理剂中发展最快的一个品种，阻垢剂也在向多元化、绿色化发展，涌现出不同系列的新型绿色高分子阻垢剂（聚环氧琥珀酸、聚天冬氨酸）。本章通过练习几类高分子阻垢材料的合成方法，并对其进行阻垢性能测试，从而认识阻垢材料类型与作用原理，为开发新型高分子阻垢材料奠定基础。

实验 12-1 低分子量聚丙烯酸钠的合成与阻垢性能

（1）实验目的

① 掌握低分子量聚丙烯酸的合成技术；学习聚丙烯酸分子量测定方法。

② 学习阻垢剂与分散剂的评价原理和方法。

（2）实验原理与相关知识

聚丙烯酸钠（polyacrylate sodium，PAAS）是水质稳定剂的重要原料之一。其可溶解于冷水、温水、甘油、丙二醇等介质中，对温度变化稳定，具有固定金属离子的作用，是一种具有多种特殊性能的表面活性剂。PAAS 的用途与其分子量有很大关系，低分子量（500~5000）产品主要用作阻垢剂、分散剂等；中等分子量（10^4~10^6）产品主要用作增稠剂、黏度稳定剂、保水剂等；高分子量产品主要用作絮凝剂、增稠剂等。

丙烯酸（AA）单体极易聚合，可以通过本体、溶液、乳液和悬浮等聚合方法得到聚丙烯酸（PAA），符合一般的自由基聚合反应规律。本实验通过控制引发剂用量和链转移剂（异丙醇），合成低分子量的聚丙烯酸，并练习测定其分子量。

目前，国内评定阻垢剂性能最常用的方法是静态阻垢法和鼓泡法。静态法在溶液的配制、加热时间、加热温度、滴定手段方面各不相同。鼓泡法存在检测时间较长（通常 6h 以上），重现性较差，对实验设备及稳定性（如空气流量等）要求高的缺点。本实验练习静态法（碳酸钙沉积法）测定 PAAS 的阻垢性能。

（3）试剂和仪器

丙烯酸（AA，CP）、过硫酸铵（APS，AR）、异丙醇（AR）、丙酮、NaOH（AR）、KOH（AR）、$Na_2B_4O_7 \cdot 10H_2O$（AR）、NaCl（AR）、$NaHCO_3$（AR）、$CaCl_2$（AR）、NaOH 标准溶液（0.200mol/L）、EDTA（乙二胺四乙酸二钠）标准溶液（0.01mol/L）、溴甲酚绿乙醇溶液（1.00g/L）、甲基红乙醇溶液（2.00g/L）、钙黄绿素-百里酚酞混合指示剂、去离子水（或蒸馏水）。

四颈烧瓶（250mL）、滴液漏斗、球形冷凝管、磁力搅拌器（带加热浴）、电热套、布氏漏斗、真空烘箱、乌氏黏度计（0.6mm）、恒温水浴、锥形瓶（250mL）、滴定管、移液管、容量瓶、中速定量滤纸、干燥箱、天平。

（4）实验步骤与测试方法

① 聚丙烯酸钠（PAAS）的制备

在装有搅拌器、回流冷凝管、温度计、滴液漏斗的四颈烧瓶（250mL）中，加入 20mL 蒸馏水和 100mL 异丙醇（链转移剂），搅拌下加热至 80～82℃。

首先将 1.8g 过硫酸铵溶解于 10mL 水中，再加 29g 丙烯酸，配制单体-引发剂溶液。然后，将单体-引发剂溶液通过滴液漏斗滴加到烧瓶中，2～3h 滴加完毕，继续保温反应 2h。后改成蒸馏装置，蒸出异丙醇。冷却，当温度降至 40～50℃ 时取样 5mL［聚丙烯酸（PAA）溶液］，待测定分子量。

接近室温时，滴加 30% 的 NaOH 溶液（约 42g）中和，至溶液 pH=7～8，得到淡黄色透明黏稠的聚丙烯酸钠（PAAS）溶液。将该溶液滴加至丙酮中，再过滤，真空干燥可得到聚丙烯酸钠（PAAS）的固体粉末。

② 低分子量聚丙烯酸钠的表征与性能

a. 聚丙烯酸分子量的测定。原理：聚丙烯酸（PAA）的酸性比单体（AA）要弱，当其溶解于水中时，不易被精确滴定。当其溶于 0.01～1mol/L 的中性盐溶液中时，滴定是准确的，进而可求出相应聚丙烯酸钠的分子量。

具体方法：精确称取 0.200g 聚丙烯酸固体，放入 100mL 烧杯中，加入 50mL NaCl 溶液（1mol/L），用 0.200mol/L 的 NaOH 标准溶液滴定（记录加入量），测定溶液的 pH 值。用消耗的 NaOH 标准溶液体积 V（mL）对 pH 值作图，曲线的拐点即为滴定的终点。找出终点所消耗的碱量，按下式计算聚丙烯酸的分子量（M）：

$$M = \frac{2}{\dfrac{1}{72} - \dfrac{VM_1}{W \times 1000}} \tag{12-1}$$

式中，V 为滴定终点消耗的 NaOH 标准溶液体积，mL；M_1 为 NaOH 标准溶液的浓度，mol/L；W 为称取的试样 PAA 质量，g；2 为一个 PAA 分子链两端各有一个内酯；1/72 为 1g PAA 样品中所含有羧基的物质的量的理论值。

b. PAAS 特性黏度测试。以 2mol/L NaOH 溶液为溶剂，将聚丙烯酸钠配制成 0.2% 的溶液。采用乌氏黏度计，在（30.0±0.5）℃ 下，分别测定溶剂流出时间（t_0）和溶液流出时间（t），按下式分别求出 PAAS 特性黏度 $[\eta]$（dL/g）和黏均分子量（M_v）。式中，t_0 为溶剂流出时间，s；t 为溶液流出时间，s；c 为溶液浓度，g/dL。

$$[\eta]=\sqrt{2\left[(t-t_0)/t_0-\ln(t/t_0)\right]}/c \tag{12-2}$$

$$[\eta]=3.38\times10^{-3}M_v^{0.43} \tag{12-3}$$

c. PAAS 固含量：称取一定量 PAAS 溶液（W_s，g），置于 80~120℃干燥箱内，待干燥恒重后，记录其质量（W_d，g），并按下式计算固含量（x，%）：

$$x(\%)=\frac{W_d}{W_s}\times100\% \tag{12-4}$$

③ 低分子量聚丙烯酸钠的阻垢性能评价

采用碳酸钙沉积法测定 PAAS 的阻垢性能：以含有一定量碳酸氢根（HCO_3^-）和 Ca^{2+} 的溶液配制水样，以及添加有阻垢剂 PAAS 的水样。在加热条件下，促使碳酸氢钙分解为碳酸钙（$CaCO_3$）。达到平衡后，测定试液中的 $[Ca^{2+}]$。水样中钙离子浓度愈大，说明垢体（$CaCO_3$）愈少，则该阻垢剂的阻垢性能愈好。

a. 原材料配制与仪器准备。准备 KOH 溶液（200g/L）。硼砂缓冲溶液（pH=9）：准确称取 3.80g 十水四硼酸钠（$Na_2B_4O_7 \cdot 10H_2O$）溶于蒸馏水，并稀释到 1.0L。钙黄绿素-百里酚酞混合指示剂：准确称取 1.0g 钙黄绿素、0.35g 百里酚酞，置于玻璃研钵中，加入 100g 经 120℃烘干后的 KCl，研细混匀，储于棕色磨口瓶中。溴甲酚绿-甲基红指示液：将 3mL 溴甲酚绿乙醇溶液（1.00g/L）与 1mL 甲基红乙醇溶液（2.00g/L）混合。0.01mol/L 的 EDTA（乙二胺四乙酸二钠）标准溶液；0.1mol/L 盐酸标准滴定溶液；含 18.3mg/mL HCO_3^- 碳酸氢钠标准溶液；含 6.0mg/mL Ca^{2+} 的氯化钙标准溶液（上述四种标准溶液的标定方法参见国标方法）。

b. 试液的制备。阻垢剂 PAAS 溶液（5000mg/L）：称取 2.5g PAAS 溶于 500mL 容量瓶中即可。

在容量瓶（250mL）中加入 125mL 水，用滴定管加入 10mL 的氯化钙标准溶液，使 Ca^{2+} 的量为 60mg。用移液管加入 2.5mL 阻垢剂 PAAS 溶液，摇匀。加入 10mL 硼砂缓冲溶液，摇匀。用滴定管缓慢加入 10mL 的碳酸氢钠标准溶液（边加边摇动），使碳酸氢根离子的量为 183mg，用水稀释至刻度（250mL），摇匀，得到含阻垢剂的试液。其中，$[Ca^{2+}]$=0.240mg/mL。

在另一容量瓶中，按上述方法滴定，但不加阻垢剂 PAAS 溶液，得空白实验结果。

c. 阻垢性能测试与离子含量测定。参照国家标准 GB/T 16632—2008《水处理剂阻垢性能的测定—碳酸钙沉积法》的静态法对 PAAS 的阻垢性能进行考察。具体步骤：将含阻垢剂的试液和空白试液分别置于两个洁净的锥形瓶中，并浸入（80±1）℃的恒温水浴中，试液的液面不得高于水浴的液面，恒温放置 5h。冷却至室温，用中速定量滤纸过滤。各移取 25.00mL 滤液，分别置于 250mL 锥形瓶中，加水至 80mL，加 5mL 氢氧化钾溶液和约 0.1g 钙黄绿素-百里酚酞混合指示剂。用 EDTA 标准溶液滴定至溶液由紫红色变为亮蓝色即为终点，并分别计算试液和空白试液钙离子的浓度（mg/mL）。

以百分率表示水处理剂的相对阻垢性能（η），按下式计算阻垢率（取平行测定结果的算术平均值为测定结果，平行测定结果的绝对差值不大于 5%）。

$$\eta=\frac{[Ca^{2+}]_1-[Ca^{2+}]_0}{0.240-[Ca^{2+}]_0} \tag{12-5}$$

式中，$[Ca^{2+}]_1$ 为加入含阻垢剂的试液处理后的钙离子浓度，mg/mL；$[Ca^{2+}]_0$ 为空白试液实验后的钙离子浓度，mg/mL；0.240 为试验前配好的试液中钙离子浓度，mg/mL。

（5）实验数据记录

实验名称：___低分子量聚丙烯酸钠的合成与阻垢性能___

姓名：_____ 班级组别：_____ 同组实验者：_____

实验日期：___年__月__日；室温：_____℃；湿度：_____；评分：_____

（一）聚丙烯酸钠的制备

固体粉末：_____g

（二）低分子量聚丙烯酸钠的表征

（1）PAA 分子量测试：

滴定终点消耗的 NaOH 标液体积 V：_____mL；NaOH 标液浓度 M_1：_____mol/L；

试样质量 W：_____g；聚丙烯酸的分子量 M：_____g/mol

（2）特性黏度测试：

溶剂流出时间 t_0：_____s；溶液流出时间 t：_____s；溶液浓度 c____g/dL；特性黏度 $[\eta]$：_____dL/g；黏均分子量 M_V：_____

（3）固含量测试

干燥恒重后质量 W_d：_____g；取样质量 W_s：_____g；固含量 x：_____%

（三）聚丙烯酸钠的阻垢性能评价

$[Ca^{2+}]_1$：_____mg/mL；$[Ca^{2+}]_0$：_____mg/mL

（6）问题与讨论

① 本实验中，聚丙烯酸钠的合成原理是什么？

② 端基法测定聚丙烯酸分子量的原理是什么？

③ 探讨碳酸钙沉积法测定聚丙烯酸钠阻垢性能的原理和流程。

实验 12-2 丙磺酸共聚物的合成及阻垢性能

（1）实验目的

① 掌握丙磺酸共聚物的合成技术，学习其共聚原理。

② 学习丙磺酸共聚物表征与性能测试方法；学习静态阻垢法测试共聚物的阻垢性能。

（2）实验原理与相关知识

含磺酸（盐）的共聚物是一类有效的阻垢剂，其突出特点是不受金属离子影响，对 P、S、Ca、Ba、$Mg(OH)_2$、$CaCO_3$、$CaPO_4$ 等盐垢有良好抑制作用，且不易结胶。含磺酸（盐）的共聚物主要有单烯烃类、丙烯酸类、丙烯酰胺类、环丙氧基类、双烯烃类等磺酸盐。由丙烯酸（AA）与 2-丙烯酰胺-2-甲基丙磺酸（AMPS）两种单体经共聚反应而成的丙磺酸共聚物 [P(AA-AMPS)]，含有阻垢分散性能好的羧酸基和强极性的磺酸基，能提高钙容忍度，对水中的磷酸钙、碳酸钙、锌垢等有显著的阻垢作用，并且分散性能优良。特别适合高 pH 值、高碱度、高硬度的水质，是实现高浓缩倍数运行最理想的阻垢分散剂之一。反应如下：

本实验以 AA 和 AMPS 为单体，在 APS 的引发下，通过共聚反应合成含羧基和磺酸基的丙磺酸共聚物［P(AA-AMPS)］，并测定其阻垢性能。

(3) 试剂与仪器

2-丙烯酰胺-2-甲基丙磺酸（AMPS，AR）、丙烯酸（AA，CP）、过硫酸铵（APS，AR）、异丙醇（AR）、氢氧化钠（AR）、四硼酸钠（硼砂）、乙二胺四乙酸二钠（AR）、钙羧酸指示剂、无水氯化钙（AR）、碳酸氢钠（AR）、去离子水（或蒸馏水）。

四颈烧瓶（250mL）、恒压滴液漏斗、回流冷凝管、搅拌器、温度计、电子天平、傅里叶红外光谱仪。

(4) 实验步骤

① 丙磺酸共聚物 P（AA-AMPS）的制备

将配置有加热搅拌的四颈烧瓶（250mL）安装恒压滴液漏斗、回流冷凝管、氮气入口与出口。加入 75mL 蒸馏水，通入氮气，搅拌、加热至体系温度达到 50℃，加入 5g AMPS，搅拌使其（固体）完全溶解后，持续通氮气，升温到 75℃。将溶有 0.3g 过硫酸铵水溶液（5mL）、16g 丙烯酸和 4g AMPS［AA：MAPS（质量比）为 4：1］的溶液，通过恒压滴液漏斗滴加，50min 滴加完毕（使体系中单体质量浓度为 25%）。然后，使溶液在 80℃保温 1h。冷却至室温，得到微黄色（或深黄色）透明液体，将该溶液滴加至丙酮中，滤膜抽滤，真空干燥，得到二元共聚物 P(AA-AMPS) 的固体样品。

② 丙磺酸二元共聚物 P(AA-AMPS) 结构表征

可采用红外光谱（FT-IR）对共聚物 P(AA-AMPS) 的结构进行表征：将共聚物样品与 KBr 混合压片，然后用傅里叶红外光谱仪进行测定。

③ P(AA-AMPS) 阻垢性能的测定

参照国家标准 GB/T 16632—2008《水处理剂阻垢性能的测定—碳酸钙沉积法》评定阻垢剂的静态阻 $CaCO_3$ 垢性能，主要过程同实验 12-1 的实验步骤③。

加入阻垢剂后碳酸钙垢体的晶型结构可用扫描电镜（SEM）进行分析：将过滤后留在滤纸上和残余在锥形瓶中的碳酸钙垢尽量多地转移至称量瓶中，烘干待用。待称量瓶中的垢样烘干后，取少量样品粘于黑色导电胶上，用扫描电镜进行观察，并与未加阻垢剂的碳酸钙垢样进行对比探讨。

(5) 实验数据记录

实验名称：___丙磺酸共聚物的合成及阻垢性能___

姓名：_____　班级组别：_____　同组实验者：_____

实验日期：____年__月__日；室温：____℃；湿度：____；评分：_____

（一）丙磺酸二元共聚物 P（AA-AMPS）的制备

P(AA-AMPS) 溶液：_____g（_____mL）；P（AA-AMPS）固体分：_____g

（二）丙磺酸二元共聚物 P(AA-AMPS) 表征

（三）P(AA-AMPS) 阻垢性能

阻垢率：_____%

碳酸钙垢体形貌的结果及分析：

(6) 问题与讨论

① 请通过对照实验，证明当两种单体结构单元的质量比在 51：49 时阻磷酸钙效果最佳，而在 80：20 时，阻碳酸钙效果最好。

② P(AA-AMPS) 共聚物红外表征的原理及方法是什么？

③ P(AA-AMPS) 共聚物的固含量测试方法是什么？

④ 探讨碳酸钙沉积法测定 P(AA-AMPS) 共聚物阻垢性能的原理和流程。

⑤ 请查阅资料，总结电导法的特点（电导法具有仪器简单、操作方便、重现性好等优点）。

实验 12-3 聚天冬氨酸阻垢分散剂的合成与性能

(1) 实验目的

① 掌握聚天冬氨酸的制备方法；了解聚天冬氨酸的性质和用途。

② 了解聚天冬氨酸的阻垢原理，练习静态阻垢法测定技术。

(2) 实验原理与相关知识

聚天冬氨酸（polyaspartic acid，PASP）是由天冬氨酸单体的氨基和羧基缩水而成的一种带有羧基侧链（—COOH）的氨基酸聚合物。有 α、β 两种构型，天然 PASP 以 α 型存在于蜗牛和软体动物壳内，而合成的聚天冬氨酸中大部分是 α、β 两种构型的混合物。PASP 是一种可生物降解的水溶性高分子，其主链结构上的肽键易受微生物、真菌等作用而断裂，最终降解产物是对环境无害的氨、CO_2 和 H_2O。PASP 在水处理、医药（药物载体材料）、农业（肥料增效剂）、日化（吸水保湿）等领域都有用途。PASP 可以改变钙盐的晶体结构，对 Ca、Mg、Fe、Cu 等离子具有良好的螯合作用。其作为一种优良的阻垢分散剂，而用于循环冷却水系统、锅炉及油气田水处理。

目前，聚天冬氨酸的合成工艺主要有两种方法：

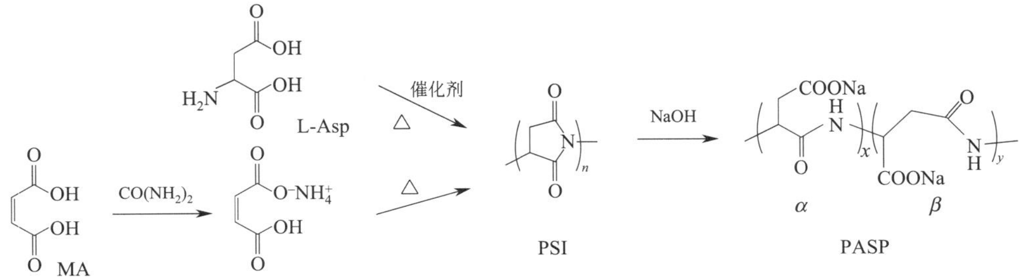

① 以 L-天冬氨酸（L-Asp）为原料的热缩合法：采用固相、液相或在分散介质中热缩聚，制得环状的聚琥珀酰亚胺（PSI），然后在碱性条件下水解即得 PASP。通过对反应工艺的控制，可得到不同分子量的产品。β 体约占 75%，α 体约占 25%。这是比较成熟的一条工艺路线，其缺点是 L-Asp 成本高，在实际应用中缺乏竞争力。

② 以马来酸（酐）为原料的合成法：聚天冬氨酸可以由马来酸酐和含氮化合物（如氨水、尿素）热聚合得到。该法合成聚天冬氨酸原料资源充足，价格低廉，产物杂质含量较

低，但该方法的缺点是反应过程中存在水分的蒸发和氨气的挥发，工艺耗能较大，反应时间长。

本实验练习以马来酸（MA）为原料，制备绿色阻垢剂聚天冬氨酸的方法，并练习采用静态阻垢法对聚天冬氨酸阻碳酸钙垢的性能进行评价。

（3）试剂与仪器

马来酸（AR）、碳酸铵（AR）、尿素（AR）、氢氧化钠（AR）、无水氯化钙（AR）、无水碳酸氢钠（AR）、无水乙醇（AR）、盐酸（AR）、正癸醇（AR）、磷酸、蒸馏水。

三颈烧瓶（250mL）、烧杯、碱式滴定管、磁舟、集热式恒温磁力搅拌器、pH 计、马弗炉、离心机、真空干燥箱、量筒（100mL、10mL）、水循环真空泵、布氏漏斗、天平。

（4）实验步骤

① 聚天冬氨酸的合成

a. 马来酸铵盐的合成：在装配有加热（加热套）、搅拌装置的三颈烧瓶（250mL）中，加入 29.00g 马来酸与 14.25g 尿素（摩尔比为 1∶0.95）。搅拌下，将加热浴升温到 95℃，反应 3.5h 即可得到马来酸铵盐，称量，计算产量。

b. 聚琥珀酰亚胺的合成：在装配有加热搅拌装置的三颈烧瓶（250mL）中，依次加入 20g 马来酸铵盐和 11g 磷酸（质量比为 1∶0.55）、100mL 正癸醇。搅拌下，升温到 190℃，搅拌反应 40min。冷却至常温，过滤，分别用无水乙醇、蒸馏水各洗 3 次，干燥，得到聚琥珀酰亚胺（PSI），称重，计算产量。

c. 聚琥珀酰亚胺的水解：在 100mL 烧杯中，依次加入 5.0g 聚琥珀酸亚胺、7.5mL 氢氧化钠溶液（2mol/L）、10mL 蒸馏水，在 45℃恒温水浴中水解 55min，得到聚天冬氨酸钠盐（PASP）溶液。

所制备的聚天冬氨酸钠盐溶液，用稀盐酸（浓度 2mol/L）调节为近中性，加入 10mL 无水乙醇，混合搅拌，将沉淀过滤，干燥，得到 PASP 固体，称重，计算产量。

② 聚天冬氨酸阻垢性能的测定

静态阻 $CaCO_3$ 垢性能的评价：

参照国家标准 GB/T 16632—2008《水处理剂阻垢性能的测定—碳酸钙沉积法》评定阻垢剂的阻垢性能。其主要过程是：配制一定体积、pH 值和硬度的模拟硬水，加入一定量的阻垢剂，在 80℃条件下保温 10h。然后，冷却、过滤，用钙离子浓度计测定滤液中钙离子的含量，计算阻垢率（η）。

（5）实验数据记录

实验名称：___聚天冬氨酸阻垢分散剂的合成与性能___

姓名：_____ 班级组别：_____ 同组实验者：_____

实验日期：____年__月__日；室温：_____℃；湿度：_____；评分：_____

（一）聚天冬氨酸的配方与条件

马来酸铵盐的配方：_____；反应条件：_____；产量：_____g

聚琥珀酰亚胺配方：_____；反应条件：_____；产量：_____g

聚琥珀酰亚胺的水解配方：_____；反应条件：_____；产量：_____g

（二）聚天冬氨酸阻碳酸钙垢性能的测定

去离子水：_____mL；$CaCl_2$：_____mL；PASP：_____mL；滴定终点消耗 EDTA：_____mL

（6）问题与讨论

① 本实验中，聚天冬氨酸的合成原理是什么？

② 聚天冬氨酸的实验室合成有哪几个步骤？

③ 试设计新型高分子阻垢材料。

参考文献

［1］ 吴承佩，华星. 高分子化学实验. 合肥：安徽科学技术出版社，1989：360-361.

［2］ 孙汉文，王丽梅，董建. 高分子化学实验. 北京：化学工业出版社，2012：82-84.

［3］ GB/T 601 制备标准滴定溶液的化学试剂.

［4］ GB/T 603 化学试剂实验方法中所用制剂及制品的制备.

［5］ GB/T 6682 分析实验室用水规格和试验方法.

［6］ GB/T 16632—2008 水处理剂阻垢性能的测定-碳酸钙沉积法.

［7］ Chang S，Yang J H，Chien J H，Lee Y D. Synthesis of a novel alkaline-developable photosensitive copolymer based on MMA，MAA，SM，and 2-HEMA-grafted GMA copolymer for an innovative photo-imageable dry-peelable temporary protective plastisol. J Polym Res，2013，20（4）：115.

［8］ Verch A，Gebauer D，Antonietti M，Cölfen H. How to control the scaling of $CaCO_3$. Phy Chem Chem Phy，2011，13：16811-20.

［9］ Chen J，Xu L，Han J，Su M，Wu，Q. Synthesis of modified polyaspartic acid and evaluation of its scale inhibition and dispersion capacity. Desalination，2015，358：42-48.

［10］ Tiu B D B，Advincula R C. Polymeric corrosion inhibitors for the oil and gas industry：Design principles and mechanism. React Funct Polym，2015，95：25-45.

［11］ 王毅，冯辉霞，张婷，朱敬林. 绿色水处理剂聚天冬氨酸的合成与性能研究. 净水技术，2008，27（2）：62-65.

（冯辉霞，王跃毅）

第 13 章 ▶▶ 能源高分子材料的合成与性能

随着社会现代化的进程加快和经济的快速发展，大量消耗的不可再生石化燃料带来严重的能源与环境问题。将可再生能源转换成清洁、高效的电能并有效存储和利用是缓解当前能源问题的有效途径。随着新能源工业的发展，具有光、电、磁等特性的高分子材料（尤其是导电高分子）越来越多地用于研制各类新能源材料和器件，如太阳能电池的聚合物基活性材料，燃料电池的固体高分子交换膜，锂离子电池的电极材料和固体聚合物电解质，以及超级电容器所用的电极材料和聚合物凝胶电解质等。目前，能源高分子材料主要应用于如下领域：

（1）光电转换高分子太阳能电池　高分子材料在太阳能电池上的应用包括作为给体材料（如聚噻吩衍生物、聚芴等）、受体材料（如芳杂环类聚合物和梯形聚合物等）、空穴传输层材料及柔性电极。目前，高分子太阳能电池的研究包括：设计合成给-受体型共轭嵌段高分子，使其能形成 p-n 异质结；设计合成具有二维结构共轭高分子，其主链和侧链分别吸收不同波长的太阳能而拓宽吸收，提高太阳能利用率。

（2）化学能转换电能燃料电池　燃料电池是一种电化学装置，组成与一般电池相同，但燃料电池的正、负极本身不包含活性材料，只是催化转换元件，是把化学能转换成电能的机器。聚合物离子交换膜是聚合物电解质燃料电池的核心部件，起传导离子作用，并作为阴极和阳极之间隔膜。根据其传导离子性质不同，可分为聚合物质子交换膜（传导质子）和聚合物阴离子交换膜（传导氢氧根离子）。目前，广泛使用的聚合物质子交换膜主要是美国杜邦公司 C-F 链的全氟聚合物（即全氟磺酸型 Nafion 膜）和美国 Dow 公司的 Dow 膜等；聚合物阴离子交换膜主要是 Tokuyama 公司的 AHA（由四烷基季铵基团接枝在聚乙烯主链上构成的阴离子交换膜）、A-006 和 AMX 等系列。一些新型的聚合物，如磺化聚醚醚酮、磺化聚芳醚、磺化聚酰亚胺、聚苯并咪唑等，作为质子交换膜，表现出了较高的质子传导率和良好的性能。人们又新开发了聚醚酮和聚醚砜型阴离子交换膜、交联型聚芳醚阴离子交换膜等。

（3）能源存储聚合物锂离子电池　应用于聚合物锂离子电池的高分子材料主要有三类：①采用导电聚合物作为正极材料，其储电能力是现有锂离子电池的 3 倍；②固体聚合物电解质锂离子电池；③凝胶聚合物电解质锂离子电池，在固体聚合物电解质中加入增塑剂等添加剂，从而可产生柔性化和高离子电导率的特征。此外，高分子材料也可用于锂离子电池的密封材料、隔膜材料、壳体材料以及大量的电池零件（如电池盖、垫片、密封圈、保护套等）。

（4）能源存储聚合物基超级电容器　超级电容器结合了传统静电电容器高的功率密度和电池高的能量储存特性，是一种新型储能器件。应用于超级电容器的高分子材料主要有三类：①采用导电聚合物（聚苯胺、聚吡咯、聚噻吩等）及其衍生物作为正或负极材料，其储存电荷能力是当前商业活性碳基超级电容器的 5～10 倍。②聚合物衍生碳基电极材料的超级电容器，如以生物质高分子或合成聚合物为前驱体，经过高温处理制备其相应的碳基电极材料。③凝胶聚合物电解质超级电容器，向聚乙烯醇等水溶性聚合物中加入无机电解质（KOH、H_2PO_4、H_2SO_4），制备形成凝胶化高分子。基于聚合物凝胶的柔韧性和强力学性能，实现高离子电导率和器件柔性化、可拉伸化等的优势。

本章，首先练习导电高分子材料的合成与导电性能的测试技术；其次，练习高分子基新能源材料的合成与性能研究方法。

实验 13-1 聚吡咯的合成与导电性能

（1）实验目的

① 掌握化学氧化聚合法和电化学聚合法制备聚吡咯的方法。

② 学习聚吡咯导电性能的测定方法，了解共轭高分子导电机理。

（2）实验原理与相关知识

导电高分子（conducting polymers）是指电导率（σ）在半导体和导体范围内的聚合物，其电导率一般在 10^{-6} S/m 以上。导电高分子按结构与组成可分为结构（本征）型与复合型两大类。结构型导电高分子本身具有导电性，由聚合物结构提供导电载流子（包括离子、电子或空穴）。其主要有高分子电解质（离子导电）、共轭体系聚合物、电荷转移络合物、金属有机螯合物（电子导电）等类型。

高分子主链由交替单键-双键构成 π-π 共轭高分子，其中成键（π）轨道或反键（π^*）轨道通过形成电荷迁移复合物而被充满或空着，具有很好的导电性，因此常用作导电高分子使用。结构型导电高分子中，常见聚乙炔、聚吡咯、聚苯胺、聚苯硫醚等，它们具有线型大共轭结构，大的共轭 π 体系中 π 电子的流动产生了导电的可能性。这类聚合物经掺杂后，电导率可大幅度提高，甚至可达到金属的导电水平。这类聚合物如下：

聚乙炔　　　聚吡咯　　　聚噻吩　　　聚苯　　　聚苯胺　　　聚苯硫醚 PPS

聚吡咯（polypyrrole，PPy）是一种杂环共轭型导电高分子。PPy 是由 C—C（单键）和 C＝C（双键）交替排列成的共轭结构，双键是由 σ 电子和 π 电子构成，σ 电子被固定住无法自由移动，在碳原子间形成共价键。共轭双键中的两个 π 电子并没有固定在某个碳原子上，它们可以从一个碳原子转位到另一个碳原子，具有在整个分子链上延伸的倾向。即分子内的 π 电子云的重叠产生了为整个分子共有的能带，π 电子类似于金属导体中的自由电子。当有电场存在时，组成 π 键的电子可以沿着分子链移动。PPy 广泛应用于电解电容、电催化、生物、离子检测及电磁屏蔽材料和气体分离膜材料等。

聚吡咯通常可通过化学氧化法和电化学法合成。化学氧化聚合法机理：首先，在氧化剂作用下，一个电中性的吡咯单体分子失去一个电子被氧化成阳离子自由基。

随后，两个阳离子自由基结合生成二聚吡咯的双阳离子，此双阳离子经过歧化作用，生成电中性的二聚吡咯。然后，二聚吡咯再被氧化，与阳离子自由基结合，再歧化，生成三聚体。类似逐级聚合反应下去，直到生成聚合度为 n 的链状聚吡咯分子。化学氧化聚合法合成工艺简单，成本较低，适于大量生产。但所制备的聚吡咯产物一般为固体聚吡咯粉末，难溶于一般的有机溶剂，力学性能较差，不易进行加工。

电化学合成聚吡咯的反应属于氧化偶合反应：首先，电极从吡咯分子上夺取一个电子，使五元杂环被氧化成阳离子自由基。阳离子自由基之间发生加成性偶合反应，脱去两个质子，成为比吡咯单体更容易氧化的二聚物。随后，阳极附近的二聚物继续被电极氧化，重复链式偶合反应，直到生成长链聚吡咯并沉积在负极表面。

化学氧化聚合法合成聚吡咯机理：

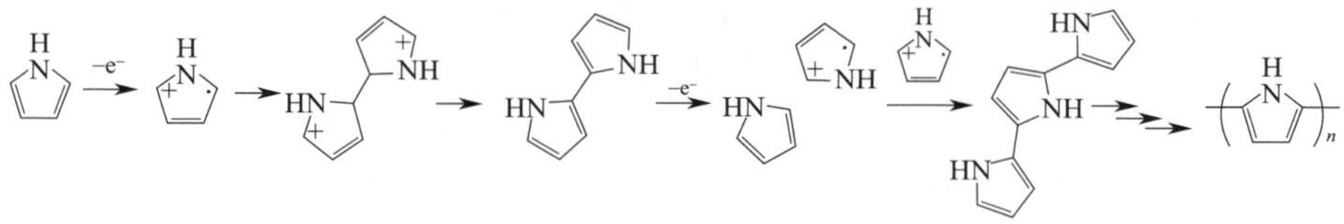

电化学聚合法合成聚吡咯机理：

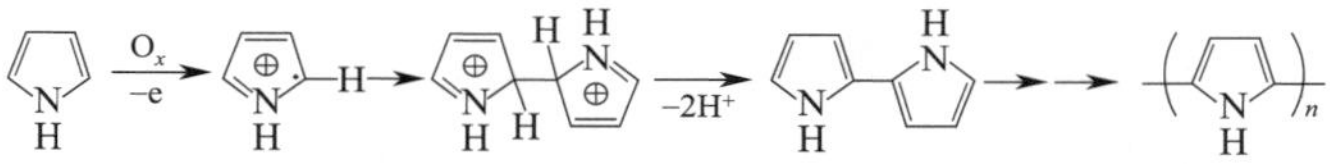

本实验通过练习聚吡咯的合成与性能测试方法，了解导电高分子材料的制备技术，掌握化学氧化聚合法和电化学聚合法合成聚吡咯（PPy）。

（3）试剂与仪器

吡咯（单体）、三氯化铁、对甲苯磺酸、丙酮、十二烷基苯磺酸钠、蒸馏水。

四颈烧瓶（250mL）、烧杯（50mL）、滴液漏斗、温度计、水浴锅、电动搅拌器、烘箱、电化学工作站、工作电极（铂片，约 1cm×3cm）、搅拌器、注射器、超声振荡、辅助电极和饱和甘汞电极、研钵、天平、压片机、智能 LCR 测量仪、差示扫描量热仪、FT-IR。

（4）实验步骤

① 试剂纯化与溶液配制

吡咯经减压蒸馏后，低温（0～5℃）保存待用，电化学合成用吡咯需二次蒸馏。在烧杯（100mL）中加入 2.5g 对甲苯磺酸，加入 50mL 蒸馏水使之溶解，得到对甲苯磺酸水溶液。取 6.3g 三氯化铁固体溶于 44mL 蒸馏水，制得三氯化铁水溶液。

② 化学氧化聚合法合成聚吡咯

在四颈烧瓶（250mL）上安装电动搅拌器、冰水浴、滴液漏斗、温度计，加入含 2.5g 对甲苯磺酸的水溶液（50mL）、175mL 蒸馏水。在冰水浴条件下（5℃以下），加入 3mL 吡咯（单体），控制温度在 3～5℃，搅拌 15min，使漂浮在溶液表面的吡咯分散于水溶液中。将配制好的含 6.3g 三氯化铁水溶液（44mL），通过滴液漏斗缓慢滴加至四颈烧瓶内，滴加时间控制在 20min，继续搅拌反应 4h。停止搅拌，室温静置 12h。然后，将四颈烧瓶超声 10min，使聚吡咯薄膜脱落在溶液中，过滤。产物先用蒸馏水洗涤 3 次，再用丙酮洗涤 2 次，所得固体产物置于 60℃ 烘箱中干燥 12h，对所得聚吡咯（PPy）称重。

注意：a. 进行聚合时要严格控制反应温度和时间。b. 三氯化铁水溶液加入时要缓慢滴加，以避免发生爆聚。c. 注意观察不同时间合成的溶液性状，比较其性能。

③ 电化学聚合法合成聚吡咯

在装配有磁力搅拌的 50mL 烧杯中，加入 0.7g 对甲苯磺酸、30mL 蒸馏水，磁力搅拌 3min。搅拌下加入 0.2g 十二烷基苯磺酸钠，继续搅拌 5min。用注射器加入 1.5mL 经过二次蒸馏的吡咯，搅拌 3min 后，超声振荡 5min，再静置 10min，获得电化学聚合所需的电解液（pH=1~2），备用。

工作电极（铂片）和对电极在使用之前经过盐酸、乙醇、丙酮预处理，除去电极表面的油脂等有机物。工作电极在使用前背对辅助电极的一面用透明胶带粘贴。最后，工作电极、辅助电极和饱和甘汞电极（参比电极）都用蒸馏水彻底淋洗。

将工作电极、辅助电极和饱和甘汞电极分别固定在所配的电解液中。工作电极固定的位置需使工作电极能够露出液面 1cm，以便电化学工作站夹子夹紧和固定。采用循环伏安法聚合制备自支撑聚吡咯膜。电化学聚合参数的设置：合成电位范围 0~1.4V，电位扫描速率 0.1V/s，扫描圈数 200 次。电化学聚合结束后，取下工作电极，用蒸馏水淋洗干净，轻轻剥落下黑色聚吡咯膜，即得产物聚吡咯（PPy），称重。

④ 聚吡咯分析表征与性能测试

a. 固体含量：按照 GB/T 1725—2007 方法测定。

b. 玻璃化转变温度（T_g）测定：用差示扫描量热仪（DSC）测定共聚物薄膜。

c. 红外光谱（FT-IR）分析：将纯化的高分子膜采用 FT-IR 分析。

d. 稳定性测试：聚合稳定性，聚合过程中如果出现爆聚及凝聚现象，则视为不稳定；贮存稳定性，将一定量制成的聚吡咯置于阴凉处密封，室温保存，定期观察有无破损。

⑤ 聚吡咯电导率的测定

a. PPy 薄片的制备：将实验所得 PPy 试样称取 0.1g，充分研磨均匀后，放在压片机上压成直径为 1.35cm，横截面积为 1.43cm^2 的薄片。

b. 电导率的测定：用智能 LCR 测量仪测其电阻值 R，然后根据式（13-1）计算电导率（σ）：

$$\sigma = \frac{1}{\rho} = \frac{L}{RS} \tag{13-1}$$

式中，S 为压片的横截面积；L 为压片的厚度；ρ 为电阻率。

(5) 实验数据记录

实验名称：___聚吡咯的合成与导电性能___

姓名：_____ 班级组别：_____ 同组实验者：_____

实验日期：____年__月__日；室温：____℃；湿度：____；评分：____

（一）化学氧化聚合法合成聚吡咯

吡咯单体：__g；三氯化铁：__g；对甲苯磺酸：__g；蒸馏水：__mL；

反应温度：__℃；反应时间：__h；产量_____g（产率____％）

（二）电化学聚合法合成聚吡咯

吡咯单体：__g；十二烷基苯磺酸钠：__g；对甲苯磺酸：___g；蒸馏水：__mL；

反应温度：__℃；反应时间：__h；产量___g（产率____％）

（三）氧化法合成 PPy 的电导率

聚吡咯：__g；薄片直径：__cm；薄片厚度：___cm；薄片横截面积：____cm；

电阻率：____；电导率：_____

(6) 问题与讨论

① 探讨氧化法合成聚吡咯的反应机理。

② 总结影响聚吡咯电导率的关键因素。

③ 查阅资料，总结影响导电高分子材料中载流子的因素。

④ 了解导电高分子材料最新研究进展。

实验 13-2 酚醛树脂基碳材料的制备及电容性能

(1) 实验目的

① 学习线型酚醛树脂的制备方法；学习基于聚合物碳化制备多孔碳材料的方法。

② 掌握循环伏安法和恒电流充放电的基本原理及其应用。

③ 了解碳电极材料的电化学性能表征和在超级电容器中的应用。

(2) 实验原理与相关知识

电化学能量转化和存储是一种实现能量转化、存储和高效利用的最实用方式。目前，广泛使用的电化学能量转化和存储器件主要包括电池（蓄电池、锂电池和燃料电池）和超级电容器等。超级电容器（supercapacitor）是基于电极/溶液界面电化学过程，也称为电化学电容器（electrochemical capacitor）。超级电容器结合了传统静电电容器高的功率密度和电池高的能量储存功能（表 13-1），被广泛用作电动车电源、记忆性存储器、系统主板的备用电源、启动电源和太阳能电池的辅助电源等。同时，超级电容器在道路运输、航空航天、通信及国防等领域也发挥重要作用。

表 13-1　传统电容器、超级电容器与电池的特性比较

性能指标	传统电容器	超级电容器	电池
能量密度/(W·h/kg)	<0.1	$1\sim10$	$10\sim100$
功率密度/(W/kg)	$\gg10^4$	$10^3\sim10^4$	$<10^3$
充/放电时间	$10^{-6}\sim10^{-3}\,s$	$1\sim30s$	$1\sim10h$
充/放电效率	$>95\%$	$85\%\sim98\%$	$70\%\sim85\%$
循环寿命	无限次	>50 万次	约 1000 次
影响最大电压因素	电介质厚度和强度	电极和电解质稳定性 工作电压范围	相反应的热力学
影响电荷储存因素	电极面积和电介质	电极微观结构和电解质	活性材料质量和热力学

超级电容器主要由电极材料、电解质、集流体、隔膜等部分组成，组装形式如图 13-1 所示。电极材料是积累电荷、产生双电子层电容和赝电容的不可或缺的材料，

一般选用导电性好、比表面积大、不与电解质发生化学反应的材料。目前，所应用的电极材料主要有：碳材料、金属化合物（金属氧化物、金属氢氧化物、金属硫化物和金属氮化物）及导电聚合物。除了两个电极，存在于隔膜内和活性材料层中的是电解质。集流体在超级电容器中，具有将电极活性材料通过外引出电极完成电子和电荷聚集与传导功能，一般采用具有优良导电性且不被电解液腐蚀的材料，如钽箔、钛箔、不锈钢网、泡沫镍等。隔膜主要用于隔绝超级电容器中两个相邻的电极材料，避免其直接接触而发生短路现象。一般要求其化学性质稳定、自身不具备导电性、对离子的通过不产生任何阻碍等。目前，常见的隔膜有聚丙烯薄膜、微孔膜、玻璃纤维、电容器纸等。

超级电容器综合了传统电容器和电池的优点，但与普通电池相比，其主要不足为能量密度较低。鉴于此，相关研究还在深入。其中，通过研究电极材料、电解质的性质是提高超级电容器能量密度的重要途径。

超级电容器电化学性能常用循环伏安法（CV）、恒电流充/放电、电化学交流阻抗（EIS）等方法测试，可提供电活性物质电极反应的可逆性、化学反应历程、电活性物质的吸附等信息，计算电极材料的放电比电容值和充/放电效率等，获得电荷转移电阻（R_{ct}）、内阻（R_s）和电解液离子扩散方式等信息。

① 循环伏安法测试（CV）：通常使用三电极系统，即工作电极（研究被测物质反应过程的电极）、参比电极、对电极。以等腰三角形的脉冲电压加在工作电极上，得到的电流-电压曲线包括两个分支，如果前半部分电位向阴极方向扫描，电活性物质在电极上还原，产生还原波，那么后半部分电位向阳极方向扫描时，还原产物又会重新在电极上氧化，产生氧化波。因此，一次三角波扫描，完成一个还原和氧化过程的循环，故该法称为循环伏安法，其电流-电压曲线称为循环伏安（CV）图。根据电压-电流曲线可得到材料电化学反应过程的众多信息，如电化学可逆性、电荷的存储机理，能迅速提供电活性物质电极反应的可逆性、化学反应历程、电活性物质的吸附等信息。

② 恒电流充/放电测试：该测试是对工作电极施加一恒定的电流密度，让其在电极材料对应的工作电位范围进行充/放电测试，同时考察电极电压随时间的变化过程。根据在设定工作电压范围内所记录的放电时间，也可以方便地计算出电极材料的放电比电容值和充/放电效率等。电极材料的质量比电容值（C_s，F/g）根据以下公式计算：

$$C_s = \frac{I \Delta t}{m \Delta V} \tag{13-2}$$

式中，I 为充/放电电流，A；t 为放电时间，s；ΔV 为高电位与低电位之间的电压范围，V；m 为活性电极材料的质量，g。

在超级电容器中，电极活性材料和电解质是组成工作电极的最主要部分。其中，开发出具有高导电性、高比表面积和高比容量的电极材料和具有高离子电导率的柔性凝胶电解质是提高超级电容器装置性能的关键。

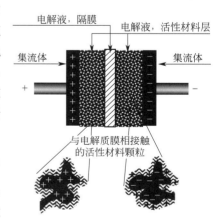

图 13-1　超级电容器的结构示意图

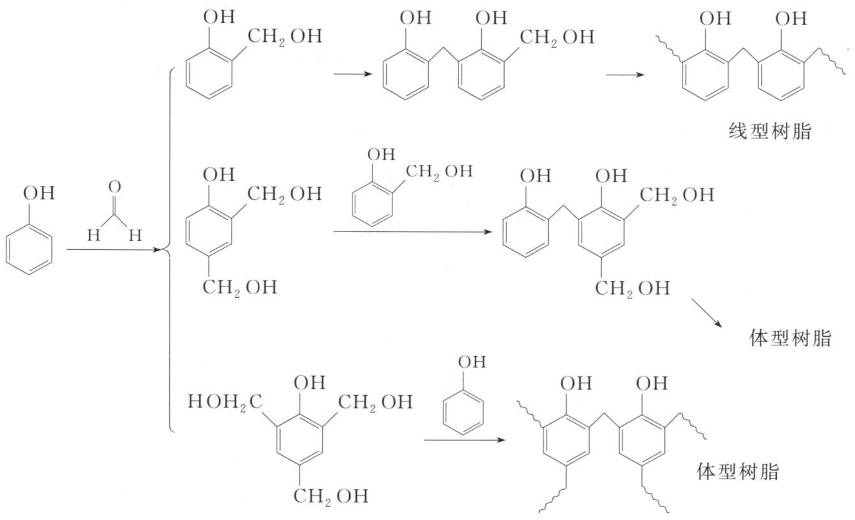

图 13-2　线型与体型酚醛树脂

　　酚醛树脂是由酚（苯酚、甲酚或间苯二酚等）和醛（甲醛、乙醛和糠醛等）在酸性或碱性催化剂下缩聚而成的树脂，是较早合成的高分子之一。在碱性催化剂（NaOH）作用下，苯酚和甲醛进行缩聚，可得到线型与体型酚醛树脂（图 13-2）。控制苯酚和甲醛的用量比例（酚和醛的物质的量之比小于 1）缩聚形成线型酚醛树脂。苯酚和甲醛在碱性条件下逐渐生成体型树脂。酚醛树脂主要用于制造各种塑料、涂料、胶黏剂及合成纤维等。有关酚醛树脂的开发和研究工作，主要围绕着增强、阻燃、低烟以及成型适用性方面开展，向功能化、精细化发展，以期开发具有高附加值的酚醛树脂材料。

　　本实验是在碱性催化剂（NaOH）作用下，控制苯酚和甲醛的用量比例，缩聚形成线型酚醛树脂；然后以所得酚醛树脂作为碳前驱体，在流通氮气气氛中进行高温碳化，制备聚合物（酚醛树脂）基多孔碳材料；最后，将聚合物基多孔碳材料作为电极材料进行电化学电容性能测试。

（3）试剂与仪器

　　苯酚、甲醛（37%）、NaOH、KOH 溶液（1.0mol/L）、乙醇（98%）、蒸馏水、氮气。

　　三颈烧瓶（250mL）、回流冷凝管、温度计、机械搅拌器、恒温水浴、铁架台、瓷舟、管式炉、移液管、电化学工作站（CHI 660D）、玻碳电极、Hg/HgO（1mol/L KOH）电极、铂片电极、三口电解池、天平、烧杯、烘箱、玛瑙研钵。

（4）实验步骤

　　注意：苯酚和甲醛都是有毒物质，在量取和实验过程中都必须严格遵守实验操作步骤，以防中毒或腐蚀皮肤，反应应在通风橱中进行。

　　① 酚醛树脂的合成

　　在三颈烧瓶（250mL）上安装回流冷凝管、机械搅拌器、温度计及恒温水浴，依次加入 10g 苯酚、30g 氢氧化钠、100mL 无水乙醇，搅拌溶解。然后，加入 20mL 甲醛溶液（37%），混合均匀。将三颈烧瓶置于恒温水浴中，持续搅拌并缓慢升温至 80℃后搅拌反应 2h。反应结束后，将全部物料倒入烧杯中，冷却至室温，倾去上层溶剂。下层缩聚物用蒸馏水洗涤 3 次，置于 100℃烘箱中干燥，得到亮黄色的酚醛树脂，称量。

注意：苯酚在空气中易被氧化，影响产品的颜色，因此在量取、加入过程中，应尽量迅速并及时将试剂瓶密封；产品应放到指定地方，避免因黏性造成水管堵塞。

② 酚醛树脂基多孔碳材料的制备

将酚醛树脂（碳前驱体）固体置于瓷舟中，并放入管式炉石英管中央位置。然后，在石英管两端安装管式炉真空法兰，并在进气口一端连接氮气，同时松开另一端出气口，以保证石英管内持续氮气流通。将管式炉设置升温速率均为 5℃/min，将碳化温度升至 800℃，并保持在此温度下碳化 2h。高温碳化结束后，将管式炉自然冷却至室温，取出瓷舟，收集所得酚醛树脂基碳材料。

③ 酚醛树脂基多孔碳材料的电化学性能测试

电化学性能测试采用电化学工作站（CHI 660D 型，上海辰华有限公司）进行。

a. 工作电极的制备：工作电极制备前，将所得到的碳材料置于玛瑙研钵中研磨成细粉末。三电极体系的工作电极制备过程如下：精确称取 4.0mg 的碳材料并超声分散在 0.4mL 的 Nafion 乙醇溶液（0.25%，质量分数）中，形成分散均一的混合浆液。再移取 10μL 该混合液，滴加到玻碳电极表面，形成的电极膜均匀覆盖于玻碳电极中心，自然干燥，待测。

b. 循环伏安（CV）测试

i. 将 1.0mol/L 氢氧化钾电解液放入三口电解池中（电解液量约为电解池容量的 2/3 即可），插入工作电极（玻碳电极）、对电极（铂片电极）和参比电极（Hg/HgO 电极）。

ii. 各个电极连接电化学工作站对应电极夹，打开电化学工作站，选择"开路电压"方法，测定开路电压（V）。然后选择"Cyclic Voltammetry（CV）"电化学技术，Init E 为开路电压（V），Low E 设置为 −1.0V，High E 设置为 0V，Final E 设置为 0V，Sweep segments 为 5，扫描速率为 10mV/s，循环次数为 2 次。

iii. 以 CSV 格式保存实验数据，在扫描速率分别为 20mV/s、30mV/s、50mV/s 和 100mV/s 下按照上述步骤的实验条件测量循环伏安曲线，并以 CSV 的格式保存实验数据。

c. 恒电流充/放电测试

i. 将 1.0mol/L 氢氧化钾电解液放入三口电解池中，插入工作电极（玻碳电极）、对电极（铂片电极）和参比电极（Hg/HgO 电极）。

ii. 各个电极连接电化学工作站对应电极夹，打开电化学工作站，选择"Chronopotentiometry（CP）"电化学技术，Cathodic Current 和 Anodic Current 为充放电电流（0.0001A），High E 设置为 0V，Low E 设置为 −1.0V，Number of segments 为 3，其余参数为默认值。

iii. 以 CSV 格式保存实验数据，在充放电电流分别为 0.0002A、0.0003A、0.0005A 和 0.001A 下，按照上述步骤的实验条件测量充放电测试曲线，并以 CSV 的格式保存实验数据。

（5）实验数据记录

实验名称：__酚醛树脂基碳材料的制备及电容性能__

姓名：_____　班级组别：_____　同组实验者：_____

实验日期：____年__月__日；室温：____℃；湿度：____；评分：_____

（一）酚醛树脂的合成

苯酚：__g；NaOH：__g；甲醛：__mL；乙醇：__mL；反应温度：__℃；反应时间：

__h；产量_____g（产率____%）

（二）聚合物基多孔碳材料的制备

酚醛树脂：____g；升温速率：__℃/min；碳化温度：__℃；碳化时间：__h；碳化过程是否通 N_2：_____；产量_____g（产率____%）

（三）电极材料的电化学性能测试

（1）循环伏安（CV）测试

电解液：_____；参比电极：_____；对电极：_____；开路电压：____V；Low E：_____V；High E：__V；扫描速率：_____mV/s

（2）恒电流充/放电测试

电解液：_____；参比电极：_____；对电极：_____；Cathodic Current：_____A；Anodic Current：_____A；Low E：_____V；High E：__V；Number of segments：_____

（6）问题与讨论

① 影响酚醛树脂合成的因素有哪些？

② 升温速率的大小和碳化温度的高低对所得碳材料产物的影响可能有哪些？

③ 循环伏安测试中，扫描速率对电极材料电化学性能的影响是什么？目的是什么？

④ 查阅资料，总结用于制备电极活性材料的聚合物有哪些类型？设计可用于制备新型电极活性材料的聚合物。

实验 13-3 聚乙烯醇基凝胶电解质制备及电化学性能

（1）实验目的

① 学习凝胶电解质制备方法；了解凝胶电解质的特点及与水系电解质的区别。

② 学习超级电容器的组装方法与主要性能测试技术。

（2）实验原理与相关知识

电解质是超级电容器基本组成之一，主要有水系电解质、有机电解质、离子液体电解质、固态及凝胶电解质和氧化还原活性电解质等。其中，水系电解质（酸、碱、中性）由于其离子电导率高、成本低、内阻小、易渗透等特点，至今应用广泛。但其分解电压仅为1.23V，凝固点较低，使得超级电容器低温性能较差。有机电解质、离子液体电解质及固体电解质各有优缺点。凝胶电解质因其内在固有特性，如成膜性、柔性、易得、设计简单和相对较高的离子电导率等，成为新型能量储存设备的设计和组装的最佳选择。聚乙烯醇（PVA）具有卓越的电化学稳定性和力学性能，无毒，无腐蚀，同时具有良好的生物相容性和成膜性能，是一种环境友好的聚合物材料，也是研究凝胶聚合物电解质的良好选择。

电化学交流阻抗（EIS）是研究电极反应动力学过程以及电极界面现象的重要手段。EIS 的测试原理是通过对电极体系施加不同频率的小振幅正弦交流电势波，由电极系统的响应与扰动信号之间的关系得到电极阻抗。通过测试得到的数据以阻抗的实部为横坐标，虚部为纵坐标作图，即可得到 Nyquist 阻抗谱图。Nyquist 阻抗谱图由高频区的半圆，中频区的45°斜线和低频区的一条直线组成。其中，在高频区半圆与实轴（Z'）的截距 R_s 为溶液电阻，所对应的是电解液与活性材料及集流体接触所产生的欧姆电阻。高频区实轴（Z'）的小半圆弧属于电极和电解液界面法拉第反应的电荷转移动力学及界面电化学双电层电容（C_{dl}）的表现，即电荷转移电阻（R_{ct}）。中频区是一条呈 45° 的直线，它与离子在电极的多孔结构中的扩散/转移相关，即 Warburg 阻抗（W）。

本实验首先通过高温搅拌溶解 PVA 固体制备 PVA-H_3PO_4 溶胶，然后通过流延成膜和冷冻干燥方式获得 PVA-H_3PO_4 活性凝胶聚合物膜（图 13-3），最后将所得凝胶聚合物作为超级电容器的电解质和隔膜。

图 13-3　聚合物电解质合成线路图

（3）试剂与仪器

聚乙烯醇、磷酸、活性炭、乙炔黑、聚偏二氟乙烯、N-甲基-2-吡咯烷酮、蒸馏水。

恒温加热磁力搅拌器、烧杯（100mL）、真空干燥箱、电子天平、塑料表面皿、玛瑙研钵、冷冻干燥机、不锈钢网（厚度：0.06mm）、电化学工作站（CHI660D）、LAND 电池测试系统（CT2001A）、电子万能实验机（WDW-2C）。

（4）实验步骤

① PVA-H_3PO_4 活性聚合物电解质的制备

将 1g PVA 溶于 10mL 蒸馏水中，85℃ 下恒温搅拌 2h，形成均匀透明溶液。在溶液中加入 10mL 含 2.0g H_3PO_4 的水溶液（磷酸有腐蚀性），继续搅拌 3h，直至形成黏稠均匀混合溶液。将得到的混合液倒入直径为 9cm 的塑料表面皿中，通过冷冻干燥除去多余水分，以获得 PVA-H_3PO_4 活性凝胶聚合物，计算产量（产率）。

② 活性炭电极的制备

在玛瑙研钵中，加入 40mg 活性炭、5mg 乙炔黑、5mg 聚偏二氟乙烯（质量比为 8:1:1），研磨均匀，加入 0.5～1mL N-甲基-2-吡咯烷酮，搅拌混合，形成均匀泥浆。将泥浆均匀涂于面积为 1.5cm^2 的不锈钢网上，在 60℃ 下烘干后，即可得到活性炭电极，每个电极片涂覆质量为 3～5mg。

③ 超级电容器的组装与性能测试

a. 超级电容器的组装：将实验制得的凝胶聚合物同时作为电解质和隔膜，置于一对活性炭电极中间以形成三明治形状进行两电极测试，两片带有电极材料的不锈钢网作为集流体（图 13-4）。

b. 力学性能测试：将凝胶聚合物膜裁剪成宽 0.7cm、长 3.0cm 的长条，利用电子万能实验机进行拉伸和弯曲等力学性能测试。

c. 电化学性能测试：采用 CHI660D 型电化学工作站测试超级电容器的电化学性能，电极制备及测试过程见实验 13-2。电化学性能测试包括循环伏安（CV）、恒电流充放电（GCD）（实验操作参照实验 13-2）和交流阻抗（EIS）测试。

电化学性能测试过程如下：首先将电化学工作站的工作电极夹连接到超级电容器正极，

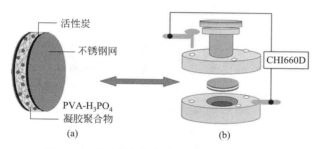

图 13-4　组装的超级电容器以及测试示意图

电化学工作站的对电极和参比电极夹连接到超级电容器负极。然后，打开 CHI660D 型电化学工作站，分别选择 "Cyclic Voltammetry（CV）" "Chronopotentiometry（CP）" "AC Impedance" 电化学技术进行 CV、GCD 和 EIS 测试。CV 测试条件为：电压窗口为 0～1V，CV 扫描速率为 5～50mV/s。GCD 测试并记录在电流密度为 0.5A/g、1A/g、2A/g 和 3A/g 下的充放电时间。超级电容器循环寿命采用由计算机控制的 LAND CT2001A 型电池测试仪在 1 A/g 电流密度下循环 3000 次。

　　EIS 测试的具体操作过程为：首先依次点击电化学工作站测试界面中的 "Control" - "Open Circuit Potential" 测试所组装的超级电容器的开路电压（OCP），并记录该数值（V）。然后，选择 "AC Impedance" 电化学技术，在出现的参数设置对话框中填入 Init E 为刚才测得的开路电压（V），High Frequency 设置为 100000Hz，Low Frequency 设置为 0.1Hz，Amplitude 设置为 0.005V，其余参数保持不变。最后，点击 "OK" 并运行测试，测试结束后以 CSV 的格式保存实验数据。以上测试温度均为室温。

　　超级电容器比电容（C，F/g）和电极比电容（C_s，F/g）可通过下面公式计算：

$$C = \frac{I \Delta t}{m_{ac} \Delta V} \tag{13-3}$$

$$C_s = 4C \tag{13-4}$$

　　超级电容器的能量密度（E，W·h/kg）和功率密度（P，kW/kg）通过下面公式计算：

$$E = \frac{1}{2} C \Delta V^2 \tag{13-5}$$

$$P = E / \Delta t \tag{13-6}$$

　　式中，I 为放电电流，A；m_{ac} 为活性材料的总质量（包括乙炔黑和黏合剂）；Δt 为放电时间，s；ΔV 为超级电容器的工作电压窗口，V。

　　注意：电极的制备过程中会使用到压片机，应严格按照压片机操作规程进行操作，避免受伤；最后得到的产品应放到指定地方，避免因黏性造成水管堵塞。

（5）实验数据记录

实验名称：＿＿聚乙烯醇基凝胶电解质制备及电化学性能＿＿

姓名：＿＿＿＿＿＿＿班级组别：＿＿＿＿＿＿＿＿＿同组实验者：＿＿＿＿＿＿＿＿

实验日期：＿＿＿年＿月＿日；室温：＿＿＿℃；湿度：＿＿＿；评分：＿＿＿

（一）活性聚合物电解质的制备

聚乙烯醇：＿＿＿＿＿g；磷酸：＿＿＿＿＿g；蒸馏水：＿＿＿mL；反应温度：＿＿＿℃；反应时

间：__h；产量____g（产率____％）

（二）活性炭电极的制备

活性炭：__g；乙炔黑：__g；聚偏二氟乙烯：____g；N-甲基-2-吡咯烷酮：____mL；不锈钢网面积：_____cm²；干燥温度：_____℃；单个电极上活性材料的质量：____g

（三）性能测试与表征

电压窗口：_____V；CV 扫描速率：_____mV/s；GCD 电流密度：_____A；EIS 测试频率范围：_____Hz；凝胶聚合物长度和厚度：____cm，____cm；凝胶聚合物最大拉伸长度：_____cm；循环稳定性测试的电流密度以及次数：_____A，_____次

（6）问题与讨论

① 聚乙烯醇的溶解温度为何选在 85℃左右？聚乙烯醇形成凝胶膜的机理是什么？

② 组装的超级电容器测试电压窗口为 0～1V，试述如果超过这个范围会发生什么？

③ 试述超级电容器的工作原理，以及凝胶电解质中的活性物质在充电与放电过程中在电极与电解质界面的转换机理是什么？

④ 分析超级电容器循环稳定性衰退的原因。查阅资料，试述如何可以得到改善？

参考文献

[1] Bryan A M，Santino L M，Lu Y，Acharya S，D Arcy J M. Conducting polymers for pseudocapacitive energy storage. Chem. Mater.，，2016，28：5989-5998.

[2] Kang H C，Geckeler K E. Enhanced electrical conductivity of polypyrrole prepared by chemical oxidative polymerization：effect of the preparation technique and polymer additive. Polymer，2000，41：6931-6934.

[3] Demoustier-Champagne S，Duchet J，Legras R. Chemical and electrochemical synthesis of polypyrrole nanotubules. Synth Met，1999，101：20-21.

[4] Mykhailiv O，Imierska M，Petelczyc M，Echegoyen L，Plonskabrzezinska ME. Chemical versus electrochemical synthesis of carbon nano-onion/ polypyrrole composites for supercapacitor electrodes. Chemistry，2015，21：5783-5793.

[5] 黄发荣主编. 合成树脂及应用丛书-酚醛树脂及其应用. 北京：化学工业出版社，2011.10：39-40.

[6] Wang G，Zhang L，Zhang J. A review of electrode materials for electrochemical supercapacitors. Chem Soc Rev，2012，41：797-828.

[7] Peng H，Ma G，Sun K，Mu J，Lei Z. One-step preparation of ultrathin nitrogen-doped carbon nanosheets with ultrahigh pore volume for high-performance supercapacitors. J Mater Chem A，2014，2：17297-17301.

[8] 陈振兴. 高分子电池材料. 北京：化学工业出版社，2006，1：312-330.

[9] Ma G，Dong M，Sun K，Feng E，Peng H，Lei Z：A redox mediator doped gel polymer as an electrolyte and separator for a high performance solid state supercapacitor. J Mater Chem，A，2015，3：4035-4041.

[10] Feng E，Ma G，Sun K，Ran F，Peng H，Lei Z：Superior performance of an active electrolyte enhanced supercapacitor based on a toughened porous network gel polymer. New J Chem，2017，41：1986-1992.

（周小中，马国富，彭辉）

第 14 章 ▶▶ 光电功能高分子材料的合成与性能

光是宇宙中的基本要素，也是人类生活必不可少的一部分。其巨大的应用潜能使光科学领域成为研究焦点和热点之一。其中，发光材料与光电材料的开发至关重要。目前，发光材料主要应用于交通标志牌（反光材料）、发光油墨、发光涂料、发光塑料、发光印花浆、装饰与安全出口指示标记（光致发光材料）。从材料结构角度划分，可将发光材料分为无机发光材料、有机发光材料及高分子发光材料。其中，有机发光材料因种类多，分子设计比较灵活，具有可调性好、色彩丰富、色纯度高等优点，已经在光电、传感和生物等领域得到了广泛应用。根据发光机制，高分子发光材料可以分为高分子荧光材料、高分子磷光材料、基于热活化延迟荧光效应的高分子发光材料三大类。

基于 Si、Ge 等无机半导体材料制备的电子产品，已大幅度提高了我们的工作效率与生活品质。随着有机光电子学的深入研究，发现有机/聚合物半导体材料具有化学结构与器件性能可控的独特优点，在制备低成本、轻柔、大面积的光电器件时，具有极大的优势。聚合物光电材料在有机场效应晶体管、有机太阳能电池、有机电致发光、有机传感、有机存储以及柔性显示等方面得到了非常广泛的应用。有机材料在部分领域正在逐步取代无机材料，成为科学技术的核心材料。Heeger 等利用聚对苯基亚乙烯基衍生物（PPV）制备出量子效率为 1％的电致发光器件，为聚合物发光二极管的发展奠定了基础；曹镛等提出通过改变三线态与单线态之间的散射截面，可突破有机发光二极管的荧光量子效率约 25％的理论极限；唐本忠等发现了聚集诱导发光现象，开启了新一代有机光电材料的研究大门。

本章通过练习两种不同类型光电高分子材料，即聚乙烯基咔唑（PVK）、聚集诱导发光（AIE）聚合物的合成、表征及性能测定，为开展光电功能高分子材料研究奠定基础。

实验 14-1 聚乙烯基咔唑的合成与光电导性能

（1）实验目的

① 了解聚合物发光原理；了解有机光导体导电机理。

② 掌握聚乙烯基咔唑制备方法；学习光电导测试操作方法。

（2）实验原理与相关知识

光导电效应是指在光的作用下，体系对电荷的传导率有很大提高（大于 3 个数量级）的效应。利用这种效应可制造激光打印机中光导鼓涂层、光控开关、光敏探测器等。有机光导体（organic photoconductor，OPC）指经光照射激发电子传导，显示出半导体电性质的有机物，通常是含有 π 共轭体系和 N、S 等杂原子的芳香性化合物，从官能团方面来分，主要包括芳香酸类、酞菁类、偶氮类及酰胺类四大类。有机光导体导电过程分为光生载流子的产生、载流子迁移及载流子有序运输三个部分。在有机聚合物中基态电子吸收光子成为缔合的电子-空穴对

（也称激发子），它在物质中移动和表面缺陷部分相互作用，或以激发子-激发子间的相互作用而形成自由载流子，自由载流子可以是电子、空穴或正负离子。在电场作用下，这些载流子做定向移动，从而产生光电流。光照射结束后，电子-空穴对复合，光电流衰减为零。

光导电高分子（photoconductive polymer）指那些在受光照射前本身电导率不高，但在光子激发下可以产生某种载流子，并且在外电场作用下可以传输载流子，从而可以大大提高其电导率的材料。根据载流子的特性，可以将光导电高分子分成 p-型（空穴型）和 n-型（电子型）光导电高分子。光导高分子材料主要包括线型共轭高分子光导材料、侧链带有大共轭结构的光导高分子材料、侧链连接芳香胺或者含氮杂环的有机光导材料。其中，聚对苯乙炔（PPV）及其衍生物是最早应用于电致发光器件的一类材料。与无机光导电体相比，高分子光导体具有成膜性好、容易加工成型、柔韧性好的特点，在静电复印、太阳能电池、全息照相、信息记录等方面具有重要意义。光导电高分子材料还可以用于特殊光敏二极管和光导摄像管的研制。

聚乙烯基咔唑（PVK）是含氮杂环的芳香结构高聚物。PVK 是一种带 π 电子系支链基的非共轭类聚合物，具有诸多优良性能，如热稳定性能优良，热膨胀系数小，吸水率低，具有良好的成膜性，介电性能优异，耐稀碱、稀酸和有机溶剂等。PVK 具有较高的玻璃化温度、较高的空穴迁移速率等优点，已经在静电复印、激光打印、太阳能电池、感光和感热记录材料、光电导体和发光二极管等领域得到广泛的应用。

本实验以乙烯咔唑为原料，通过自由基聚合制备聚乙烯基咔唑，练习典型有机高分子光导体的性能测试方法。

聚乙烯基咔唑（PVK）的合成路线如下：

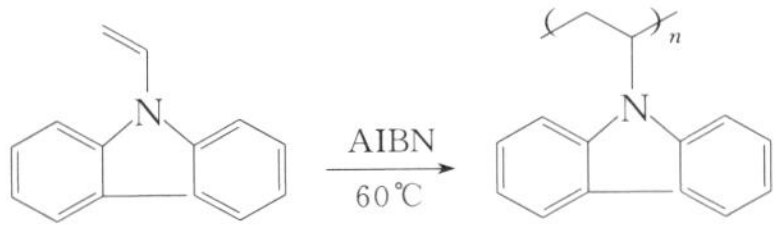

（3）试剂与仪器

乙烯基咔唑（单体）、2,2-偶氮二异丁腈（AIBN）、N,N-二甲基甲酰胺（DMF）、C_{60}、无水乙醇、氯仿、甲苯、蒸馏水、氮气。

三颈烧瓶（250mL）、冷凝管、温度计、加热浴、磁力加热搅拌器、烧杯、滤纸、恒温铁架台、真空干燥箱、紫外分光光度计、红外光谱仪、荧光光谱仪、凝胶渗透色谱（GPC）、真空干燥箱、ITO 导电膜玻璃（即氧化铟锡透明导电膜玻璃）、光导实验装置（CM-230K，深圳市福田区铭川仪器仪表经营部）、天平、移液管。

（4）实验步骤

① 聚乙烯基咔唑（PVK）的合成

在三颈烧瓶（250mL）上装配冷凝管、加热浴、抽-充气装置、磁力搅拌器，分别加入 3.00g N-乙烯基咔唑（单体）、0.015g AIBN（引发剂）以及 30mL DMF（溶剂），抽真空后通氮气，循环抽-充气 3 次。在氮气保护下，控制体系温度为 60℃反应 12h。将产品转移到 150mL 乙醇的水溶液（EtOH∶H_2O＝3∶2，体积比）中进行沉淀，过滤，所得粗产物经 DMF 溶解后，再用乙醇的水溶液沉淀，反复 3 次后将产物置于 45℃的真空干燥箱中烘干至恒重，得到聚乙烯基咔唑白色晶体（PVK），称重。

② 聚乙烯基咔唑的表征

a. 采用凝胶渗透色谱（GPC）测其数均分子量（约 12000Da）。

b. 采用 UV-Vis 光谱、红外光谱进行表征。

c. 荧光光谱分析：取约 50mg PVK 溶于 25mL 氯仿中，测定其荧光光谱。纯 PVK 聚合物 $\lambda_{max}=375$nm。

③ 聚乙烯基咔唑的光导电性

a. 混合样制备：准确称量 100mg 的 PVK，将其溶于甲苯中，配制成 10mL PVK/甲苯溶液（10mg/mL）。再将事先配制好的 C_{60} 溶液与 PVK 溶液混合，使 PVK 与 C_{60} 比例为 100:1。将配制好的 PVK/C_{60} 混合溶液放入平板加热器上（置于通风橱内），在 100℃加热约 10min 左右，使溶液浓缩、变稠，然后取出，得到稠溶液，待用。

b. 制备薄膜样品：如图 14-1 所示，将一块 ITO 玻璃板放在一平板上，导电面朝上。把一部分稠溶液缓慢均匀地倒在 ITO 玻璃上。室温下，挥发一部分（约 30min）后，再将一部分稠溶液均匀缓慢地倒在上边，如此反复若干次后放置于烘箱中梯度升温至 80℃。将另一块 ITO 玻璃电极对好放置在第一块 ITO 玻璃上，在 100℃下放在烘箱热压一段时间后阶梯降温至 40℃，放在烘箱 40℃恒温环境下保存。

c. 热压法制备薄膜样品：通过简单的热压法制备厚度较均匀的薄膜样品，再重新加热到其熔点以进行重新混匀，对其不断进行压挤，将其体内未排出的气泡排除掉，再重新压膜，重新进行观察，如此重复 5～6 次。

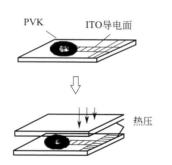

图 14-1　热压法制备薄膜样品示意图

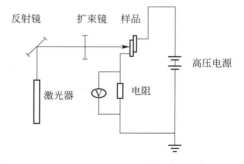

图 14-2　光电流法测光电导率实验电路图

d. 光电导性能：采用氦-氖激光器测试 PVK 的电导率。实验测试条件为保护电阻 10MΩ，光强 9.28mW，光斑直径 1.5cm，光斑面积 1.246cm^2，采用氦-氖激光器，波长 632.8nm，光强可调，通过反射镜和扩束镜照射到样品上，测试 PVK 的电导率。

光电流法测光电导率，实验装置见图 14-2。实验采用氦-氖激光器（$\lambda=632.8$nm），光强可调。电路中串联的电阻是取样电阻（10MΩ），同时也是高压电源的保护电阻，通过检测取样电阻电压降，测定材料在黑暗和光照条件下循环连续样品的光传导率。

光电导率公式如下：

$$\sigma=\frac{LU_2}{SR_2(U-U_2)} \tag{14-1}$$

式中，R_2 为保护电阻；U 为电源电压；U_2 为保护电阻电压，即测量电压；S 为样品面积；L 为样品厚度；σ 为样品光电导率，S/m。

（5）实验数据记录

实验名称：　<u>聚乙烯基咔唑的合成与光电导性能</u>

姓名：_____ 班级组别：_____ 同组实验者：_____

实验日期：____年__月__日；室温：____℃；湿度：____；评分：_____

（一）PVK 的制备

PVK 产量：____g；PVK 产率：____%

（二）PVK 表征

UV-Vis 特征峰：

IR 特征峰：

荧光光谱特征峰：

PVK 电导性：

PVK 的光电导率：_____S/m

（6）问题与讨论

① 乙烯基咔唑可用氯乙基咔唑为原料，通过消除反应（脱氯化氢）制备。请查阅资料，设计乙烯基咔唑的合成方案。

② 目前，在聚乙烯咔唑的合成中，所存在的主要问题是合成条件苛刻、产率不高，这严重影响其在有机光电导材料中的应用。请讨论如何解决此问题。

③ PVK 作为光电导材料使用时，常常需要与光敏剂及增塑剂等协同作用来制备有优良光电导特性的光电导功能材料，但是由于聚乙烯咔唑结构的对称性，与所用的增塑剂等有机小分子极性差异太大，相容性不好，限制了 PVK 类光导电材料的应用，应如何解决这一问题？思路：可以通过掺杂使 PVK 与光敏剂（如 C_{60}）复合，或是与功能有机小分子（如多硝基芴酮）组成电荷转移络合物体系来增加相容性。

④ 查阅资料，尝试用 HOMO-LUMO 理论解释材料的光电导性能。思路：HOMO-LUMO 能隙（E_g）和激发能可用来解释材料的光电导性能。单体的 HOMO-LUMO 能隙（E_g）可被用来估算同类高聚物的带隙。单体较小的 E_g 通常对应高聚物比较窄的带隙和较好的光电导性能。

实验 14-2 聚集诱导发光聚合物的合成与表征

（1）实验目的

① 学习分子内旋转受限的有机分子的设计与合成；掌握 McMurry 反应和 Suzuki 反应机理与技术。

② 复习自由基共聚反应的聚合技术；掌握 NIPAm-DDBV 共聚物的合成方法。

③ 掌握有机小分子与高分子的基本表征技术；学习光功能测试技术。

（2）实验原理与相关知识

2001 年唐本忠院士课题组发现部分有机物分子（如噻咯）在溶液中几乎不发光，而在聚集状态或固体薄膜下发光性能大大增强，这与传统的聚集诱导猝灭（ACQ）现象完全相反。因此，提出了聚集诱导发光（aggregation-induced emission，AIE）现象，并证明分子内旋转受限的确是荧光增强的原因。AIE 现象可以应用于任何涉及分子内旋转受限的领域。因此，其应用领域正在开发，吸引了研究者的兴趣，如：在生物医学领域，AIE 分子已被成功用作生物荧光传感器、DNA 可视化工具及生物过程探针（蛋白质纤维性颤动）等；在光电领域，建立了高效的固态发射体系，如 AIE 分子被成功应用于有机发光二极管（OLED）、光波导、圆偏振发光体系（CPL）及液晶显示器等。此外，已探索和开发出大量新型的以机械力、温度、pH、毒性气体、光等为刺激源的智能材料（如力敏、热敏、气敏和光敏材料），这类材料易受外界刺激而发生荧光变化，从而实现对特定刺激源的响应。显然，AIE 分子的发现为人类的科学研究和高科技技术革新提供了一种新的思路与途径。

　　在合成聚集诱导发光（AIE）分子时，设计分子内旋转受限化合物至关重要，如利用 Wittig 反应和 Suzuki 反应，可合成两种苯乙烯类 AIE 小分子化合物：1,1-二苯基-2,2-二溴乙烯（DDB）与 1,1-二（4-溴苯基）-2,2-二苯乙烯（DDBV）。基于这两种单体的共聚反应，可制备功能与智能高分子材料。

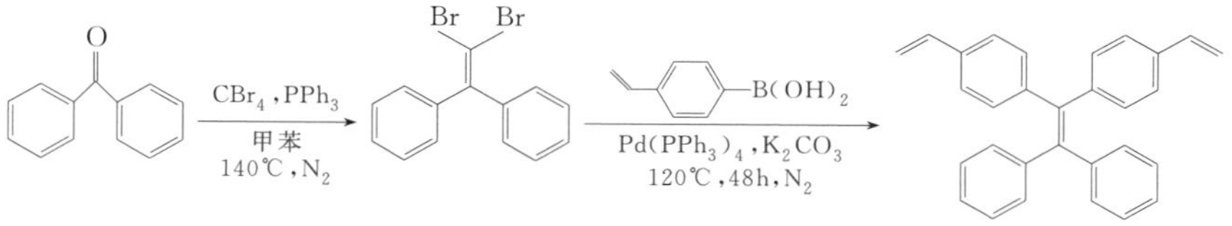

Wittig 反应是指叶立德与醛（或酮）反应生成烯烃。反应机理：磷叶立德试剂与醛、酮发生亲核加成，形成偶极中间体，偶极中间体在 $-78℃$ 时比较稳定，当温度升至 $0℃$ 时，即分解得到烯烃。其中，叶立德（Ylides，分子内两性离子）由仲烃基溴（较典型）与三苯磷作用生成。磷叶立德与羰基化合物发生亲核反应时，与醛反应最快，酮次之，酯最慢。利用羰基的不同活性，可以进行选择性的反应。

　　Suzuki 反应指卤代芳烃或烯烃（RX）与乙烯基化合物（CH_2＝CH_2—）在过渡金属催化下形成 C—C 键的偶联反应，机理如图 14-3 所示。首先，催化剂前体（零价钯或二价钯）被活化，生成能直接催化反应的零价钯 Pd（0）。其次，卤代烃（RX）对新生成的零价钯进行氧化加成。这是一个协同过程，也是整个反应的决速步骤。然后，烯烃（CH_2＝CH_2—）迁移插入，它决定了整个反应区域选择性和立体选择性。一般来说，取代基空间位阻越大，迁移插入的速率越慢。最后，钯氢消除反应，生成取代烯烃和钯氢络合物。后者在碱（如三乙胺或碳酸钾）的作用下重新生成二配位的零价钯，再次参与整个催化循环。在 Suzuki 反应中，起催化作用的是二配位的零价钯活性中间体，但是由于此中间体很活泼，因此实验室常用易保存、较稳定的零价钯配合物 Pd（PPh₃）或二价乙酸钯和三苯基膦的混合物。

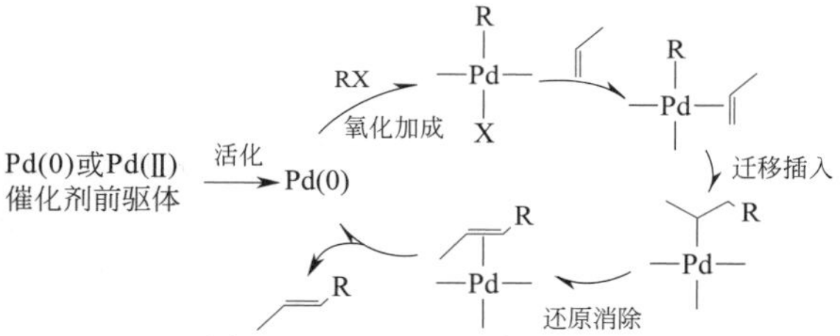

图 14-3　Suzuki 反应机理图

　　本实验中，首先从分子内旋转受限有机发光材料的设计合成开始，以合成两种有机物分子（DDB、DDBV）为目标，练习苯乙烯类 AIE 小分子的合成与表征技术。其次，采用自由基共聚反应，将发光单体（DDBV）与温敏性单体（NIPAm，*N*-异丙基丙烯酰胺）进行共聚合反应（图 14-4），制备高分子发光材料 P（NIPAm-DDBV），并进行表征。

（3）试剂与仪器

　　二苯甲酮、四溴化碳（CBr₄）、三苯基膦（PPh₃）、甲苯，碳酸钾（K₂CO₃）、四（三苯基膦）钯、乙烯基苯硼酸、四氢呋喃（THF）、*N*-异丙基丙烯酰胺（NIPAm）、偶氮二异丁

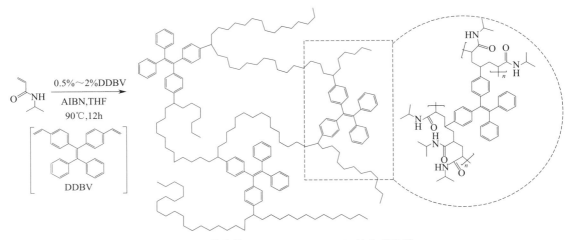

图 14-4 共聚物 P（NIPAm-DDBV）的合成路线

腈（AIBN）、正己烷、氮气（或 Ar 气）、无水硫酸镁。

圆底烧瓶（100mL，50mL）、回流冷凝管、磁力搅拌加热装置、旋转蒸发仪、柱色谱（填料为氧化铝，淋洗液为正己烷）、紫外-可见（UV-Vis）光谱仪、傅里叶红外（FT-IR）光谱仪、质谱（mass spectra，MS）仪、核磁共振氢谱（^{1}H NMR，频率为 400MHz）、碳谱（^{13}C NMR、频率为 100MHz）、天平。

（4）实验步骤

① 1,1-二苯基-2,2-二溴乙烯（DDB）的合成

在配备磁力搅拌加热装置的 100mL 圆底烧瓶中，加入二苯甲酮（1.52g，8mmol）、四溴化碳（5.53g，16mmol）、三苯基膦（8.76g，32mmol）、无水甲苯（60mL）。安装回流冷凝管，氮气保护下升温至 140℃，搅拌反应 48h，冷却至室温，过滤，用甲苯洗涤数次，收集滤液（甲苯溶液），将滤液用水洗涤 3 次，收集有机相，用无水硫酸镁干燥，减压旋蒸，采用色谱柱分离（正己烷为淋洗液），得到淡黄色固体，即 1,1-二苯基-2,2-二溴乙烯（DDB）。

② 1,1-二（4-溴苯基）-2,2-二苯乙烯（DDBV）的合成

在配备磁力搅拌加热装置的 100mL 圆底烧瓶中，加入 DDB（0.67g，2mmol）、4-乙烯基苯硼酸（0.89g，6mmol）、碳酸钾（0.57g，4mmol）、四（三苯基膦）钯（230mg，0.2mmol）、60mL 混合溶剂（四氢呋喃与甲醇，体积比为 1∶3）。安装回流冷凝管，氮气保护下，120℃反应约 48h，最后采用柱色谱分离（淋洗液为石油醚），得到淡黄色固体，即 1,1-二（4-溴苯基）-2,2-二苯乙烯（DDBV）。

③ DDB 与 DDBV 的表征

溴化钾压片，测定红外光谱（FT-IR）数据。记录 DDB 和 DDBV 特征吸收峰数据。

采用质谱仪测定 DDB、DDBV 质谱图。

核磁共振氢谱（^{1}H NMR）频率为 400MHz、碳谱（^{13}C NMR）频率为 100MHz（氘代溶剂），TMS 作内标，化学位移值以 ppm（δ）为单位。记录特征化学位移数值。

④ 苯乙烯类 AIE 共聚物 P（NIPAm-DDBV）的合成

在圆底烧瓶（50mL）上配备回流冷凝管、磁力搅拌加热装置，加入 10mg DDBV、1.0g NIPAm、50mg 偶氮二异丁腈和 20mL 四氢呋喃。氮气保护，90℃下反应 12h。减压

蒸除四氢呋喃，固体用正己烷洗涤数次，得到白色固体，即共聚物 P（NIPAm-DDBV）-100，称量，计算收率。

改变 DDBV 用量（即 0mg、4mg、5mg、6.7mg、10mg、20mg），保持其他试剂用量与反应条件，可获得不同单体比例的共聚物 P(NIPAm-DDBV)（即 PNIPAm、P250、P200、P150、P100、P50，这里 100 代表 NIPAm 与 DDBV 的质量比）。

⑤ 共聚物 P(NIPAm-DDBV) 的结构表征

紫外可见（UV-Vis）光谱在室温下测得，波长范围 200～800nm。记录典型吸收峰数据。

采用红外光谱（FT-IR）测得数据（溴化钾压片）。记录 DDB 和 DDBV 特征吸收峰数据。

核磁共振氢谱（^{1}H NMR）频率为 400MHz、碳谱（^{13}C NMR）频率为 100MHz（氘代溶剂），TMS 作内标，化学位移值以 δ 表示。

用凝胶渗透色谱（GPC）法测定不同投料比聚合物的分子量及分子量分布。

(5) 实验数据记录

实验名称：＿＿＿＿＿聚集诱导发光聚合物的合成与表征＿＿＿＿＿

姓名：＿＿＿＿＿＿＿　班级组别：＿＿＿＿＿＿＿＿＿　同组实验者：＿＿＿＿＿＿＿＿

实验日期：＿＿＿年＿＿月＿＿日；室温：＿＿＿℃；湿度：＿＿＿；评分：＿＿＿＿＿

（一）1,1-二苯基-2,2-二溴乙烯（DDB）的合成

所用试剂及用量：

DDB 产量：＿＿＿（产率：＿＿%）

（二）1,1-二（4-溴苯基）-2,2-二苯乙烯（DDBV）的合成

所用试剂及用量：＿＿＿

DDBV 产量：＿＿＿（产率：＿＿%）

（三）表征

IR 数据：　　　　　　　　　　　　MS 数据：

^{1}H NMR：　　　　　　　　　　　^{13}C NMR：

（四）共聚物 P（NIPAm-DDBV）的合成

均聚物（PNIPAm）及共聚物（P250，P200，P150，P100，P50）的产量与收率：＿＿＿

（五）不同投料比共聚物 P（NIPAm-DDBV）表征

项目	m(NIPAm)	m(TPE)	M_n	M_w/M_n	UV-Vis	IR	^{1}H NMR	^{13}C NMR
PNIPAm								
P250								
P200								
P150								
P100								
P50								

(6) 问题与讨论

① 1,1-二（4-溴苯基）-2,2-二苯乙烯（DDBV）的合成为何要在 N$_2$ 保护下进行？四（三苯基膦）钯在反应过程中有何作用？

② 总结 Wittig 反应和 Suzuki 反应的关键因素。

③ 查阅资料，总结自由基聚合的特征。

④ 总结聚合物的常用表征方法

实验 14-3 聚集诱导发光聚合物的发光性能

（1）实验目的

① 学习发光材料的基本概念与发光原理。

② 学习 AIE 概念、基本性能及测试方法。

（2）实验原理与相关知识

发光材料有光致发光、阴极射线发光、电致发光、热释发光、光释发光、辐射发光等多种发光方式。有机发光材料根据分子结构可分为：有机小分子发光材料；有机高分子发光材料；有机配合物发光材料。这些发光材料无论在发光机理、物理化学性能上，还是在应用上都有各自的特点。有机高分子光学材料通常分为三类：侧链型，小分子发光基团挂接在高分子侧链上；全共轭主链型，整个分子为一个大的共轭高分子体系；部分共轭主链型，发光中心在主链上，但发光中心相互隔开，没有形成一个共轭体系。21 世纪以来，所研究的高分子发光材料主要是共轭聚合物，如聚苯、聚噻吩、聚芴、聚三苯基胺及其衍生物等。此外，对聚三苯基胺、聚咔唑、聚吡咯、聚卟啉及其衍生物与共聚物等的研究也比较多。

聚集诱导发光（AIE）是荧光基团发生聚集后的一种光物理现象，AIE 荧光分子在单分散或稀溶液中没有荧光或荧光非常弱，而在聚集后或固体状态下有强烈的荧光发射。分子内旋转受限（RIR）是 AIE 现象产生的重要原因。

本实验测试苯乙烯类 AIE 共聚物 P（NIPAm-DDBV）的发光性能。

（3）试剂与仪器

共聚物 P（NIPAm-DDBV）（实验 14-2 制备，即 PNIPAm、P250、P200、P150、P100、P50，这里 100 代表 NIPAm 与 DDBV 的质量比）、THF、CH_2Cl_2、蒸馏水。

荧光光谱仪（美国 PE 公司 LS-55 荧光仪）：强度为 1%，狭缝为前狭缝（10nm），扫描速度为 500nm/min。

（4）实验步骤

① AIE 共聚物的良溶剂与不良溶剂的选择

将 AIE 共聚物分别溶于常见溶剂（H_2O、THF、CH_2Cl_2 等）中，观测其在不同溶剂中的溶解性，从中挑出良溶剂（溶解性好）和不良溶剂（溶解性差）。在本实验当中，选择 THF 作为共聚物 P（NIPAm-DDBV）的良溶剂，水作为不良溶剂。

② 共聚物 P（NIPAm-DDBV）的发光性能

按照表 14-1 配方，取不同量聚合物 P（NIPAm-DDBV），配制溶液。如：取 0.5mL P250，溶于 8.5mL THF 中，加入 1mL 水，得到样品 S10（表示水占 10%）。$\lambda_{ex} = 321nm$，记录荧光峰与强度。

通过加入不良溶剂水，使四苯乙烯（TPE）基团发生聚集。改变 THF 与水的比例，分别得到一系列共聚物 P（NIPAm-DDBV）溶液（表 14-1）。采用荧光光谱仪检测其荧光发射光谱（$\lambda_{ex} = 321nm$），记录荧光峰与强度，并对结果进行比较。

表 14-1　共聚物 P（NIPAm-DDBV）溶液的配制与荧光强度（$\lambda_{ex} = 321nm$）

样品	$V(H_2O)/mL$	$V(THF)/mL$	荧光峰（强度）/nm
S0	0	9.5	
S10	1	8.5	
S30	3	6.5	

续表

样品	$V(H_2O)/mL$	$V(THF)/mL$	荧光峰(强度)/nm
S50	5	4.5	
S70	7	2.5	
S90	9	0.5	

注：P（NIPAm-DDBV）的 THF 溶液体积为 0.5mL（浓度：2g/L）。

（5）实验数据记录

实验名称：___聚集诱导发光聚合物的发光性能___

姓名：_____　班级组别：_____　同组实验者：_____

实验日期：____年__月__日；室温：____℃；湿度：_____；评分：_____

不同样品荧光最大发射峰值（I_{peak}）：

样品	I_{peak}		样品	I_{peak}
PNIPAm			P150	
P250			P100	
P200			P50	

（6）问题与讨论

① 利用 Origin 软件，将所得荧光数据作图，观察其变化规律。

② 查阅资料，总结常用 AIE 共聚物的良溶剂与不良溶剂。

③ 在调研的基础上，总结其他 AIE 性能的测试方法。

参考文献

[1] 董建华. 聚合物科学进展. 化学通报，2014，77（7）：631-653.

[2] 黄飞，王献红. 光电高分子专辑. 高分子学报，2018，（2）：127-320.

[3] 王筱梅，叶常青. 有机光电材料与器件. 北京：化学工业出版社，2013.

[4] 李祥高，王世荣. 有机光电功能材料. 北京：化学工业出版社，2012.

[5] Ortiz J，Fernández-Lázaro F，Sastre-Santos Á，Quintana JA，Villalvilla JM，Boj P，Díaz-García MA，Rivera JA，Stepleton SE，Cox CT，Echegoyen L. Synthesis and Electrochemical and Photorefractive Properties of New Trinitrofluorenone-C_{60} Photosensitizers. Chem Mater，2004，16（24）：5021-5026.

[6] Wang Y，Sun A. Fullerenes in Photoconductive Polymers. Charge Generation and Charge Transport. J Phys Chem B，1997，101（29）：5627-5638.

[7] 亚杰，董伟，张文龙，王暄，赵洪，白永平. 聚乙烯咔唑合成工艺的研究. 材料科学与工艺，2009，17：632-635.

[8] Guan X L，Zhang D，Meng L，Zhang Y，Jia T，Jin Q，Wei Q，Lu D，Ma H. Various Tetraphenylethene-Based AIEgens with Four Functional Polymer Arms：Versatile Synthetic Approach and Photophysical Properties. Ind Eng Chem Res，2017，56：680-686.

[9] 胡蓉，辛德华，秦安军，唐本忠. 聚集诱导发光聚合物. 高分子学报，2018，（2）：132-144.

[10] Mei J，Leung N L，Kwok R T，Lam J W，Tang B Z. Aggregation-induced emission：together we shine，united we soar. Chem Rev，2015，115（21）：11718-11940.

[11] Ma H，Qi C，Cheng C，Yang Z，Cao H，Yang Z，Tong J，Yao X，Lei Z. AIE-active Tetraphenylethylene Cross-linked N-isopropylacrylamide Polymer：A Long-Term Fluorescent Cellular Tracker. ACS Appl Mater Interfaces，2016，8：8341-8348.

[12] Ma Y，Ma H，Yang Z，Ma J，Su Y，Li W. Methyl Cinnamate-Derived Fluorescent Rigid Organogels Based on Cooperative π－π Stacking and C＝O·π Interactions Instead of H-Bonding and Alkyl Chains. Langmuir，2015，31：4916-4923.

（马恒昌，关晓琳）

第15章 ▶▶ 生物医用高分子材料的合成与性能

　　生物医用高分子材料是一类可对生物有机体进行诊断、修复、替代或者再生的特种功能材料，是功能高分子材料领域中发展最快的分支之一。由于高分子材料在物理化学性质及功能方面与人体各类器官更为相似，因而生物医用高分子材料已成为医用材料中发展最快、用量最大、品种繁多、应用广泛的一类材料。生物医用高分子材料种类较多，按照用途分为治疗材料（治疗用高分子材料，如手术用缝合线、黏合剂、止血材料等，各种敷料、导管等）、载体材料（药物输送载体）和植入材料（人造器官）；按照来源分为天然医用高分子材料和人工合成医用高分子材料；按照可降解性分为生物可降解高分子材料和生物惰性高分子材料。

　　生物可降解高分子材料是指可在生物体内经水解、酶解等过程而逐渐降解成低分子量化合物或单体，而被排出体外或参与体内正常代谢而最终消失的材料。生物可降解高分子材料相比于非降解高分子有很多独特的优势：①更好的生物相容性。可降解高分子一般会根据人体的环境特征而进行材料设计与表面界面改性，可以有效地提高植入材料与组织间的相容性，同时保证材料应有的物理与力学性能。②材料的物理和力学性能稳定可靠，易于成型加工，便于消毒灭菌，无毒无热源，不致畸不致癌等。③降解周期可控，并且降解产物是可被吸收或代谢的无毒单体或链段，单体大都为可被人体吸收的小分子，无毒害作用。现有的人工合成生物可降解高分子包括聚乳酸、聚羟基乙酸、聚羟基烷酸酯、聚氨基酸、聚酸酐、聚酰亚胺、聚己内酯、聚原酸酯、聚膦腈等。

　　以 L-乳酸（lactic acid，LA）为原料合成的聚乳酸（PLA）是人工合成可降解高分子材料的典型代表。其来源丰富、绿色无毒，具有良好的生物降解性和生物相容性，物理、力学性能优越，易于加工，已被广泛应用（表 15-1）。聚乳酸已经被 FDA 批准可用作医用手术缝合线、注射用微胶囊、微球及埋植剂等生物医用高分子材料。

表 15-1　聚乳酸（PLA）主要应用领域及特点

应用领域	用途与特点
医用可吸收材料	手术缝合线：PLA 手术缝合线抗张强度高，能有效地控制分解速度，随着伤口的愈合，缝合线会自动缓慢分解并被人体吸收，无须再次手术和拆除。 骨修复材料：PLA 与羟基磷灰石、甲壳素、明胶等复合，制成各种类型的骨板、骨钉、固定夹、锁扣等，用于治疗骨折等，经一次性手术植入后可自行吸收降解。 PLA 还可制备防粘连膜材料、血管支架、临时支架导管（导尿管、胆管、食管）及手术纱布
药物载体	PLA 药物微球无毒无害、药物不良反应小，具有一定靶向性，具有很好的应用前景，已有相关产品上市
食品包装	PLA 熔体经吹塑、模压、挤出等多种方式，可制备出不同形貌的一次性食品包装盒、包装膜、保鲜袋、容器等。PLA 与其他完全生物降解材料共混，可制作强度要求较高的产品，如垃圾袋、包装袋（如装水、油、牛奶等）等
PLA 纤维与薄膜	可降解纤维：PLA 可制成短丝、单丝、长丝和非织造布等多种制品；采用聚乳酸纤维和棉纱织成混纺纱，用于制作牙刷、口罩、毛巾等多种产品，用完后可分解。 PLA 热收缩膜用于各类防潮防湿的高档商品（如化妆品、鞋等）的外包装。聚乳酸地膜有望解决白色污染问题

20 世纪 60 年代发现，可用聚乳酸做成可吸收手术缝合线，克服了以往用多肽缝合线过敏的问题。目前，主要研究制备超高分子量的 PLA，制备具有特定组成和结构、降解速度可控的 PLA 及共聚物，致力于发现高效无毒的缩聚催化剂，以及在抗癌化疗用药、多肽、疫苗制剂等领域的应用。目前，已经实用化的聚乳酸材料产品有缝合线、骨折内固定材料、组织缺损修补材料和药物缓释性载体等。用聚乳酸制成的热塑性纤维或薄膜等，可应用于农业、渔业、林业、食品工业、卫生用品等方面。

本章实验通过练习聚乳酸的合成、表征及聚乳酸材料的合成、性能测试，为开发新型可降解医用高分子材料奠定基础。

实验 15-1　直接缩聚法合成聚乳酸

（1）实验目的

① 熟悉缩合聚合的原理与技术；掌握低分子量聚乳酸的缩聚合成方法。

② 学习利用乌氏黏度计测定聚合物的平均分子量。

（2）实验原理与相关知识

乳酸是聚乳酸（PLA）的单体，是以淀粉等可再生资源为原料合成。PLA 的最常用合成方法是直接缩聚法和丙交酯开环聚合法。其中，直接缩聚法合成工艺简单，成本低廉，但难以获得高分子量的聚乳酸，导致产品强度低；开环聚合法可获得高分子量，甚至超高分子量的聚乳酸，但过程复杂而导致成本较高。

直接缩聚法合成有溶液缩聚和熔融缩聚两种方式。溶液缩聚是在聚合过程中使用溶剂的聚合反应，溶剂对生成的聚合物有良好溶解性。有机溶剂与单体乳酸、水进行共沸回流，回流液除水，从而推动反应向聚合方向进行，获得较高分子量的产物。溶液缩聚增加了聚合后溶剂的回收和分离工序，且聚合物中残留的高沸点有机溶剂对其性能和应用均有一定程度的不利影响。熔融缩聚是聚合体系在温度高于聚合物熔融温度下进行的聚合反应，不使用任何溶剂，在熔融条件下乳酸分子之间脱水缩合。其聚合方程式和反应平衡见图 15-1。反应体系中同时存在乳酸、水、丙交酯、乳酸低聚物（OLA）和聚乳酸（PLA）。熔融缩聚的优点是产物纯净，不需要分离介质。但随着反应的进行，体系的黏度越来越大，缩聚产生的小分子难以排出，导致所得聚合物分子量不高。在熔融聚合过程中，催化剂、反应时间、温度等对产物分子量的影响很大。

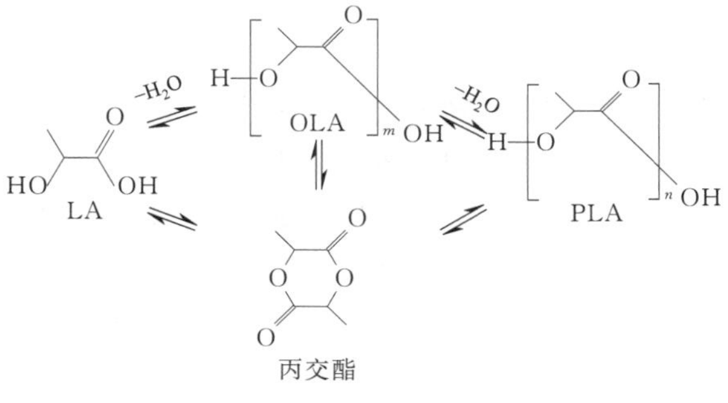

图 15-1　缩聚法制备聚乳酸及其反应平衡产物

固相缩聚法（SSP）介于熔融缩聚和开环聚合两种方法之间，是在固体状态下，将一定分子量的预聚物加热到其熔融温度以下，玻璃化温度以上（约为熔融温度以下 10～40℃），通过抽真空或使用惰性气体带走缩聚过程中所产生的小分子产物，破坏平衡以使缩聚反应继续进行。反应过程中无须处理高黏度熔体，不使用溶剂，反应温度较低，从而减少降解反应和其他副反应，有利于制备分子量高、品质好的聚乳酸。

本实验练习利用熔融缩聚法合成聚乳酸，并学习测定聚合物分子量等表征方法。

（3）试剂与仪器

乳酸（LA）（80％水溶液，密度 1.20g/mL）、己内酰胺、$SnCl_2 \cdot 2H_2O$、四氢呋喃（THF）、丙酮、亚磷酸、无水甲醇、蒸馏水、氮气、$CDCl_3$、TMS。

三颈烧瓶（100mL）、球形冷凝管、油水分离器、水浴锅、电动搅拌器、真空泵、烘箱、乌氏黏度计、红外光谱仪、差示扫描量热仪、超导核磁共振波谱仪、凝胶色谱仪、天平。

（4）实验步骤

① 聚乳酸的合成

在三颈烧瓶（100mL）中加入 25mL 乳酸水溶液（80％），加入 0.24g $SnCl_2 \cdot 2H_2O$（乳酸质量的 1％）、0.2g 己内酰胺、0.02g 亚磷酸。通入氮气，先在 120℃进行脱水预缩聚3h。然后将体系压力逐步（3h 内）降至 0.015MPa，升温至 180℃，搅拌反应 24h（在反应前期采用循环水泵抽真空，后期采用旋片式真空泵抽真空）。反应结束后，打开体系并冷却，产物用丙酮溶解，然后用甲醇沉淀，洗涤，再用冷水洗涤。滤干，产物在 40℃真空干燥24h，得到白色粉末状固体聚合物 PLA。

注意：起始升温速度应较为缓慢，避免快速升温造成暴沸；体系反应温度较高，反应时间较长，注意安全，防止起火，同时做好真空泵的降温处理，避免损坏。

② 聚乳酸结构与性能表征

a. 黏均分子量（M_v）测定：精确称量聚乳酸，以 THF 为溶剂配制成溶液，浓度为0.5g/dL，恒温水浴（30.0±0.1）℃，用乌氏黏度计测定流出时间 t（s），同时测出纯溶剂的流出时间 t_0（s）。用公式（15-1）求其特性黏度（η），用公式（15-2）计算 PLV 黏均分子量（M_v）：

$$[\eta] = \frac{\sqrt{2(\eta_{sp} - \ln\eta_r)}}{c} \tag{15-1}$$

$$[\eta] = 1.25 \times 10^{-4} M_v^{0.717} \tag{15-2}$$

式中，η_r 为相对黏度，稀溶液中 $\eta_r = t/t_0$；η_{sp} 为增比黏度，$\eta_{sp} = \eta_r - 1$；c 为溶液浓度，g/dL。

b. 凝胶渗透色谱（GPC）测定平均分子量及其分布：以 THF 为洗脱剂，PS 为标样，洗脱速率 1mL/min，测试温度 40℃，测定数均分子量（M_n）与重均分子量（M_w）。

c. 红外光谱（FT-IR）分析：将纯化的聚乳酸压膜，采用 FT-IR 分析。

d. 玻璃化转变温度（T_g）测定：用差示扫描量热仪（DSC）测定聚乳酸 T_g。

e. 核磁共振测定结构：以 $CDCl_3$ 为溶剂，TMS 为内标进行测定。

（5）实验数据记录

实验名称：<u>直接缩聚法合成聚乳酸</u>

姓名：_____ 班级组别：_____ 同组实验者：_____

实验日期：____年__月__日；室温：____℃；湿度：____；评分：____

（一）聚合条件

聚乳酸合成：

乳酸（LA）：____ g；己内酰胺：____ g；SnCl$_2$ · 2H$_2$O：____ g；温度：____ ℃；

压力：____ Pa；产量：____

（二）聚乳酸的平均分子量

M_v：_____；M_n：_____；M_w：_____；PDI：_____；T_g：_____

（三）聚乳酸的红外光谱与核磁共振谱图

（6）问题与讨论

① 为什么要进行预脱水处理？能不能直接升温至 180 ℃？

② 如何有效提高缩聚反应产物的平均分子量？

实验 15-2 开环聚合制备高分子量聚乳酸

（1）实验目的

① 熟悉丙交酯的制备方法及其开环聚合机理。

② 学习开环聚合法制备高分子量聚乳酸的方法。

（2）实验原理与相关知识

丙交酯（lactide）开环聚合可得到分子量较高的聚乳酸，也比较纯净，应用广泛，但是其合成工艺复杂，收率较低，成本较高。丙交酯开环聚合的催化剂有酶催化剂、阳离子催化剂、阴离子催化剂及配位催化剂等，不同催化剂聚合机理也不相同。作为食品添加剂使用的辛酸亚锡［Sn(Oct)$_2$］可用于催化内酯的聚合，应用于丙交酯开环聚合反应中，显示出很高的催化活性。辛酸亚锡具有有机溶剂溶解性好、储存稳定性高、催化活性高、用量少等特点。其聚合机理普遍认为属于配位-插入聚合机理：

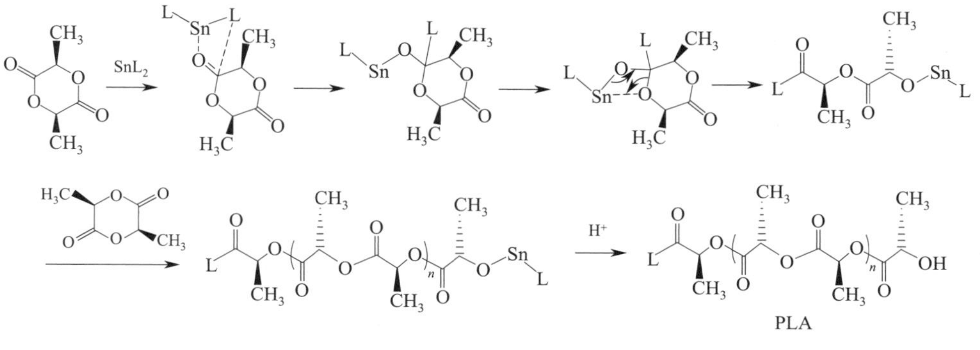

本实验练习丙交酯的合成工艺及开环聚合法制备高分子量聚乳酸的工艺。

（3）试剂与仪器

L-乳酸（80%）、辛酸亚锡、乙酸乙酯、三氯甲烷、甲苯、5A 型分子筛、CDCl$_3$、TMS。

茄形烧瓶（100mL、25mL）、安培瓶（25mL）、集热式恒温磁力搅拌器、加热浴、蒸馏系统、减压系统、循环水真空泵、真空干燥箱、乌氏黏度计、红外光谱仪、差示扫描量热仪（DSC）、GPC、NMR、移液管、天平。

（4）实验步骤

① 丙交酯的制备

在 100mL 茄形烧瓶上装配磁力搅拌器、油浴、蒸馏装置，加入 40mL L-乳酸溶液、

1.6g 辛酸亚锡。油浴加热，缓慢升温并减压，温度升到 115℃，真空度达到 −0.02MPa，脱游离水 2h。此升温与减压同步进行（每升温 5℃ 减压一次），温度升至 175℃，真空度达到 −0.08MPa，保持此状态继续脱水 2h，得到乳酸低聚物。

乳酸低聚物进一步解聚，得到丙交酯：真空度升至 −0.098MPa，迅速将温度升至 240℃ 蒸出丙交酯，最终解聚温度升至 285℃，直至无丙交酯蒸出为止。将粗品丙交酯用水洗涤，抽滤，40℃ 真空干燥 4h，用乙酸乙酯提纯，最终得到无色透明的细针状晶体，即丙交酯，必要时用甲醇重结晶。

② 丙交酯开环聚合制备聚乳酸

在 25mL 茄形烧瓶（或安培瓶）上装配磁力搅拌器、油浴、减压装置，加入 5g 丙交酯（单体，甲醇重结晶）、14.05mg 辛酸亚锡（单体的 0.1%，摩尔分数）、1mL 甲苯（溶剂，干燥后新蒸馏）。充分混合后，60℃ 下抽真空除去甲苯。然后在真空度为 −0.098MPa 的封闭系统中，130℃ 下开环聚合反应 6h。自然冷却，得到乳白色块状聚乳酸，用三氯甲烷溶解，甲醇沉淀，过滤，35℃ 真空干燥 24h，得到白色絮状纤维固体 PLA。

③ 聚乳酸物理参数测定

a. 黏均分子量测定：方法参考实验 15-1，并比较结果。

b. 红外光谱（FT-IR）分析：扫描范围为 $4000 \sim 400 cm^{-1}$。

c. 玻璃化温度与热稳定性测定：采用差示扫描量热仪（DSC）测定聚合物 T_g。利用热分析仪测试聚合物的热稳定性能，温度范围为 $20 \sim 600℃$，升温速度为 $10℃/min$。

d. 凝胶渗透色谱（GPC）测定平均分子量及其分布：以 THF 为洗脱剂，PS 为标样，洗脱速率为 1mL/min，测试温度为 40℃。

e. 核磁共振测定结构：以 $CDCl_3$ 为溶剂、TMS 为内标进行测定。

(5) 实验数据记录

实验名称：开环聚合制备高分子量聚乳酸

姓名：_____ 班级组别：_____ 同组实验者：_____

实验日期：____年__月__日；室温：____℃；湿度：____；评分：____

（一）聚合条件

丙交酯产率：_____

纯度：_____

聚乳酸合成聚合条件：

80% 的 L-乳酸：____g；辛酸亚锡：____g；乙酸乙酯：____mL；三氯甲烷：____mL；甲苯：____mL

（二）聚乳酸的平均分子量

黏均分子量（M_v）测定：____；M_n：____；M_w：____；PDI：____

IR 数据：_____

NMR 数据：_____

玻璃化温度：_____；热分解温度：_____

(6) 问题与讨论

① 查阅资料，熟悉丙交酯开环聚合的其他机理。

② 影响丙交酯的收率和聚乳酸的产率的因素有哪些？

实验 15-3　聚乳酸载药微球的制备及释药性能

(1) 实验目的

① 了解药物载体材料的来源与种类；学习药物微球的性能测试方法。

② 掌握乳液法制备聚合物微球的方法；学习药物释放行为的测试方法。

(2) 实验原理与相关知识

药物载体是指能改变药物进入人体的方式和在体内的分布，控制药物的释放速度并将药物输送到靶向器官的体系。药物控制释放体系可提高药物的利用率、安全性和有效性，从而可减小给药频率，因此受到医药与材料领域科学家的关注。其发展方向是进一步提高可控程度、提高载药性、降低不良反应、提高生物降解能力及靶向定位功能等。

药物载体的种类众多，较为成熟的有微囊（microcapsules）、微球（microspheres）、纳米粒（nanoparticles）、脂质体（liposomes）等。制备药物微囊微球、纳米粒的载体材料有天然高分子材料（多糖、蛋白质等）、合成高分子材料（PLA、PLGA、聚氰基丙烯酸烷酯等）及合成的硬脂酸等。目前，美国 FDA 批准可用于注射给药的载体材料为 PLA 和 PLGA。

聚乳酸以其良好的生物降解性和生物相容性等特性，在生物医学领域得到广泛应用，如一次性手术衣、医用绷带、防粘连膜、尿布、PLA 手术缝合线等。PLA 微球因其具有药物缓释作用、药物不良反应小及靶向性等特点，使其在医用药物方面具有很好的应用前景。目前，微球的制备方法多种多样，其中以乳化溶剂挥发法最为常见，其制备的微球效果好，过程相对简单，容易操作。

本实验通过采用 O/W 型乳化溶剂挥发法，制备阿司匹林聚乳酸微球，并测定药物释放行为。

(3) 试剂与仪器

聚乳酸（PLA）、聚乙烯醇（PVA）、阿司匹林、THF（或二氯甲烷）、NaCl、吐温-80、蒸馏水、生理盐水。

三颈烧瓶（250mL）、锥形瓶（50mL）、冷凝管、磁力搅拌器、机械搅拌器、加热浴、温度计、烧杯、表面皿、量筒、注射器、比色管、天平、低速台式大容量离心机、真空干燥箱、超声分散机、显微镜、扫描电镜、紫外可见分光光度计。

(4) 实验步骤

① 阿司匹林聚乳酸微球的制备

a. 在三颈烧瓶（250mL）上装配加热浴、搅拌装置。加入 0.80g 聚乙烯醇、80mL 蒸馏水，磁力搅拌溶解，并逐渐升温至 75℃，待 PVA 完全溶解后，停止搅拌加热。降至室温后，加入 0.2mL 吐温-80，继续搅拌至完全溶解。过滤，得到 PVA 溶液（水相）。

b. 在锥形瓶（50mL）中，加入 0.50g 聚乳酸（PLA）、8mL THF，搅拌。再加入 0.10g 阿司匹林，超声振荡 15min，充分分散，得到阿司匹林/聚乳酸混合溶液（油相）。

c. 将 PVA 溶液（水相）进行搅拌（转速：780r/min），将油相（阿司匹林/聚乳酸混合溶液）用注射器注入烧瓶中，盖紧瓶塞，保持速度均衡乳化 5h。然后拔下瓶塞（在通风橱中），水浴加热（35℃）3h。停止搅拌和加热，静置，使泡沫消失。将溶液倒入离心管，3000r/min 离心 10min，倾去上清液，沉淀用蒸馏水清洗三次后，移入表面皿，真空干燥 24h，得乳白色粉末，即阿司匹林聚乳酸微球。

② 产品阿司匹林聚乳酸微球的表征

a. 所制产品为乳白色粉末，用双目生物显微镜低倍率下观察，确定所制产品是否为微球，判定实验是否成功。

b. 扫描电镜（SEM）分析：在聚乳酸微球制备过程中，将离心物充分清洗，用少量蒸馏水稀释后，均匀涂抹在玻璃片上，25℃真空干燥24h，所得样品可直接喷金后，通过电镜扫描观察形貌与粒径。

③ 微球载药量、包封率、体外释药性能

a. 标准曲线：将8mg阿司匹林样品溶于10mL生理盐水中，并在100mL容量瓶中定容，得阿司匹林溶液（0.08mg/mL）（母液）。然后，分别用带有编号的7个比色管（10mL）配制浓度为0.02mg/mL、0.03mg/mL、0.04mg/mL、0.05mg/mL、0.06mg/mL、0.07mg/mL、0.08mg/mL的阿司匹林溶液。用分光光度计测定其在波长298nm处的吸光度（生理盐水作为参比溶液），绘制标准曲线（吸光度为纵坐标，浓度为横坐标），拟合得到标准曲线方程。

b. 载药量测定：载药量是指微球中药物的质量分数。测定方法：在烧杯中加入准确称取的20.0mg载药微球样品、10mL生理盐水、2mL四氢呋喃，在超声仪中超声分散10min，至分散均匀。离心（3000r/min），收集上清液，用10mL生理盐水稀释，所得溶液测定吸光度（λ＝298nm），根据标准曲线计算阿司匹林（药物）浓度、含量。用式（15-3）计算聚乳酸微球的载药量，平行测定三次，取平均值。

$$载药量＝阿司匹林的含量/微球总质量 \tag{15-3}$$

c. 包封率测定：包封率是指微球中药物量与制备体系中的药物量之比。测定方法：收集阿司匹林/聚乳酸微球制备过程中3000r/min离心后所得的上清液，取其中1mL，用生理盐水稀释至10mL，在波长298nm处测其吸光度，计算游离的阿司匹林量（同一组实验测定三个样品，并取其平均值）。根据式（15-4）计算包封率（％）。

$$包封率＝（阿司匹林投入量－游离阿司匹林量）/阿司匹林投入量 \tag{15-4}$$

d. 阿司匹林/聚乳酸微球体外释药性能：取0.3g阿司匹林聚乳酸微球溶于25mL生理盐水中，维持温度在（37±1）℃，适当搅拌，在不同时间间隔（取样时间点分别为1h、3h、5h、7.5h、10h、14h、19h、26h、35h、42h、54h、64h、75h、90h），取样1mL，同时补加生理盐水1mL。所取样品用生理盐水稀释至10mL，离心，取其上清液测吸光度（λ＝298nm，生理盐水作参比溶液）。计算其浓度，得到释药量，并计算各时刻的累积释放百分率。

（5）实验数据记录

实验名称：<u>聚乳酸载药微球的制备及释药性能</u>

姓名：_____ 班级组别：_____ 同组实验者：_____

实验日期：____年__月__日；室温：____℃；湿度：____；评分：____

（一）聚乳酸载药微球主要参数

制备聚乳酸微球的主要参数：

聚乳酸：____g；聚乙烯醇：____g；四氢呋喃：____mL；氯化钠：____g；阿司匹林：____g；吐温-80____g。产量：____

（二）聚乳酸载药微球的性能

阿司匹林聚乳酸微球扫描电镜分析：

粒径：_____

标准曲线的绘制：

载药量：＿＿＿（mg/g）；包封率：＿＿＿（％）；药物释放曲线：＿＿＿

（6）问题与讨论

① 什么是药物微球的突释行为？造成突释的原因是什么？如何避免？

② 利用溶剂挥发法制备药物微球过程中，如何控制微球的大小及其分布？

③ 通过查阅资料，了解 PLA 基纳米复合物（nanocomposites）研究进展。

参考文献

［1］赵长生，孙树东. 生物医用高分子材料. 第二版. 北京：化学工业出版社，2016.

［2］Lei Z，Wang S，Bai Y. Synthesis of high-molecular-weight polylactic acid from aqueous lactic acid co-catalyzed by ε-caprolactam and tin（Ⅱ）chloride dehydrate. J Appl Polym Sci，2007，105：3597-3601.

［3］白雁冰. 生物可降解聚乳酸的合成. 西北师范大学博士学位论文，2006：1-30

［4］Kumar V. Synthesis of poly（lactic acid）：a review. J Macromol Sci C，2005，45（4）：325-349.

［5］Lunt J. Large-scale production，properties and commercial applications of polylactic acid polymers. Polym Degradation Stability，1998，59（1-3）：145-152.

［6］于翠萍，李希，沈之荃. 丙交酯开环均聚合. 化学进展，2007，19（1）：136-144.

［7］Pretula J，Slomkowski S，Penczek S. Polylactides-methods of synthesis and characterization. Adv Drug Deliv Rev，2016，107：3-16.

［8］Castro-Aguirre E，Iniguez-Franco F，Samsudin H，Fang X，Auras R. Poly（lactic acid）-mass production，processing，industrial applications，and end of life. Adv Drug Deliv Rev，2016，107：333-366.

［9］Robert J L. Ring-opening polymerization of lactide to form a biodegradable polymer. J Chem Edu，2008，85（2）：258-260.

［10］魏庆云. 聚乳酸载药微球的制备及性能研究. 齐鲁工业大学工程硕士学位论文，2014：35-37.

［11］Nikolic L，Ristic I，Adnadjevic B，Nikolic V，Jovanovic J，Stankovic M. Novel microwave-assisted synthesis of poly（D，L-lactide）：the influence of monomer/initiator molar ratio on the product properties. Sensors，2010，10（5）：5063-5073.

［12］Trimaille T，Pichot C，Elaïssari A，Fessi H，Briançon S，Delair T. Poly（D，L- lactic acid）nanoparticle preparation and colloidal characterization. Colloid Polym Sci，2003，281（12）：1184-1190.

（路德待）

第 16 章 ▶▶ 智能高分子材料的合成及性能

智能高分子（smart/intelligent polymers）也称为刺激响应性（stimuli-responsive）或环境敏感（environmentally sensitive）高分子。其受到外界刺激时，聚合物结构、形态或性质等特性可发生变化。其中，外界刺激指物理刺激（应力、温度、光、电、磁、超声等）、化学刺激（溶剂、离子及其强度、电化学、pH 值、湿度、CO_2 等化合物）、生物刺激（氧化还原、葡萄糖、蛋白质、酶、抗体）等。材料的响应可以是多种多样的，如形状、颜色、透光性、黏附性、渗水性、导电性等，部分高分子表现出多重响应性。

由蛋白质、多糖、核酸等生物高分子所构筑的生物体系，能够精确地响应外界环境微小的变化，而行使其相应的生物学功能（如单个细胞的生命活动）。许多合成高分子也具有类似的外界刺激响应性质，常见刺激响应性高分子及功能基如图 16-1 所示。其他典型的刺激响应包括：海藻酸盐、壳聚糖对离子响应（Ca^{2+}、Mg^{2+}），甲基丙烯酸酯共聚物（Eudragit S-100）对有机溶剂响应，聚吡咯、聚噻吩凝胶对电势响应，聚（N-乙烯咔唑）复合材料对红外辐射响应等。通过功能单元与链结构结合于高分子链，可实现刺激响应性高分子材料的合成。典型聚合与构筑方式有：共聚反应、互穿网络（IPN）、活性聚合、接枝聚合、电离辐射（ionizing radiation）、表面接枝等，从而形成聚合物颗粒（胶束、微米或纳米颗粒、微囊、杂化颗粒）、膜（刷、多孔膜、包装膜）、凝胶（水凝胶、微凝胶、有机凝胶、金属凝胶）等不同形态。智能高分子材料具备药物控释、基因输送与基因治疗、生物传感、分子开关、蛋白质折叠、人工肌肉（驱动器）、生物分离与生物催化、智能涂层、防污与油品回收、环境监测与修复等诸多功能。因此，可应用于生物医药与生物技术、纺织品、环境、电子与电气、汽车等领域。

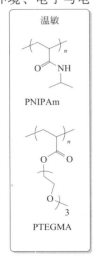

图 16-1　常见刺激响应性高分子及功能基结构单元

温度或 pH 刺激响应高分子研究较多，其功能特征主要的表征方法有测试溶胀性、临界溶液温度（CST）、临界 pH 值、表面等离子体共振光谱、红外光谱（FT-IR）、差示扫描量热（DSC）、接触角、显微技术（SEM、AFM）等。

目前，主要的研究领域是其在药物的缓释、智能释放中的应用。其中，在自适应创伤外敷材料方面已成功应用。药物的释放是通过高分子基体化学键的断裂实现的，这些基体既可以是天然高分子，更多的是合成高分子，如聚酸酐、聚酯、聚丙烯酸（酯）、聚脲、含杂原子的疏水无定形低分子量聚合物等。水凝胶是生物医用材料最广泛的应用形式之一，它是由水溶性的高分子通过物理或化学交联，并吸收从 10％～20％到数千倍于自身质量的水分而成的凝胶材料。含智能响应高分子的水凝胶，能够响应外界环境的刺激，呈现收缩-溶胀的体积变化，或者溶胶-凝胶（Sol-Gel）的相转变，能够用于组织工程、生物传感器和药物控制释放等。

实验 16-1　聚（*N,N*-二乙基丙烯酰胺）的合成及其温敏性

（1）实验目的

① 学习温敏性高分子材料的合成方法；学习原子转移自由基聚合技术。

② 掌握聚合物温度敏感性测定技术。

（2）实验原理与相关知识

温度响应性聚合物链上含有一些亲、疏水基团，当聚合物溶液的温度发生改变时，引起溶液中聚合物链上基团的亲/疏水性的平衡比变化，从而引起聚合物在溶液中溶解度的巨大变化，即临界溶解温度（critical solution temperature，CST）。这种相变通常具有低（lower）临界溶解温度（LCST）和高（upper）临界溶解温度（UCST）两个过程。当溶液温度升高时，聚合物在溶液中由溶解状态改变为不溶状态的温度点就是 LCST；相反，当溶液温度升高时，聚合物由不溶解状态变为溶解状态的温度点就是 UCST。临界溶解温度也可用浑浊点（cloud point，CP）表示。图 16-2 中列出了常见温敏聚合物结构式、缩写及临界点（或浑浊点）。

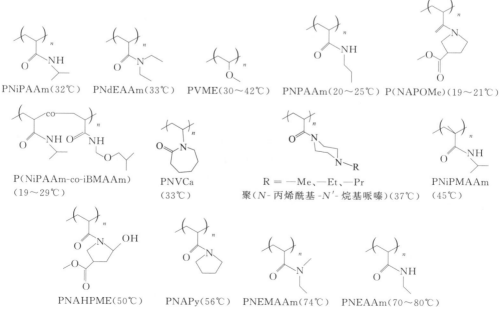

图 16-2　常见温敏聚合物结构式、缩写及临界点（或浑浊点）

常见温敏聚合物有聚 N-烷基丙烯酰胺类、聚乙烯基醚、聚氨酯等乙烯基聚合物，以及聚（2-羟丙基丙烯酸酯）（LCST：30～60℃）、弹性蛋白聚五肽（LCST：28～30℃）、聚（2-异丙基-2-噁唑啉）（PiPOx）（LCST：36℃）、环氧乙烷-环氧丙烷（PEO-PPO-PEO）嵌段共聚物（LCST：20～85℃）、聚氧化乙烯（PEO）（UCST：230℃）、聚甲基丙烯酸甲酯（PMMA）（UCST：87℃以上）、聚丙烯酰胺与聚丙烯酸互穿网络结构（UCST：25℃）。

聚 N，N-二乙基丙烯酰胺（PNdEAAm）是一种典型的温敏性聚合物，其最低临界溶解温度（LCST）在 25～36℃。当溶液温度低于 LCST 时，聚合物完全溶解于溶剂中；当温度高于 LCST 时，PNdEAAm 溶液发生相分离。采用原子转移自由基聚合（ATRP）技术时，ATRP 引发剂的结构决定所得聚合物的端基结构。因此，不但可实现聚合物分子量可控，也可使端基功能化，从而为聚合物的进一步化学改性奠定基础。本实验以常见的 2-溴代异丁酸为引发剂，采用 ATRP 的方法制备末端功能化的聚 N，N-二乙基丙烯酰胺（PNdEAAm），并考察端基功能化聚合物在溶液中的温度响应性。反应如下：

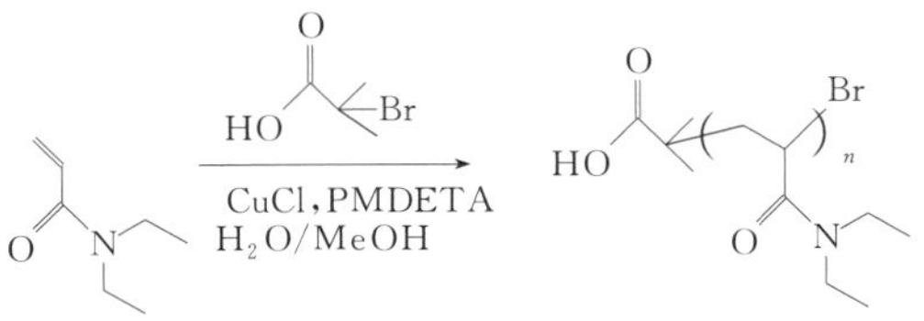

（3）试剂与仪器

N，N-二乙基丙烯酰胺、氯化亚铜（CuCl）、N，N，N，$'N$，$'N''$-五甲基二亚乙基三胺（PMDETA）、2-溴代异丁酸、甲醇、四氢呋喃、正己烷、蒸馏水。

三颈烧瓶（50mL）、气体保护装置、磁力搅拌装置、烧杯（250mL）、透析袋（MWCO＝1000）、可见-紫外分光度计、天平、量筒。

（4）实验步骤

① 末端功能化聚 N，N-二乙基丙烯酰胺（PNdEAAm）的合成

a. 在干燥的三颈烧瓶（50mL）中，依次加入 22mg（0.125mmol）PMDETA（络合剂）、10mL 甲醇、21mg（0.125mmol）2-溴代异丁酸（引发剂）、1.040mL（7.2mmol）N，N-二乙基丙烯酰胺（单体）、8mL 蒸馏水。在氮气保护下，磁力搅拌。迅速加入 12.5mg（0.125mmol）CuCl，30℃反应 24h。

b. 进入空气并终止反应，将最终产物转入透析袋（MWCO＝1000），在蒸馏水中透析，每 24h 更换一次透析液，共进行 3 次。45℃真空干燥，得到 PNdEAAm。

c. 将干燥好的产物溶解在 3mL THF 中，滴加到 50mL 正己烷中，出现大量白色沉淀，过滤，得到白色粉末。如此纯化 3 次，将最终产物真空干燥 24h，得白色固体，即末端功能化聚 N，N-二乙基丙烯酰胺（PNdEAAm），称重，计算产率。

测定 PNdEAAm 分子量及其分散度。

② PNdEAAm 的温度敏感性测定

配制聚合物水溶液（质量分数为 0.5%），在 25℃，于波长 600nm 处检测聚合物溶液透光率。然后加热溶液，注意观察溶液变化，每升高 1℃测定透光率，直至透光率随温度无明显变化时停止测定。绘制温度-透光率曲线图，确定聚合物 LCST。

（5）实验数据记录

实验名称：聚（N，N-二乙基丙烯酰胺）的合成及其温敏性

姓名：_____ 班级组别：_____ 同组实验者：_____

实验日期：____年__月__日；室温：____℃；湿度：____；评分：____

（一）PNdEAAm 的制备

单体：____ g；2-溴代异丁酸：____ g；CuCl：____ g；甲醇：____ mL；蒸馏水：____ mL；PMDETA：____ g；聚合温度：____℃；产量：____ g；产率：____ %

（二）表征

分子量测定数据：

核磁共振谱数据：

（三）温度敏感性的测定并绘制透光率-温度曲线图

温度/℃								
透光率 T/%								
溶液状态								

(6) 问题与讨论

① 简述原子自由基聚合技术（ATRP）的聚合机理。

② 查阅资料，总结温敏性高分子的结构特征。

实验 16-2 蛋白质复合聚丙烯酸水凝胶的合成及酸敏性

(1) 实验目的

① 学习 pH 敏感高分子水凝胶的合成方法；熟悉原位自由基聚合技术。

② 了解生物高分子的溶解特性；了解水凝胶的性质与用途。

(2) 实验原理与相关知识

酸敏高分子（即 pH 响应性聚合物）是典型的聚电解质，聚合物分子链上含有一些弱酸性基团（羧酸、磷酸）和弱碱性基团（氨基、咪唑、吡啶等）。含弱的酸（或碱）基团在聚合物溶液 pH 发生变化过程中会释放（或接受）质子（H^+），并使聚合物链的电荷发生改变，导致聚合物在溶液中的性质（如溶解性、亲和性等）发生变化，从而使聚合物表现出 pH 响应性。

含弱酸性基团聚合物主要有聚丙烯酸（PAA）、聚甲基丙烯酸（PMAA）等合成高分子及其衍生物，以及海藻酸（SA）等天然高分子。羧基（—COOH）在 pH 值较高（碱性环境）时释放 H^+ 后变为羧酸根（—COO⁻）负离子，当 pH 值降低（酸性环境）时又接受质子而恢复为羧基。聚合物链或侧基上的弱碱性基团常见的有氨基（—NR$_2$、—NHR、—NH$_2$）、氮杂芳香环，这种基团在 pH 值降低（酸性环境）时会离子化而带正电荷，而在 pH 值较高（碱性环境）时会去质子化。常见天然与合成高分子有壳聚糖（CS）、明胶、聚赖氨酸、聚组氨酸、聚羟基脯氨酸、聚（N,N-二甲氨基乙基-甲基丙烯酸甲酯）（PDMAEMA）、聚（N,N-二乙氨基乙基-甲基丙烯酸甲酯）（PDEAEMA）、聚（N,N-二乙氨基乙基-甲基丙烯酰胺）（PDEAEMAAm）、聚（4-乙烯基吡啶）、聚（2-乙烯基吡啶）、聚（3-乙烯基咪唑）、聚乙烯亚胺（PEI）等。

酸敏感天然高分子的优点是具有生物相容性与可降解性，是理想的植入材料或药物输送载体材料。体内不同组织或细胞中的 pH 值有所不同，典型 pH 值数据：胃液

中 $1.0\sim3.5$，溶酶体中 $4.5\sim5.0$，唾液中 $6.0\sim7.0$，血液中 $7.4\sim7.5$，十二指肠中 $4.8\sim8.2$，结肠中 $7.0\sim7.5$，胆汁中 7.8，肠道中 $7.5\sim8.0$，胰腺中 $8.0\sim8.3$，肿瘤细胞外介质中 $7.2\sim6.5$，肝脏中 7.4。因此，根据所制备聚合物的不同酸敏感性能，选择其可适用的体内外环境。

聚合反应、高分子改性可实现酸敏感高分子的合成，得到均聚物、共聚物、接枝聚合物、树枝状高分子等，采用不同的成型方式，得到颗粒状、凝胶状等诸多形态的高分子材料。其中，水凝胶是一类以水为分散介质的具有三维网络结构的高分子，其最主要的特征是能在水中吸附大量的水溶胀而不溶解。水凝胶分为普通水凝胶和智能水凝胶，智能水凝胶可以依据外界环境的变化而自身发生相应的变化，因此在生物传感、药物载体、物质分离、组织工程、人工肌肉、调光材料以及酶固载等领域均有一定的应用价值。

大豆分离蛋白（soy protein isolated，SPI）是以低温脱溶大豆粕为原料生产的一种廉价的植物蛋白，蛋白质含量在 90% 以上，常用作食品添加剂。基于 SPI 来源丰富、价格低、无污染以及具有良好的生物相容性和降解性，通过对其改性，可制备大豆蛋白基功能材料，并拓宽其应用领域（如膜、胶黏剂、化妆品等）。

本实验以 SPI 为蛋白质基材，以戊二醛（GA）为蛋白质交联剂，以丙烯酸（acrylic acid，AA）为功能单体，以 N,N-亚甲基双丙烯酰胺（MBA）为聚合反应交联剂，在引发剂存在下，通过原位自由基聚合反应制备 SPI/PAA 复合水凝胶，并考察其 pH 敏感性。原位聚合反应如下：

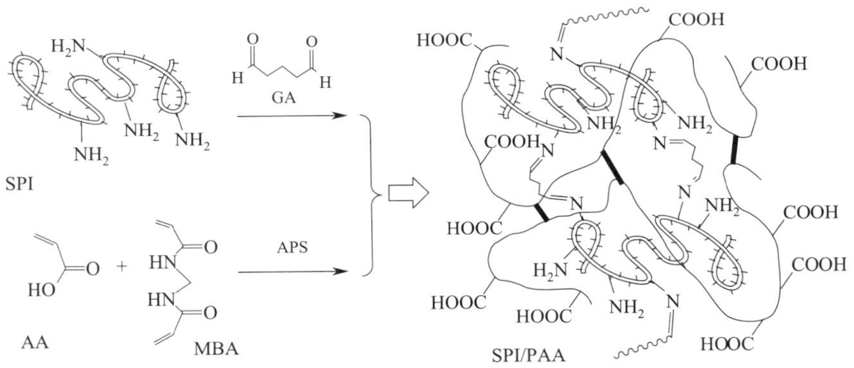

（3）试剂与仪器

丙烯酸、大豆分离蛋白、尿素、过硫酸铵、N,N-亚甲基双丙烯酰胺、戊二醛（纯度 25%，0.1mL）、无水乙醇、蒸馏水。

圆底烧瓶（100mL）、三颈烧瓶（100mL）、减压蒸馏装置、回流搅拌装置、烧杯（250mL、100mL）、锥形瓶（500mL）、油浴锅、量筒（10mL）、注射器（5mL、1mL）、容量瓶（100mL）、电子天平、滤纸。

（4）实验步骤

① 丙烯酸的纯化

取 20mL 丙烯酸（AA），通过减压蒸馏（$90^\circ\text{C}/0.08\text{MPa}$）精制（加入沸石防止暴沸，缓慢升温）。将精制的丙烯酸装入褐色玻璃瓶中，置于冰箱冷藏室储存（精制后的单体容易发生自身聚合反应，所以应尽快使用。如储存过久，可能会部分发生聚合，使用前需再精制）。

② 原位聚合制备 SPI/PAA 复合水凝胶

a. 将 1g 大豆分离蛋白（SPI）溶于 80mL 尿素溶液（8mol/L）中，室温搅拌至完全溶解，得到 SPI 分散液（12.5mg/mL）。

b. 在配置有回流装置的三颈烧瓶内，依次加入 20mL SPI 分散液（SPI：0.25g）、3mL 精制丙烯酸（单体），搅拌 0.5h。称取 0.05g 过硫酸铵（引发剂）和 0.05g N,N-亚甲基双丙烯酰胺（交联剂），分别溶解于 1mL 蒸馏水中，0.5h 内滴加入三颈烧瓶内。再加入 0.1mL 戊二醛，搅拌 0.5h。搅拌下，将反应体系升温至 60℃，然后停止搅拌，静置 1～2h，体系黏度逐渐增大，形成凝胶化而失去流动性，得到蛋白质复合聚丙烯酸水凝胶，即 SPI/PAA 复合水凝胶。

c. 将制得的复合水凝胶置于蒸馏水中纯化，以除去未反应的单体以及交联剂等，每隔 24h 换一次蒸馏水，持续时间为 7d。然后置于无水乙醇中脱水 24h，每 4h 换一次无水乙醇，即可得到纯净透明的水凝胶。将纯净透明的水凝胶置于真空干燥箱内 45℃干燥，即可得到干燥的 SPI/PAA 复合水凝胶颗粒。

③ SPI/PAA 复合水凝胶溶胀度的测定

溶胀度（SR）是衡量水凝胶吸水性能的重要指标，因此要考察不同 pH 值时 SPI/PAA 复合水凝胶的溶胀度：称量 0.1g 干燥的水凝胶，浸泡于一定 pH 值的水溶液（如 pH=7）中进行溶胀。每 2h 从水中取出，用电子天平称量其质量。直到水凝胶的质量不再发生变化，即水凝胶已经达到吸附饱和，按照式（16-1）计算水凝胶的溶胀度（SR），绘制水凝胶溶胀度随时间变化的曲线。

$$SR = (W_t - W_0)/W_0 \tag{16-1}$$

式中，W_t 为某一时刻水凝胶的质量；W_0 为起始干凝胶的质量。

改用不同 pH 值的水溶液（pH 分别为 2、5、7、9、10），测定其水凝胶溶胀度随时间变化的曲线，比较溶胀度的变化情况，获得复合水凝胶的酸敏感信息。

（5）实验数据记录

实验名称：<u>蛋白质复合聚丙烯酸水凝胶的合成及酸敏性</u>

姓名：＿＿＿＿＿ 班级组别：＿＿＿＿＿ 同组实验者：＿＿＿＿＿

实验日期：＿＿年＿＿月＿＿日；室温：＿＿＿℃；湿度：＿＿＿；评分：＿＿＿

（一）丙烯酸的纯化

丙烯酸：＿＿＿mL；减压蒸馏压力：＿＿＿MPa；温度＿＿＿℃；蒸馏时是否通 N_2：＿＿＿；收率：＿＿＿%

（二）水凝胶制备

精制丙烯酸：＿＿＿mL；戊二醛：＿＿＿mL；过硫酸铵：＿＿＿g；聚合温度：＿＿＿℃；N,N-亚甲基双丙烯酰胺：＿＿＿g；大豆分离蛋白水溶液：＿＿＿mL；产量：＿＿＿g；收率：＿＿＿%

（三）溶胀度的测定

时间/h							
W_t/g							
SR/(g/g)							

(6) 问题与讨论

① 为什么要将大豆分离蛋白溶解于 8mol/L 尿素溶液中？

② 考虑如何通过仪器分析手段，对所制备高分子材料进行表征。

③ 如何评定水凝胶的性能？影响水凝胶性能的基本因素有哪些？

④ 查阅资料，总结水凝胶的用途有哪些？

⑤ 氨基酸是构成蛋白质的结构单元，近年来的研究表明，通过人工合成可制备不同类型的氨基酸基聚合物。请查阅资料，了解刺激响应性氨基酸聚合物研究进展。

实验 16-3 聚离子液体微球的合成及性能测试

(1) 实验目的

① 掌握利用分散聚合技术制备聚离子液体微球；了解聚离子液体的应用领域。

② 了解电流变的概念及用途；学习高分子离子液体的电流变性能测试方法。

(2) 实验原理与相关知识

聚离子液体 [Poly(ionic liquid) s，PILs] 是指由离子液体单体聚合生成的，在重复单元上具有阴、阳离子基团的一类离子液体聚合物，兼具离子液体和聚合物的优良性能。作为一类新型高分子电解质，它同时具有聚合物和离子液体的双重特性（离子导电性、热稳定性、可调节的溶解性和化学稳定性等），并且克服了离子液体的流动性。近年来，其已经在高分子化学、电化学、材料科学及能源科学等领域得到极大重视与应用，并在智能材料、能源材料、催化、吸附分离等相关领域取得了显著进展。

电流变液（electrorheological fluids，ERF）是将高介电常数的半导体（或非导电颗粒）分散到某种绝缘油中形成的悬浮体系。ERF 是一种智能软材料：当未施加电场时，电流变液表现为牛顿流体的特性；当施加电场时，介电颗粒迅速形成链状结构，此时电流变液呈现较高的黏度，具有一定的剪切屈服强度，其宏观力学行为类似于固体物质。这种结构转变，不仅影响其力学性能，对电学、光学、电磁学、声学等性质均有显著影响。由于其具有快速响应时间、可逆性和低耗电方面的优势，使得电流变液在电-机械转换设备方面备受关注，例如离合器、阻尼器、阀门、制动器和减震器等。近年来，电流变液流体已成为引起国内外广泛重视的新型智能材料。

聚离子液体可用作电流变材料，这是因为离子电导率与离子液体中离子的移动速率相关。由于聚合作用，聚离子液体中的离子移动速率显著降低，导致聚离子液体的离子电导率要比相应的离子液体单体降低至少两个数量级，但电导率降低后的聚离子液体却正好处在电流变体系的应用范围内。

本实验开展以咪唑基聚离子液体为基体的电流变材料的制备。首先，通过分散聚合的方法制备聚离子液体微球：

其次，采用 FT-IR、NMR、XRD 等对其进行结构表征，利用热失重测定聚合物的热稳定性，利用 SEM 观察聚离子液体的微观形貌。最后，进行电流变效应的初步测试。

（3）试剂与仪器

1-乙烯基咪唑、溴代正丁烷、NH_4BF_4、硝酸银、乙腈、乙酸乙酯、偶氮二异丁腈（AIBN）、聚乙烯基吡咯烷酮（PVP）（重均分子量：$3.6×10^5 g/mol$）、无水乙醇、蒸馏水、二氯甲烷、二甲基硅油（用于配制电流变液）。

三颈烧瓶（100mL、50mL）、恒压滴液漏斗、加热搅拌器、机械搅拌装置、回流冷凝管、锥形瓶过滤装置、温度计（200℃）、水浴、冷冻干燥机、离心机、红外光谱仪、核磁共振波谱仪、X 射线衍射仪（XRD）、热重仪（TG）、扫描电子显微镜（SEM）、旋转流变仪（Anton Paar MCR-502 型流变测试仪）、天平。

（4）实验步骤

① 单体的制备

a. 1-丁基-3-乙烯基咪唑溴化物（$[C_4VIm][Br]$）制备：在 50mL 三颈烧瓶中加入 4.69g（0.05mol）1-乙烯基咪唑，然后逐滴加入 9.67g（0.07mol）溴代正丁烷，在 55℃下磁力搅拌 24h。最后在反应混合物中加入乙腈和乙酸乙酯，重结晶三次，得到白色晶体，在 50℃下真空干燥 24h。

b. 1-丁基-3-乙烯基咪唑四氟硼酸盐（$[C_4VIm][BF_4]$）制备：将 4.55g（0.02mol）1-丁基-3-乙烯基咪唑溴化物溶解在 50mL 乙腈溶液中，加入 2.59g（0.02mol）四氟硼酸铵，在 40℃下搅拌 24h。过滤后，使用旋转流变仪除去乙腈。用 30mL 二氯甲烷和 5mL 水洗涤产物数次。使用硝酸银检测残余的溴离子，产物在 50℃真空干燥 24h。

② 聚离子液体（PILs）微球的制备

将 3.00g（0.01mol）1-丁基-3-乙烯基咪唑四氟硼酸盐、0.22g PVP、0.08g AIBN、35mL 乙醇加入到 100mL 三颈烧瓶中，在室温下搅拌 30min，升温至 74℃反应 15h，搅拌速率为 300r/min。最后，用乙醇洗涤沉淀物并离心分离，冷冻干燥最终产物，得到聚（1-丁基-3-乙烯基咪唑四氟硼酸盐）（PILs）颗粒。

③ PILs 微球的表征

a. 结构表征：红外光谱、核磁共振氢谱、XRD。

b. 热稳定性：热失重分析，测试温度为室温至 500℃。

c. 形貌观察：光学显微镜、SEM。

④ PILs 微球的电流变性能测试

将聚离子液体微粒分散到黏度为 50cSt（$1cSt=1mm^2/s$）的二甲基硅油中，配制含量为 15%（质量分数）的悬浮液，通过旋转流变仪对电流变液的流变性能进行测试。

（5）实验数据记录

实验名称：聚离子液体微球的合成及性能测试

姓名：_____　班级组别：_____　同组实验者：_____

实验日期：____年__月__日；室温：____℃；湿度：____；评分：____

（一）聚合单体的制备

（1）$[C_4VIm][Br]$ 的制备

乙烯基咪唑：____g；溴代正丁烷：____g；温度：____℃；产量：____g；产率：____

（2）离子交换制备 $[C_4VIm][BF_4]$

乙烯基咪唑溴盐：＿＿＿g；NH_4BF_4：＿＿＿g；乙腈：＿＿＿mL；温度＿＿＿℃；产量：＿＿＿g；产率：＿＿＿

（二）聚合

单体：＿＿＿g；AIBN：＿＿＿g；聚合温度：＿＿＿℃；聚合时间：＿＿＿h；PVP：＿＿＿g；乙醇：＿＿＿mL；反应时是否通 N_2：＿＿＿；转速：＿＿＿；产量：＿＿＿g；产率：＿＿＿

（三）表征

红外光谱特征吸收峰及其归属：＿＿＿＿＿＿＿＿＿＿＿

核磁共振谱数据：＿＿＿＿＿＿＿＿＿＿＿＿＿

XRD 数据：＿＿＿＿＿＿＿＿（晶体/非晶态）；SEM 形貌观察：＿＿＿＿＿＿＿

分解温度：＿＿＿＿＿＿＿＿℃

（四）电流变性能测试

绘制不同的电场下，剪切应力与剪切速率关系曲线图。

（6）问题与讨论

① 分析测试数据，查阅资料并进行比较。

② 查阅聚合技术相关资料，讨论分散聚合原理。PVP 的作用机理是什么？

③ 查阅资料，了解基于聚离子液体的温敏性纳米凝胶的制备方法。

④ 查阅资料，并检索有关聚离子液体的最新研究与综述论文，了解聚离子液体的制备方法与应用领域还有哪些方面？

⑤ 尝试设计一类新型结构的聚离子液体。

参考文献

[1] Melendez-Ortiz H I, Varca G H C, Zavala-Lagunes E, Bucio E. "State of the art of smart polymers: from fundamentals to final applications" in "Polymer science: research advances, practical applications and educational aspects" (Eds. by Mendez-Vilas A, Solano-Martin A) Formatex Research Center. ISBN-13: 978-84-942134-8-9, Spain, 2016: 476-487.

[2] 王玥, 何乃普, 鹿振武. ATRP 技术制备末端和中间功能化的温度敏感性聚 N, N-二乙基丙烯酰胺. 高分子学报, 2017, (3): 464-470.

[3] Hernández-Vargas G, de León CAP-P, González-Valdez J, Iqbal HMN. Smart Polymers: Physicochemical Characteristics and Applications in Bio-Separation Strategies. Sep Purif Rev, 2018, 47 (3): 199-213.

[4] Wei M, Gao Y, Li X, Serpe M J. Stimuli-responsive polymers and their applications. Polym Chem, 2017, 8, 127-143.

[5] Gao Y, Wei M, Li X, Xu W, Ahiabu A, Perdiz J, Liu Z, Serpe M J. Stimuli-responsive polymers: fundamental considerations and applications. Macromol Res, 2017, 25 (6): 1-15.

[6] Hu J, Meng H, Li G, Ibekwe S. A review of stimuli-responsive polymers for smart textile applications Smart Mater Struct, 2012, 21: 053001.

[7] Bauri K, Nandi M, De P. Amino acid-derived stimuli-responsive polymers and their applications. Polym Chem, 2018, 9 (11): 1257-1287.

[8] 王玥. 基于生物高分子水凝胶的制备及其药物控释行为的研究 [D]. 兰州：兰州交通大学, 2018.

[9] 李榕. 大豆分离蛋白基互穿网络水凝胶的制备及其性能 [D]. 兰州：西北师范大学, 2014.

[10] 陈永梅, 董坤, 刘振齐, 徐峰. 高强度双网络高分子水凝胶：性能、进展及展望. 中国科学, 2012, 42 (8): 858-873.

[11] Cao ZQ, Wang GJ. Multi-stimuli-responsive polymer materials: particles, films, and bulk gels. Chemical Record, 2016, 16 (3), 1398-1435.

［12］ Zhang Z L，Zhang Z G，Hao B N，Zhang H，Wang M，Liu Y D. Fabrication of imidazolium-based poly（ionic liquid）microspheres and their electrorheological responses，J Mater Sci，2017，52（10）：5778-5787.

［13］ Dong Y Z，Yin J B，Zhao X P. Microwave-synthesized poly（ionic liquid）particles：a new material with high electro-rheological activity. J Mater Chem A，2014，2（25）：9812-9819.

［14］ Xiong Y，Liu J，Wang Y，Wang H，Wang R M. One-Step Synthesis of Thermosensitive Nanogels Based on Highly Cross-Linked Poly（ionic liquid）s. Angew Chem，Int Ed，2012，51（36），9114-9118.

［15］ Qian W，Texter J，Yan F. Frontiers in poly（ionic liquid）s：syntheses and applications. Chem Soc Rev，2017，46（4），1124-1159.

（何乃普，张振琳）

附录 1　常见高分子材料中英文名称、缩写及其制备方法与 T_g、T_m 参数

缩写	聚合物名称（俗名）	英文名称 // 同义词	制备方法[T_g；T_m]
ABS	丙烯腈-丁二烯-苯乙烯共聚物	acrylonitrile-butadiene-styrene copolymer	乳液、本体、悬浮聚合[T_g：−85～125℃]
AMMA	丙烯腈-甲基丙烯酸甲酯共聚物	acrylonitrile-methylmethacrylate copolymer	自由基聚合
ASA	丙烯腈-苯乙烯-丙烯酸酯共聚物	acrylonitrile-styrene-acrylate copolymer	自由基聚合[T_g：−40～95℃]
BR	顺丁橡胶	cis-polybutadiene	配位聚合、溶液聚合[T_g：−110℃；T_m：−25～12℃]
CA	乙酸纤维素	cellulose acetate	酯化
CMC	羧甲基纤维素	carboxymethyl cellulose	碱化、醚化反应
CN	硝酸纤维素	cellulose nitrate	酯化
CP	丙酸纤维素	cellulose propionate	酯化
CR	氯丁橡胶	chloroprene rubber	乳液聚合[T_g：−45℃；T_m：110℃]
EC	乙基纤维素	ethyl cellulose	碱化、醚化反应
EP	环氧树脂	epoxy resin	缩聚反应[T_g：0～180℃]
EPR	乙丙橡胶（乙烯-丙烯共聚物）	ethylene-propylene rubber // poly(propylene-co-ethylene)	配位聚合、溶液聚合、悬浮聚合[T_g：−60℃]
EVA	乙烯-乙酸乙烯酯共聚物	ethylene-vinylacetate copolymer	自由基聚合[T_g：−40～20℃；T_m：30～110℃]
IIR	丁基橡胶	isobutylene Isoprene rubber// butyl rubber	阳离子聚合、淤浆法、溶液法[T_g：−65℃；T_m：45℃]
MC	甲基纤维素	methyl cellulose	改性
MF	三聚氰胺-甲醛树脂（蜜胺树脂）	melamine-formaldehyde resin	逐步聚合[T_g：20～60℃]
NBR（ABR）	丁腈橡胶	butadiene acrylnitrile rubber //nitrile rubber	自由基乳液聚合[T_g：−44～5℃]
NR	天然橡胶	natural rubber	天然高分子[T_g：−72～−55℃；T_m：28～40℃]
PA	聚酰胺(尼龙)	polyamide// nylon	逐步聚合、离子聚合、熔融缩聚[T_g：47～60℃]
PA1010	聚癸二酰癸二胺（尼龙1010）	PA from sebacicdiamine and sebacic acid	缩聚[T_m：210℃]
PA11	聚十一内酰胺（尼龙11）	PA from11 amine-undeca acid	缩聚[T_g：40～50℃；T_m：185℃]
PA12	聚十二内酰胺（尼龙12）	PA from lauric lactam	缩聚[T_g：40～50℃；T_m：170～180℃]

续表

缩写	聚合物名称（俗名）	英文名称 // 同义词	制备方法 $[T_g；T_m]$
PA6	聚己内酰胺（尼龙 6）	PA from caprolactam	催化聚合 $[T_g:50\sim80℃；T_m:220℃]$
PA610	聚癸二酰己二胺（尼龙 610）	PA from hexamethylene diamine and sebacic acid	缩聚 $[T_g:50\sim80℃；T_m:210\sim230℃]$
PA66	聚己二酰己二胺（尼龙 66）	PA from hexamothylene diamine and adipic acid	缩聚 $[T_g:70\sim90℃；T_m:252℃]$
PAA	聚丙烯酸	poly(acrylic acid)	自由基聚合 $[T_g:106℃]$
PAAm	聚丙烯酰胺	polyacrylamide	自由基聚合 $[T_g:160\sim170℃]$
PAC	聚合氯化铝	poly(aluminium chloride)	
PAN	聚丙烯腈	polyacrylonitrile	自由基聚合、溶液聚合 $[T_g:104℃；T_m:317℃]$
PB	聚 1-丁烯	polybutene-1	淤浆聚合、气相聚合 $[T_g:-25℃；T_m:130℃]$
PBA	聚丙烯酸丁酯	poly(butyl acrylate)	自由基聚合 $[T_g:-55℃]$
PBI	聚苯并咪唑	polybenzimidazole	熔融缩聚和脱水环化 $[T_g:234\sim275℃]$
PBT	聚对苯二甲酸丁二酯	polybutylene terephthalate	酯交换法、熔融聚合、固相缩聚 $[T_g:30℃；T_m:230℃]$
PBu	聚丁二烯	polybutadiene	自由基聚合、阴离子聚合、配位聚合 $[T_g:-15℃；T_m:156℃]$
PC	聚碳酸酯	polycarbonate	逐步聚合、熔融缩聚、界面缩聚 $[T_g:145℃]$
PCTFE	聚三氟氯乙烯	polychlorotrifluoroethylene	悬浮聚合 $[T_g:45℃；T_m:220℃]$
PDMS	聚二甲基硅氧烷（二甲基硅油）	polydimethyl siloxane	水解缩合 $[T_g:-130℃；T_m:-35℃]$
PE	聚乙烯	polyethylene	配位聚合、自由基聚合 $[T_g:约68℃；T_m:137℃]$
PE-HD（HDPE）	高密度聚乙烯	high density polyethylene	本体、溶液聚合、配位聚合 $[T_g:-100℃；T_m:135℃]$
PE-LD（LDPE）	低密度聚乙烯	low density polyethylene	自由基聚合、本体聚合 $[T_g:<-100℃；T_m:110℃]$
PE-LLD（LLDPE）	线型低密度聚乙烯	linear low-density polyethylene	配位聚合、溶液聚合 $[T_g:-125℃；T_m:127℃]$
PE-ULD（ULDPE）	超低密度聚乙烯	ultra low density polyethylene	高压、低压聚合
PEA	聚丙烯酸乙酯	poly(ethyl acrylate)	本体聚合 $[T_g:-24℃]$
PEEK	聚醚醚酮	polyether ether ketone	缩聚，逐步聚合 $[T_g:145℃；T_m:335℃]$
PEG	聚乙二醇	poly(ethylene glycol)	逐步聚合 $[T_m:-15\sim60℃]$
PEO	聚环氧乙烷 // 聚氧化乙烯	poly(ethylene oxide)	逐步加成聚合 $[T_g:-66℃；T_m:80℃]$
PEK	聚醚酮	polyether ketone	缩聚、逐步聚合
PEMA	聚甲基丙烯酸乙酯	polyethyl methacrylate	自由基聚合 $[T_g:65℃]$
PES	聚醚砜	poly(ether sulfone)	缩聚 $[T_g:225\sim230℃]$
PET	聚对苯二甲酸乙二醇酯（涤纶、的确良）	polyethylene terephthalate	逐步聚合、酯交换、酯化法、熔融、固相缩聚 $[T_g:70℃；T_m:260℃]$

缩写	聚合物名称（俗名）	英文名称 // 同义词	制备方法[T_g；T_m]
PF	酚醛树脂（电木粉）	phenol-formaldehyde resin	逐步聚合，溶液、悬浮、乳液缩聚[T_g：80～120℃]
PFS	聚合硫酸铁	polyferric sulfate	直接氧化法和催化氧化法
PGA	聚丙烯酸缩水甘油酯	poly(glycidyl acrylate)	自由基聚合
PHA	聚羟基脂肪酸酯	polyhydroxyalkanoates	微生物合成
PHB	聚羟基丁酸酯 //聚（3-羟基丁酸酯）	polyhydroxybutyrate //poly(3-hydroxybutyrate)	微生物合成[T_g：15℃]
PHEMA	聚（甲基丙烯酸-2-羟乙酯）	poly(2- hydroxyethylmethacrylate)	自由基聚合
PI	聚酰亚胺	polyimide	熔融缩聚、逐步聚合
PI（NR）	聚异戊二烯（顺式）// 天然橡胶	cis-polyisoprene (natural rubber)	天然、合成[T_g：−73℃；T_m：28℃]
PIB	聚异丁烯	polyisobutylene	淤浆聚合[T_g：−75℃；T_m：−44℃]
PLA	聚乳酸	poly(lactic acid)	逐步聚合[T_g：45℃；T_m：160℃]
PMA	聚丙烯酸甲酯	poly(methyl acrylate)	自由基聚合[T_g：3℃]
PMAA	聚甲基丙烯酸	poly(methacrylic acid)	本体聚合
PMMA	聚甲基丙烯酸甲酯（有机玻璃）	polymethy methacrylate	自由基聚合，本体、悬浮聚合[T_g：105℃]
PMMI	聚均苯四甲酰亚胺	polypyromellitimide	缩聚
PaMS	聚（a-甲基苯乙烯）	poly(a-methyl styrene)	自由基聚合[T_g：192℃]
P$_n$BMA	聚甲基丙烯酸正丁酯	poly(n-butyl methacrylate)	自由基聚合[T_g：21℃]
PNIPAM	聚（N-异丙基丙烯酰胺）	poly(N-isopropylacrylamide)	自由基聚合[T_g：33℃；T_m：96℃]
POM	聚甲醛	polyoxymethylene//polyformaldehyde// polyacetal	本体、溶液、气相、固相聚合[T_g：−30℃；T_m：170℃]
PP	聚丙烯	polypropylene	配位聚合、自由基聚合[T_g：0℃；T_m：165℃]
PPA	聚邻苯二甲酰胺	polyphthalamide	缩聚[T_g：124℃；T_m：323℃]
PPE（PPO）	聚苯醚（聚 2,6-二甲基-1,4-苯醚）	poly(phenylene ether)//poly(phenylene oxide)	逐步聚合，沉淀、溶液聚合[T_g：210℃；T_m：257℃]
PPO（PPO$_X$）	聚氧化丙烯	poly(propylene oxide)	逐步聚合
PPS	聚苯硫醚	polyphenylene sulfide	逐步聚合、溶液缩聚[T_g：85℃；T_m：300℃]
PPSU	聚苯砜（聚亚苯基砜树脂）	polyphenylene sulfone resins	聚苯硫与过乙酸反应
PS PS-I（IPS） PS-HI（HIPS） PS-T（TPS）	聚苯乙烯 耐冲击聚苯乙烯 高抗冲击聚苯乙烯 韧性聚苯乙烯	polystyrene Impact-resistant polystyrene high impact polystyrene toughened polystyren	自由基聚合，离子聚合，悬浮、本体聚合[T_g：95℃；T_m：240℃]
PSF	聚砜	polysulfone	逐步聚合[T_g：185～190℃]
PSU	双酚 A 型聚砜	polyphenylene sulfone resins	缩聚[T_g：190℃；T_m：390℃]
PTFE	聚四氟乙烯	polytetrafluoroethylene	悬浮、乳液聚合[T_g：115℃；T_m：330℃]

缩写	聚合物名称（俗名）	英文名称 // 同义词	制备方法[T_g；T_m]
PU	聚氨酯（聚氨基甲酸酯）	polyurethane	逐步聚合[T_g：10～220℃]
PVA	聚乙烯醇	poly(vinyl alcohol)	水解[T_g：70℃；T_m：260℃]
PVAc	聚醋酸乙烯酯	poly(vinyl acetate)	自由基聚合、溶液聚合[T_g：30～40℃]
PVB	聚乙烯醇缩丁醛	poly(vinyl butyral)	本体聚合、缩醛化[T_g：66～84℃]
PVC	聚氯乙烯	poly(vinyl chloride)	自由基聚合，悬浮、本体、乳液聚合[T_g：65℃；T_m：212℃]
PVCC（CPVC）	氯化聚氯乙烯	chlorinated polyvinylchloride	氯化改性[T_g：115℃；T_m：232℃]
PVDC	聚偏二氯乙烯	poly(vinylidene chloride)	悬浮聚合，沉淀聚合[T_g：−18/15℃；T_m：190～210℃]
PVDF	聚偏二氟乙烯	poly(vinylidene fluoride)	乳液聚合、悬浮聚合[T_g：−35℃；T_m：170～175℃]
PVF	聚氟乙烯	poly(vinyl fluoride)	自由基聚合[T_g：−20～40℃；T_m：200℃]
PVFO（PVFM）	聚乙烯醇缩甲醛	poly(vinyl formal)	缩醛化反应[T_g：65℃；T_m：190℃]
PVK	聚乙烯基咔唑	poly(vinyl carbazole)	自由基聚合、离子型聚合[T_g：65℃；T_m：100～150℃]
PVP	聚乙烯吡咯烷酮	poly(vinyl pyrrolidone)	溶液聚合、本体聚合[T_g：40℃]
SAN（AS）	苯乙烯-丙烯腈共聚物（丙烯腈-苯乙烯树脂）	styrene-acrylonitrile copolymer（acrylonitrile styrene resin）	本体法、悬浮法、乳液法制得[T_g：95～105℃]
SBCs（TPEs）	苯乙烯系嵌段共聚物（苯乙烯热塑性弹性体）	styreneic block copolymers（thermoplastic elastomer, styrenic）	可控聚合
SBR E-SBR S-SBR	丁苯橡胶 乳聚丁苯橡胶 溶聚丁苯橡胶	styrene butadiene rubber emulsion SBR solution SBR	离子聚合、乳液聚合、溶液聚合[T_g：−55℃；T_m：−20℃]
SBS	苯乙烯-丁二烯-苯乙烯嵌段共聚物	styrene-butadiene triblock copolymer	阴离子溶液聚合
SI（SIR）	聚硅氧烷/硅橡胶	silicone rubber	阳离子开环聚合[T_g：−123℃]
SMS	苯乙烯-甲基苯乙烯共聚物	styrene-methylstyrene copolymer	自由基聚合
SPUA	喷涂聚脲弹性体	spray polyurea elastomer	逐步聚合[T_m：230℃]
UF	脲醛树脂（脲甲醛树脂）	urea-formaldehyde resin	缩聚[T_g：0～30℃]
UP	不饱和聚酯（树脂）	unsaturated polyester	熔融缩聚[T_g：0～150℃]
VC-VAc	氯乙烯-乙酸乙烯共聚物	vinylchloride-vinyl acetate copolymer	自由基聚合[T_g：72.7℃]

注：T_g 为玻璃化温度；T_m 为熔化温度。

附录2　常见高分子的溶剂与沉淀剂

聚合物名称（缩写）	溶剂	沉淀剂
丙烯腈-丁二烯-苯乙烯共聚物（ABS）	DMF、甲苯、二氯甲烷	醇、水、脂肪烃

续表

聚合物名称(缩写)	溶剂	沉淀剂
丙烯腈-甲基丙烯酸甲酯共聚物(AM-MA)	DMF	环己烷、乙醚
乙酸纤维素(CA)	丙酮、环己酮、氯仿	乙醇、水、正庚烷、乙酸丁酯
丁苯橡胶(SBR)	THF、苯	甲醇、乙醇
丁基橡胶(IIR)	苯	甲醇
丁腈橡胶(NBR)	苯、丁酮、DMF	甲醇、二丁醇
酚醛树脂(PF)	醇	水
硅橡胶(SIR)	甲苯、氯仿、环己烷、THF	甲醇、乙醇、异丙醇、溴苯
聚(N-异丙基丙烯酰胺)(PNIPAM)	水(冷)、苯、THF	水(热)、正己烷
聚(a-甲基苯乙烯)(PaMS)	THF、丙酮、甲苯、环己烷、乙酸乙酯、二氯甲烷	汽油、水
聚氨酯(PU)	苯、苯酚、甲酸、DMF	饱和烃、醇、乙醚
聚苯醚(PPE)	甲苯、仿、THF、苯	甲醇、乙醇
聚苯乙烯(PS)	甲苯、丙酮、四氯化碳、THF、苯乙烯	甲醇、乙醇、丁醇、正癸烷
聚丙烯(PP)	环己烷、二甲苯、十氢化萘、四氢化萘	醇、丙酮、邻苯二甲酸甲酯
聚丙烯腈(PAN)	DMF、DMSO、乙酸酐、羟乙腈	烃、卤代烃、醇、酮
聚丙烯酸(PAA)	乙醇、DMF、水、稀碱溶液	脂肪烃、芳香烃、丙酮、二氧六环
聚丙烯酸丁酯(PBA)	丙酮、甲苯、THF、丁醇	甲醇、乙醇、乙酸乙酯
聚丙烯酸甲酯(PMA)	丙酮、甲苯、THF	甲醇、水-甲醇、乙醚
聚丙烯酸乙酯(PEA)	丙酮、甲苯、THF、甲醇、丁醇	脂肪醇(C≥5)、环己醇、甲醇、水-甲醇
聚丙烯酰胺(PAAm)	水	醇类、THF、乙醚
聚丁二烯(PBu)	脂肪烃、芳烃、氯代烃、THF、高级酮和酯	水、醇、丙酮、硝基甲烷
聚对苯二甲酸乙二醇酯(PET)	苯酚-四氯乙烷、邻氯苯酚、硝基苯(热)、浓硫酸	醇、酮、醚、烃、卤代烃、正庚烷
聚二甲基硅氧烷(PDMS)	苯甲苯、丁酮	甲醇、乙醇、溴苯
聚砜(PSF)	二甲亚砜	降温
聚氟乙烯(PVF)	DMF、1-三氟甲基-2,5-氯代苯	水、邻苯二甲酸二乙酯
聚环氧乙烷(PEO)	水(冷)、甲苯、甲醇、乙醇、氯仿、乙腈	水(热)、脂肪烃
聚甲基丙烯酸(PMAA)	乙醇、水、稀碱溶液、DMF	丙酮、乙醚、脂肪烃、芳香烃、羧酸、脂
聚甲基丙烯酸甲酯(PMMA)	丙酮、甲苯、THF、氯仿、乙酸乙酯	甲醇、石油醚、己烷、环己烷、水
聚甲基丙烯酸乙酯(PEMA)	丙酮、甲苯、THF、乙醇(热)	异丙醚
聚甲基丙烯酸正丁酯(P$_n$BMA)	丙酮、甲苯、THF、己烷、正己烷	甲酸、乙醇(冷)
聚甲醛(POM)	DMF	醇、酮、脂、烃
聚氯乙烯(PVC)	丙酮、环己烷、硝基苯、环己酮、THF	醇、己烷、氯乙烷、水
聚偏二氟乙烯(PVDF)	DMF、1-三氟甲基-2,5-氯代苯	水、邻苯二甲酸二乙酯
聚偏二氯乙烯(PVDC)	环己酮、THF	醇、烃
聚三氟氯乙烯(PCTFE)	DMF	水、邻苯二甲酸二乙酯
聚四氟乙烯(PTFE)	全氟煤油(350℃)	大多数溶剂
聚碳酸酯(PC)	氯代甲烷、THF	正庚烷、甲醇
聚氧化丙烯(PPO)	芳香烃、氯仿、醇类、酮	脂肪烃
聚乙二醇(PEG)	水、乙醇、有机溶剂	
聚醋酸乙烯酯(PVAc)	苯、甲醇、丙酮、乙酸乙烯、THF、二氧六环、氯仿	异丙醇、石油醚、丁酮、正庚烷、水、己烷、环己烷
聚乙烯(PE)	十氢化萘、四氢化萘、甲苯、二甲苯	正丙醇、丙二醇、丙酮、邻苯二甲酸丁酯
聚乙烯吡咯烷酮(PVP)	THF、氯仿、乙醇、水	正庚烷、乙醚、苯、丙酮、四氯化碳、乙酸乙酯

聚合物名称(缩写)	溶剂	沉淀剂
聚乙烯醇(PVA)	水、乙醇、乙二醇(热)、丙三醇(热)	丙酮、丙酮-丙醇、苯、正丙醇、烃、卤代烃
聚乙烯醇缩丁醛(PVB)	甲醇、丙醇、丙酮、氯仿、乙酸乙酯、乙酸	
聚乙烯醇缩甲醛(PVFO)	甲苯、氯仿、苯甲醇、THF	脂肪烃、甲醇、乙醇、水
聚乙烯基咔唑(PVK)	乙酸乙酯、丙酮、苯、甲苯、THF、氯代烃、浓硫酸	乙醇、乙醚、脂肪烃、矿物油
聚异丁烯(PIB)	甲苯、环己烷、卤代烃、THF、高级脂肪醇和脂、二硫化碳	甲醇、乙醇、丁醇
聚异戊二烯(顺式)(PI)	烃、卤代烃、二硫化碳、醚、高级酮	水、低级酮和醇类
氯丁橡胶(CR)	苯	甲醇、丙酮
氯乙烯-乙酸乙烯共聚物(VC-VAc)	DMF、酮类溶剂	乙醇、脂肪烃
蜜胺树脂(MF)	吡啶、甲醛水溶液、甲酸	大部分有机溶剂
尼龙(PA)	苯酚、硝基苯酚、甲酸、苯甲酸(热)	烃、脂肪醇、酮、醚、酯
尼龙 11(PA11)	苯酚、间甲苯酚、甲酸	环己烷、水
尼龙 12(PA12)	邻氯苯酚、间甲苯酚	环己烷、水
尼龙 6(PA6)	DMF、甲酸、苯酚、间甲苯酚	水、乙醇、环己烷、乙醚、汽油
尼龙 610(PA610)	苯酚、间甲苯酚、甲酸	环己烷、水
尼龙 66(PA66)	苯酚、间甲苯酚、甲酸、甲酚	环己烷、水、甲醇
顺丁橡胶(BR)	脂肪烃、芳香烃	
天然橡胶(NR)	THF、环己烷、甲苯	甲醇、正丁醇、异丙醇
硝酸纤维素(CN)	丙酮、环己酮、乙酸乙酯	水、甲醇-水、石油醚、正己烷、丙酮-水
乙丙橡胶(EPR)	苯、庚烷、丁基醚、二甲苯	丁酮、丙醇、丁醚、DMF
乙基纤维素(EC)	乙酸甲酯、苯—甲醇	丙酮-水(1:3)、庚烷

注:DMF 为 N,N-二甲基甲酰胺;DMSO 为二甲亚砜;THF 为四氢呋喃。

附录3 常用干燥剂及其适用范围

名称	特点;吸水后产物	酸/碱性;使用方法; 适用范围;不宜使用的有机物	能否再生
CaH_2	效率高,作用慢。吸水后产物为 $H_2+Ca(OH)_2$	碱性。适用于碱性、中性和弱酸性化合物。对碱敏感化合物	不能再生
$CaCl_2$	无定形颗粒或块状;吸水力强,吸水后形成含结晶水的水合物,易分离;干燥速度较快;价廉。吸水后产物为 $CaCl_2 \cdot nH_2O(n=1,2,4,6)$	中性。不能用于干燥的有机物:醇类($CaCl_2 \cdot 4C_2H_5OH$)、胺类($CaCl_2 \cdot 2CH_3NH_2$)及部分酚、醛、酮、酯	200℃再生
Na_2SO_4	白色粉末状。吸水容量大,吸水慢,对酸性或碱性有机物都可适用,价廉。但它与水作用较慢,干燥程度不高。吸水后产物为 $Na_2SO_4 \cdot 7H_2O$,$Na_2SO_4 \cdot 10H_2O$。	中性。当有机物中夹杂有大量水分时,常先用它来做初步干燥。使用前先在蒸发皿中小心烘炒除去水分	100℃再生

名称	特点;吸水后产物	酸/碱性;使用方法; 适用范围;不宜使用的有机物	能否再生
$MgSO_4$	白色粉末状,吸水容量大,干燥速度较快(比 Na_2SO_4 吸水快,效能比无水氯化钙弱)。吸水后形成带不同数目结晶水的硫酸镁 $MgSO_4 \cdot nH_2O(n=1\sim7)$。48℃以下吸水后产物为 $MgSO_4 \cdot 7H_2O$	中性化合物。对各种有机物均不发生化学反应。不能用无水氯化钙干燥的有机物常用它来干燥	48℃以上失水;200℃再生
$CaSO_4$	白色粉末,作用快、效率高,但吸水容量小。不与有机化合物起反应。形成的结晶水合物($2CaSO_4 \cdot H_2O$)在100℃以下较稳定	中性盐。沸点在100℃以下的液体有机物(如甲醇、乙醇、乙醚、丙酮、乙醛、苯等)经无水硫酸钙干燥后,不必过滤就可以直接蒸馏	400℃再生
K_2CO_3	白色粉末,吸水能力中等,与水作用较慢。但不能作为酸类、酚类或其他酸性物质的干燥剂。吸水后产物为 $K_2CO_3 \cdot 2H_2O$	碱性干燥剂。适用于干燥醇、酯等中性有机物以及一般的碱性有机物(如胺、生物碱等)。	100℃再生
NaOH KOH	快速有效。白色颗粒状,碱性强,易潮解,对某些有机物起催化反应。吸水后产物为溶液	碱性。只适用于干燥胺类等碱性有机物。不能用于干燥酸类、酚类、酯、酰胺类以及醛酮	不能再生
P_2O_5	P_2O_5 是所有干燥剂中干燥效力最高的。与水作用非常快,但吸水后表面呈黏浆状,操作不便, 价格较贵。吸水后产物为 HPO_3、$H_4P_2O_7$、H_3PO_4	酸性。一般是先用其他干燥剂(如无水硫酸镁)除大部分水,残留微量水分再用 P_2O_5 干燥。适用于干燥烷烃、卤代烷、醚。不能用于干燥醇、酮、有机酸和有机碱	不能再生
Na、 K	效率高,作用慢。一般先用无水氯化钙或无水硫酸镁干燥除去溶剂中较多量的水分,剩下的微量水分可用金属钠丝或钠片除去。吸水后产物为 H_2+NaOH	碱性。适用于烃、醚、环己胺、液氨的干燥。应注意过量干燥剂的分解和安全。可用于能与碱起反应的或易被还原的有机物的干燥。不能用于干燥醇(制无水甲醇、无水乙醇等除外)、酸、酯、有机卤代物、酮、醛及某些胺	不能再生
H_2SO_4	脱水效率高。吸水后产物为 $H_3O^+HSO_4^-$	酸性。适用于烷基卤化物和脂肪烃。不能用于干燥烯、醚等碱性物质	
CaO	效率高,作用慢。价廉,来源方便,实验室常用它来处理95%的乙醇,以制备99%的乙醇。吸水后生成不溶性的 $Ca(OH)_2$,对热稳定。	碱性。蒸馏前不必滤除。适用于醇及胺。不能用于干燥酸性物质或酯类	不能再生
Al_2O_3	吸水量大、干燥快。使用介质中用水浸泡不变软、不膨胀、不粉化。对水、氧化物、乙酸、碱等极性物质具有较强的亲和力。除氟类似于阴离子交换树脂,但对氟离子的选择性比阴离子树脂大	微量水深度干燥用。适用于烃、胺、酯、甲酰氨等	110~300℃再生
变色硅胶	吸水后变红	常用来保持仪器、天平的干燥。可干燥胺、NH_3、O_2、N_2 等	120℃再生
3A 型分子筛	快速高效,牢固吸着水分。结晶的铝硅酸盐,主要由硅铝通过氧桥连接组成空旷的骨架结构,在结构中有很多孔径均匀的孔道和排列整齐、内表面积很大的空穴。	适用于各类有机化合物干燥。中空玻璃中的空气干燥;氮氢混合气体的干燥;制冷剂的干燥	350~400℃,活化4~6h
4A 型分子筛	3A 型分子筛,化学式:$2/3K_2O \cdot 1/3Na_2O \cdot Al_2O_3 \cdot 2SiO_2 \cdot 9/2H_2O$ 4A 型分子筛,化学式:$Na_2O \cdot Al_2O_3 \cdot 2SiO_2 \cdot 9/2H_2O$	空气、天然气、烷烃、制冷剂等气体和液体的深度干燥;氩气的制取和净化;电子元件和易受潮变质物质的静态干燥;聚酯类、染料、涂料中作脱水剂	
5A 型分子筛	5A 型分子筛,化学式:$3/4CaO \cdot 1/4Na_2O \cdot Al_2O_3 \cdot 2SiO_2 \cdot 9/2H_2O$ 13X 分子筛,化学式:	天然气干燥、脱硫、脱二氧化碳;氮氧分离、氮氢分离;制取氧、氮和氢;石油脱蜡;从支烃、环烃中分离正构烃	
13X 分子筛	$Na_2O \cdot Al_2O_3 \cdot (2.8\pm0.2)SiO_2 \cdot (6\sim7)H_2O$		

附录 4 常用冷却剂、冷却温度及配制方法

冷却温度/℃	冷却剂配方
−0	冰 + 水
−15	冰（100 份）+ 氯化铵（25 份）
−18	冰（100 份）+ 硝酸钠（50 份）
−21	冰（100 份）+ 氯化钠（33 份）
−25	冰（100 份）+ 氯化钠（40 份）+ 氯化铵（20 份）
−29	冰（100 份）+ $CaCl_2 \cdot 6H_2O$（100 份）
−30.7	冰（100 份）+ 氯化钠（13 份）+ 硝酸钠（37.5 份）
−46	冰（100 份）+ 碳酸钾（33 份）
−55	冰（100 份）+ $CaCl_2 6H_2O$（143 份）
−78	干冰 + 乙醇
−78	干冰 + 丙酮
−196	液氮（沸点）

附录 5 自由基共聚反应中单体的竞聚率

单体 1	单体 2	r_1	r_2	$r_1 \cdot r_2$	T/℃
苯乙烯	乙基乙烯基醚	80±40	0	0	80
苯乙烯	异戊二烯	1.38±0.54	2.05±0.45	2.83	50
苯乙烯	乙酸乙烯酯	55±10	0.01±0.01	0.55	60
苯乙烯	氯乙烯	17±3	0.02	0.34	60
苯乙烯	偏二氯乙烯	1.85±0.05	0.085±0.010	0.157	60
丁二烯	丙烯腈	0.3	0.02	0.006	40
丁二烯	苯乙烯	1.35±0.12	0.58±0.15	0.78	50
丁二烯	氯乙烯	8.8	0.035	0.31	50
丙烯腈	丙烯酸	0.35	1.15	0.40	50
丙烯腈	苯乙烯	0.04±0.04	0.40±0.05	0.016	60
丙烯腈	异丁烯	0.02±0.02	1.8±0.2	0.036	50
甲基丙烯酸甲酯	苯乙烯	0.460±0.026	0.520±0.026	0.24	60
甲基丙烯酸甲酯	丙烯腈	1.224±0.100	0.150±0.080	0.184	80
甲基丙烯酸甲酯	氯乙烯	10	0.10	1.0	68
氯乙烯	偏二氯乙烯	0.3	3.2	0.96	60
氯乙烯	乙酸乙烯酯	1.68±0.08	0.23±0.02	0.39	60
四氟乙烯	三氟氯乙烯	1.0	1.0	1.0	60
顺丁烯二酸酐	苯乙烯	0.015	0.040	0.006	50

附录 6 部分单体（M_1，M_2）在阳离子型共聚时的竞聚率（r_1，r_2）

M_1	M_2	r_1	r_2	$r_1 \cdot r_2$	引发剂	溶剂	温度/℃
苯乙烯	异丁烯	0.1	1.60	0.25	$SnCl_4$	氯乙烯	0
苯乙烯	异丁烯	0.33	3.50	1.15	γ 射线	氯乙烯	−78
苯乙烯	α-甲基苯乙烯	0.05	2.90	0.15	$SnCl_4$	氯乙烯	0
苯乙烯	α-甲基苯乙烯	0.54	3.60	1.90	$TiCl_4$	甲苯	0
苯乙烯	α-甲基苯乙烯	0.55	1.18	0.65	$TiCl_4$	甲苯	−78
苯乙烯	对氯苯乙烯	2.20	0.35	0.77	$SnCl_4$	CCl_4	0
苯乙烯	对氯苯乙烯	2.10	0.35	0.73	$SnCl_4$	硝基苯	0
苯乙烯	对甲氧基苯乙烯	0.34	11	3.90	$AlCl_3$	硝基苯/CCl_4（1∶1）	0
苯乙烯	对甲氧基苯乙烯	0.12	14	1.70	$TiCl_4$	硝基苯/CCl_4（1∶1）	0

附录 7 聚合物的特性黏度-分子量的关系 $[\eta] = KM^{\alpha}$ 参数表

聚合物	溶剂	温度/℃	$K \times 10^3$/（mL/g）	α	分子量范围 $M \times 10^{-4}$	分子量测定方法
聚乙烯（低压）	α-氯萘	125	43	0.67	5～100	光散射
	十氢萘	135	67.7	0.67	3～100	光散射
	1,2,3,4-四氢萘	120	23.6	0.78	5～100	光散射
	苯	25	83	0.53	0.05～126	渗透压;冰点下降
		30	61	0.56	0.05～126	渗透压;冰点下降
	四氯化碳	30	29	0.68	0.05～126	渗透压;冰点下降
	环己烷	25	40	0.72	14～34	渗透压
	环己烷	30	26.5	0.69	0.05～126	渗透压;冰点下降
	甲苯	25	87	0.56	14～34	渗透压
	苯	30	20	0.67	5～146	渗透压
		25	41.7	0.60	0.1～1	冰点下降
		25	9.18	0.743	3～70	光散射
聚苯乙烯（无规）	丁酮	25	39	0.58	1～180	光散射
		30	23	0.62	40～370	光散射
	氯仿	25	7.16	0.76	12～280	光散射
		25	11.2	0.73	7～150	渗透压
		30	4.9	0.794	19～373	渗透压
	四氢呋喃	25	12.58	0.7115	1.5～180	光散射
	甲苯	25	7.5	0.75	12～280	光散射
		25	44	0.65	0.5～4.5	渗透压
	甲苯	30	9.2	0.72	4～146	光散射
		30	12.0	0.71	40～370	光散射
聚氯乙烯乳液聚合 50%转化	环己酮	20	13.7	1	7～13	渗透压;渗透压

聚合物	溶剂	温度/℃	$K \times 10^3$/(mL/g)	α	分子量范围 $M \times 10^{-4}$	分子量测定方法
80%转化	环己酮	20	143.0	1	3.0~12.5	渗透压
	环己酮	25	8.3	0.75	4~20	光散射
聚氯乙烯	环己酮	20	12.3	0.83	2~14	渗透压
		25	208	0.56	6~22	渗透压
		30	174	0.55	15~52	光散射
	四氢呋喃	25	1.63	0.92	2~17	渗透压
		25	15.0	0.77	1~12	光散射
		30	63.8	0.65	3~32	光散射
聚乙烯醇	水	25	20	0.76	0.6~2.1	渗透压
		25	67	0.55	2~20	光散射
		30	42.8	0.64	1~80	光散射
聚乙酸乙烯酯	丙酮	20	15.8	0.69	19~72	光散射
		25	21.4	0.68	4~34	渗透压
	苯	30	22	0.65	34~102	光散射
聚乙酸乙烯酯	苯	30	56.3	0.62	3~86	渗透压
	丁酮	25	13.4	0.71	25~346	光散射
		30	10.7	0.71	3~120	光散射
	氯仿	25	20.3	0.72	4~34	渗透压
	甲醇	25	38.0	0.59	4~22	渗透压
聚丙烯酸丁酯	丙酮	25	6.85	0.75	5~27	光散射
聚丙烯酸丙酯	丁酮	30	15.0	0.687	71~181	光散射
聚丙烯酸甲酯	丙酮	25	19.8	0.66	30~250	光散射
		30	28.2	0.52	4~45	渗透压
	苯	25	2.58	0.85	20~130	渗透压
		30	4.5	0.78	7~160	光散射
	丁酮	20	3.5	0.81	6~240	光散射
聚丙烯腈	DMF	25	24.3	0.75	3~25	光散射
		30	33.5	0.72	16~48	光散射
		35	31.7	0.746	9~76	光散射
聚甲基丙烯酸甲酯	丙酮	25	5.3	0.73	2~780	光散射
		30	7.7	0.70	6~263	光散射
	苯	25	5.5	0.76	2~740	光散射
		30	5.2	0.76	6~250	光散射
	丁酮	25	9.39	0.68	16~910	光散射
	氯仿	20	6.0	0.79	3~780	光散射
		25	4.8	0.80	8~137	光散射
	甲苯	25	7.1	0.73		光散射

注：$[\eta]$ 为特性黏度；K 为比例常数；M 为黏均分子量；α 为与分子形状有关的经验参数。

附录 8　常见化学品与高分子材料数据库与搜索引擎

一、重要试剂与材料参数查询网站

1. MSDS 数据库（Material Safety Data Sheet）（材料安全数据单或说明书）：化学品生产商和进口商用来阐明化学品的理化特性（如 pH 值、闪点、易燃度、反应活性等）以及对使用者的健康（如致癌、致畸等）可能产生的危害的文件。［http://www.bioon.com.cn/

bioondb_MSDS_list. html];[http://www. somsds. com/]

2. Chem Exper 化学品目录[http://www. chemexper. be/]

3. NIST Chemistry WebBook[http://webbook. nist. gov/chemistry]

4. EPA spectral database[http://www. epa. gov/ttn/emc/ftir/data. htrnl]

二、标准的综合查询网站

1. 国家标准信息平台[http://www. zjsis. com/]

2. 在线国家标准查询[http://biaozhun. supfree. net/]

3. 标准网[http://www. standardcn. com/]

4. 国家标准频道[http://www. chinagb. org]

5. 中国国家标准化管理委员会[http://www. sac. gov. cn/]

三、专业标准查询网站

1. 化学专业数据库[http://202. 127. 145. 134/scdb/]

2. 石油工业标准化信息网[http://www. petrostd. com]

3. 建筑材料标准[http://www. bzfxw. com/soft/sort025/sort091/]

4. 电子行业标准[http://www. csres. com/sort/industry/002016_1. html]

5. 中国包装标准网[http://gbpack. cailiao. com/][http://www. gbpack. com/stand-ard/]

6. 美国标准与技术研究院 NIST[https://www. nist. gov/]

7. ECDYBASE(The Ecdysone Handbook)[ttp://ecdybase. org/]

8. 中国应用化学数据库[http://www. appchem. csdb. cn/]

（王荣民，金淑萍，尹奋平）